对《Head First Software Develop

"《Head First Software Development》看是一本幽默滑稽的书，但实为一本精心铺设的丛书，全书充满实用的信息、有趣的图解和精辟的说明，意图是把宝贵的知识正确且清晰地植入你的大脑。它完全是让你耳目一新的书。"

> — Scott Hanselman
> **软件开发者，发言人，作家**
> *Scott Hanselman's Computer Zen*

"这是一本那些经验丰富的开发人员希望在他们项目开始前就读过的书。我知道我是其中之一。"

> — Burk Hufnagel, **高级软件架构师**

"如果在我上一个项目之前就阅读过这本书，我就能避免让全世界都能感觉到痛苦！"

> —**这个开发人员要求匿名，所以她的上一个项目的项目经理就不再心烦了！**

"《Head First Software Development》一书讲授了很多有价值的课程，这些课程能帮助任何一个开发人员按时间和在预算内交付高质量的软件。依据该书中讲授的核心原则将有助于你的项目自始至终在正确的轨道上。不管你已经从事软件开发的时间有多久，《Head First Software Development》将始终为你开发成功的软件提供基本的工具。"

> — Adam Z. Szymanski, **软件项目经理，Naval研究实验室**

"该书中的思想可被新的和有经验的项目经理使用，用以提高软件开发的全过程。"

> — Dan Francis, **软件工程经理，财富50强公司**

"软件开发过程的崭新视野，从需求到交付全过程管理开发团队的好介绍。"

> — McClellan Francis, **软件工程师**

对《Head First Software Development》一书的赞誉

《Head First Software Development》一书给人一种耳目一新的感觉，这本书突出的特点是该书把重点放在学习上。市面上有很多关于这一主题的书籍，它们都花很多时间告诉你"为什么"，但都无法让一个从业人员真正地把OOA&D落实在项目之中。尽管这些书也都非常令人感到有趣，但并不实用。我深信软件开发实践的未来必然落在从业人员的身上，本书的作者们让OOA&D对从业人员不再遥不可及，并且能在从业人员的实践中发挥作用。

— Ivar Jacobson，Ivar Jacobson顾问公司

"我刚刚看完这本书，我喜爱它！该书设法通过UML和使用案例，清楚地说明面向对象的分析与设计的基本思想，甚至对良好的设计也有精辟的说明，全都是以紧凑的步调和易于理解的方式进行。我最喜欢本书的一件事是该书把重点放在我们为什么要实践OOA&D —— 编写伟大的软件！通过定义何为伟大的软件，以及详细说明OOA&D过程中的每一步，引领读者达到那个目标。本书甚至让最疲惫不堪的Java编程人员明白为何OOA&D确实很重要。对Java新手，甚至对已经在业界工作过一段时间但饱受一些OOA&D"巨著"之苦的Java程序人员来说，这是最好的"首选之书"。

— Kyle Brown， IBM杰出工程师

"终于，一本OOA&D的好书面世了，认清UML只是辅助工具，开发软件的首要任务在于花时间让各个议题仔细想清楚"。

— Peter McBreen， 《Software Craftmanship》的作者

"本书采用了'Head First'系列的编写风格，对于充满趣味性和可视导向的效果处理得非常好。然而，隐含在诙谐图片和趣味文字背后的是对OOA&D这一主题的严肃认真和充满智慧的艺术化的诠释。本书对如何设计程序和做有效的沟通提出了强有力的观点。我喜爱该书采用变化的例程引导读者理解设计过程的不同阶段。阅读本书时，感觉就像站在设计专家的肩膀上听他解释每一步中哪些是重要的，并能知其所以然。"

— Edward Sciore，波士顿学院计算机科学系副教授

"这是一部精心编排的书籍，它实现了对读者的承诺：如何进行分析、设计以及编写真正的面向对象的软件。本书流畅地采用使用案例来捕捉需求以用于分析、设计、实施、测试和循环。在面向对象开发的每一步都被呈现在健全的软件工程原则之下。这些案例不仅清晰，而且具有说明性。这是一本关于面向对象软件开发，内容充实且令人耳目一新的好书。"

— Dung Zung Nguyen，Rice大学讲师

对《Head First Software Development》一书的赞誉

"我昨天刚收到这本书，而且立刻在回家的路上开始阅读，简直是爱不释手。于是，我把该书带到健身房，一边运动，一边阅读，期望人们不断看到我脸上的笑容。这样太酷了！这本书不但有趣，涵盖很多基础知识，而且观点正确，真地让我印象深刻。"

　　　　— Erich Gamma，IBM杰出工程师，《Design Pattern》的合著者

"本书试图融生动趣味、洞察力、技术深度以及实用于一体，成为一本寓教于乐的书籍。不管你是初次学习设计模式，或者已具有多年使用设计模式的经验，你一定能从参观对象村（Objectville）的过程中学习到很多东西。"

　　　　— Richard Helm，《Design Pattern》的合著者

"我感觉好像刚刚把千斤万担的书举过头顶。"

　　　　— Ward Cunningham，Wiki的发明者，Hillside集团的创始人

"这本书近乎完美，因为它在提供专业知识的同时，也保持着相当高的可读性。论述具有权威性，同时能轻松阅读。它是我所读过的软件书籍中，极少数让我觉得不可或缺的一本书。"

　　　　— David Gelernter，耶鲁大学计算机科学系教授，《Mirror World》和《Machine World》的作者

"在设计模式的王国中，复杂会变简单，简单也会变复杂，而这本书就是最好的指南。"

　　　　— Miko Matsumura，产业分析师，SUN公司Chief Java Evangelist

"我笑，我哭，这本书深深地感动了我。"

　　　　— Daniel Steinberg，Java.net 主编

"我的第一反应是：笑得在地板上打滚。笑完之后，我意识到这本书不仅仅是技术上精湛，更是我曾经读过的有关设计模式的书籍中，最简单易懂的入门书。"

　　　　— Timothy A.Budd 博士，Oregon州立大学计算机科学系副教授，十多本书的作者（包括《Java 程序员的C++》）

"在NFL里，Jerry Rice（译注）的花样无人能及，但本书的作者在模式设计方面更胜一筹。说真的，这本书是我曾经读过的最有趣、最聪明的书。"

　　　　— Aaron LaBerge，ESPN.com副总裁

译注：NEL：美国美式足球联盟。

　　　Jerry Rice：前NFL明星球员。

O'Reilly其他相关的书籍

Making Things Happen

Applied Software Project Management

Beautiful Code

Prefactoring

The Art of Agile Development

UML 2.0 In a Nutshell

Learning UML 2.0

O'Reilly其他Head First系列的书籍

Head First Java

Head First Object-Oriented Analysis and Design (OOA&D)

Head Rush Ajax

Head First HTML with CSS and XHTML

Head First Design Patterns

Head First Servlets and JSP

Head First EJB

Head First PMP

Head First SQL

Head First JavaScript

Head First 软件开发

（中文版）

我做梦都想，要是有一本软件开发的书能使我成为一个较优秀的软件开发人员，而不是让人感觉枯燥无味，该有多好！这可能只是一个幻想……

Dan Pilone, Russ Miles 著

陈燕国 陈荧 林乃强 译

O'REILLY®

Beijing · Cambridge · Köln · Sebastopol · Taipei · Tokyo

O'Reilly Media, Inc.授权中国电力出版社出版

中国电力出版社

图书在版编目（CIP）数据

Head First软件开发（中文版）/（美）皮隆尼（Pilone, D.），（美）迈尔斯（Miles, R.）著；陈燕国，陈荧，林乃强译，－北京：中国电力出版社，2010.6（2018.5重印）

书名原文：Head First Software Development

ISBN 978-7-5083-9007-9

I. H...　II.①皮...　②迈...　③陈...　④陈...　⑤林...　III. JAVA语言－程序设计　IV. TP312

中国版本图书馆CIP数据核字（2009）第102211号

北京版权局著作权合同登记

图字：01-2009-3669号

封面设计／	Louise Barr, Steve Fehler, 张健
出版发行／	中国电力出版社
地　　址／	北京市东城区北京站西街 19 号（邮政编码 100005）
印　　刷／	航远印刷有限公司
开　　本／	850 毫米×980 毫米　　16 开本　　30.5印张　　655千字
版　　次／	2010 年 6 月第 1 版　　2018 年 5 月第 6 次印刷
印　　数／	9001—11000 册
定　　价／	68.00 元（册）

本书献给所有与我们一起做过项目，并且告诉我们哪里做错、哪里做对、应该阅读什么书的人……，这本书是我们对他们的回馈。

本书的作者

Russ Miles

Dan Pilone

Russ由衷感谢他的未婚妻Corinne，因为她的爱和支持。哦，他还不敢相信她同意下一年与他结婚，但我想有些人是幸运的！

Russ一直在著书立说，揭开了大量的技术、工具与技巧的神秘的面纱。在多年担任不同层次的软件开发人员后，Russ现正忙于带领一组开发人员为音乐界开发一些超级神秘的服务。另外，他刚刚完成了牛津大学五年的研究生课程的学习并获得了硕士学位。他一直期望有一点休息时间……，但不能如他所愿。

Russ是一个狂热的吉他演奏者，期望在业余时间能演奏吉他。他错失的唯一的一件事情就是编写《Head First Guitar》……，嘿，Brett（本书编辑），你也想要一本吧！

Dan永远感激他的妻子，Tracey，是他的妻子支持他完成了本书的编著工作。Dan是Vangent公司的软件架构师并且领导了Naval研究实验室和NASA的一个小组，Dan还构建了企业软件，他还在华盛顿特区的Catholic大学教授本科生和研究生的软件工程课程，他讲授的有些课程非常有趣。

五年多前Dan就向O'Reilly提出了撰写这本书的建议。三本UML方面的书籍，在Boulder Colorado与O'Reilly的Head First团队的合作，后来是合作编著，终于他把这本书合编在一起。

虽然在领导一个软件开发团队（一项有挑战性的工作）的经验丰富，但对于如何为人父母确无能为力，Dan耐心地期盼有人能写一本名叫《Head First为人父母之道》的书，去帮助解决一些棘手的、复杂的管理问题。

目录（简要版）

目录（详实版）

引言

把你的心思放在软件开发上。此时，你们围坐在一起，准备开始学习，但你的大脑不停地告诉你，要学习的内容并不重要。你的大脑告诉你说，"最好在大脑中留一点空间，因为还有更重要的事情，就像油价要不要上涨，徒手攀登是不是一个错误的想法。" 所以，你如何哄骗你的大脑去思考你的生活真地依赖于你学习怎样开发伟大的软件？

伟大的软件开发

让客户满意

如果你的客户不爽，每个人都不会爽！

软件系统中每段伟大的代码都源自客户的宏大想法。身为职业的软件开发人员，你的工作就是把这些想法付诸实现。但是，要把客户**模糊不清**的**想法**转换为可工作的软件代码——**客户满意**的代码，并不是一件很容易的事情。在本章中，你将学到如何通过交付**满足需求**、且在**预计的时间**和**预算**内的软件，避免成为软件开发战役的阵亡将士。打开你的笔记本电脑，让我们踏上交付伟大软件的征途吧！

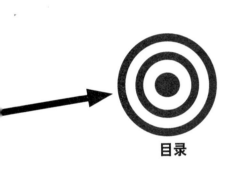

目录

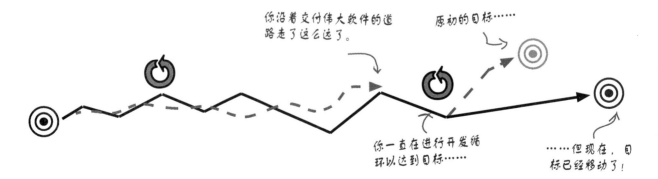

你沿着交付伟大软件的道路走了这么远了。

原初的目标……

你一直在进行开发循环以达到目标……

……但现在，目标已经移动了！

收集需求

知道客户想要什么

你不能总能得到你想要的……但你的客户应该可以！

伟大的软件开发交付**客户所需要的软件系统**。本章的内容都将讲述与**客户沟通**以弄清他们对**软件系统的需求**。你将学会**使用情节**（User Stories）、**头脑风暴**(Brainstorming)、**估计游戏**（Estimation game）如何有助于你获得客户的真实想法的。这样的话，在你完成项目之时，你就能深信你开发的软件系统就是客户所想要的，而不是一个低劣的、其他系统的仿制品。

3 项目规划
为成功而筹划

每段伟大的代码始于伟大的计划。

在本章，你就要学会如何创建计划。你要学会与客户一道**按优先顺序排序他们的需求**。你还要**确定开发循环**，使你和你的团队向一个方向努力。最后，你还要创建一个有可行性的**开发计划**，你和你的团队有信心地**执行**和**监控**该计划。到你工作完成之时，你就确切地知道如何从需求到软件的第一次交付。

这里是编程人员的<u>说法</u>……

> 一定，没有问题，我能在两天内搞定。

……但，这里是他真实的<u>想法</u>

> 我会在回家的路上买杯咖啡，然后编程到凌晨3点，打个盹儿，再干到早晨。睡上几小时，与哥们聊聊天，然后在午夜前把程序搞定。只要事情不出错，我码不需要我买晚餐……

使用情节和任务

开始你实际的工作

开始去工作。使用情节抓住了你需要为客户开发什么，但现在是认真开始工作并**分派所需要完成的工作**的时候了，这样你才能使使用情节成为现实。在这一章里，你将学会如何将**使用情节分解成任务**，**任务估计**（Task Estimates）如何帮助你从头到尾跟踪项目。你将学会如何更新你的白板，使进行中的任务成为完成，最终**完成整个使用情节**。沿着这条道路，你将处理和优先顺序排序你的客户**不可避免地增加给你的工作**。

你的第一次碰头会

Bob，初级开发人员

Mark，数据库专家与SQL高手

Laura，UI大师

5 足够好的设计

以良好的设计完成工作

良好的设计有助于你交付软件。在第4章中，事情看起来很是不理想。不良的设计正使**每个人**感到软件开发的艰辛，事情越来越糟糕，**意想不到的任务**又产生出来了。在本章中，你将看到如何**重构**你的设计要素，以使你和你的团队更有生产力。你将应用良好设计的原则，同时警防陷于为"**完美设计**"而奋斗的承诺。最后，你会利用墙上的项目大白板，采用处理所有其他任务的完全相同的方式处理计划外的任务。

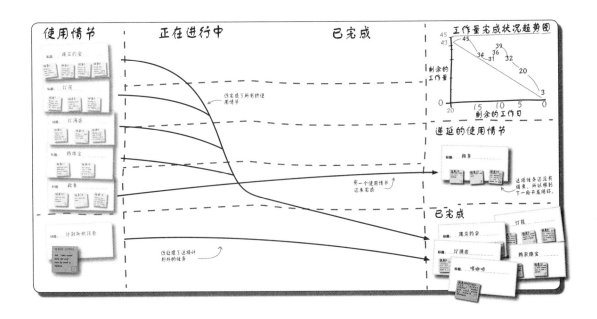

6 版本控制

防御性开发

当谈到编写伟大软件时，安全第一！

编写伟大的软件不是件容易的事……尤其当你要确保开发的代码能运行，并且**是一直能运行时**。只要一个打字错误，一个来自同伴的错误决定，一个坏掉的硬盘驱动器，就会突然间让你的工作付诸东流。但是，通过**版本控制**（Version control），你就能确保你开发的代码，在代码存储库中（Code repository）中一**直是安全的**，你能**取消错误**（Undo mistakes）动作，并且你能对你的软件的新旧版本进行补丁的**修补**（Bug fixes）。

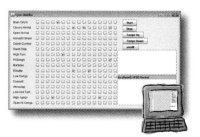

BeatBox Pro 1.0

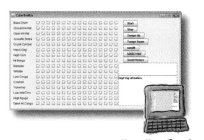

BeatBox Pro 1.x

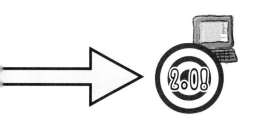

6½

构建代码

自动化构建……

遵循说明是值得的……

……**特别是在你自己撰写它们时。**

使用版本控制工具不足以保证代码的安全，你还得去关心**编译代码**和打包成可配置的单元（Deployable Unit）的问题。最重要的是，哪一类是你应用系统的主类？这些类如何运行？在本章，你将学会如何**构建工具**（Build Tool）以允许你**编写自己的**说明来处理你的源代码。

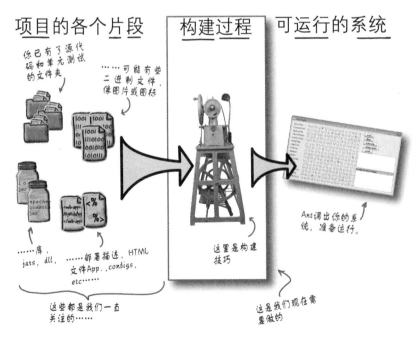

项目的各个片段　　构建过程　可运行的系统

你已有了源代码和单元测试的文件夹

……可能有些二进制文件，像图片或图标

……库，jars，dll，

……部署描述，HTML文件App.configs, etc……

这些都是我们一直关注的……

这里是构建技巧

Ant调出你的系统，准备运行。

这是我们现在需要做的

7 测试和连续集成

智者千虑必有一失

有时候，即便最优秀的开发人员也会破坏构建版本。

至少人人身上都经历过一次。你确认**代码通过了编译**；你在机器上一遍又一遍地测试了你的代码，并把代码提交到存储目录。但是，在你的机器和被人们称之为服务器的黑箱子之间的某处，就肯定有人修改了你的代码。下一个调出程序的倒霉的人将要挨过一个痛苦的早上，得想尽办法弄清**哪些是可工作的代码**。在这一章中，我们将讲述如何设置一张**安全网**，以保证构建版本有序，并且富有**生产力**。

黑箱测试

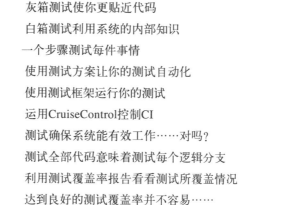

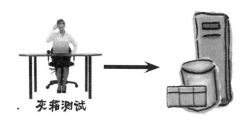

灰箱测试

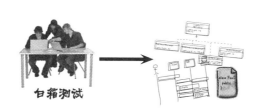

白箱测试

8 测试驱动开发

让代码负起责任

有时候，完全取决于你的预期。人人都知道，再好的代码必须能运行。但你如何知道你的代码能运行呢？即使是单元测试（Unit Test），也有大多数代码的某些部分没有被测试到。但如果测试的是**软件开发的基础性部分**，会怎样呢？如果你做**每件事**都伴随着测试，又会怎样呢？在本章中，我们将用你所学到的版本控制、CI和自动测试方面的知识，并将这些绑定在一起放在一个环境中，在这个环境中，你能**有信心修复错误**（Fixing bugs）、进行**重构**（Refactoring），甚至**重新实施**部分系统。

① 红灯：测试失败

② 绿灯：测试通过

③ 重构：清理任何重复、难看、和过时的代码

9 结束开发循环

涓涓细流归大海……

你几乎完成了任务！团队工作努力，任务正在完成。你的任务和使用情节已经**完成**，然而，多花一天的时间进行工作收尾的最佳方式是什么？**用户测试**何时安排？你能挤出一回合做一轮**重构**和**重新设计**吗？确实还有许多棘手的**错误**……何时修正这些错误？这些是**开发循环结束时**所要面对的一切……因此，让我们开始进行收尾工作吧。

10 下一轮开发循环

无事就要生非

事情会顺利吗?

等等,事情也许会发生变化的⋯⋯

你的开发循环进行得很顺利,而且你正在如期交付能运行的软件。该进行下一轮开发循环吧? 没有问题,对吗? 不幸的是,根本不是这么会事。软件开发就是一个要应对不断**变化**的过程,**进入下一轮开发循环也绝无例外**。在本章中,你将学会如何准备**下一轮**开发循环。你必须**重建你的白板**,调整你的使用情节以及预期,基于客户**现在**需要什么,而不是一个月前要什么。

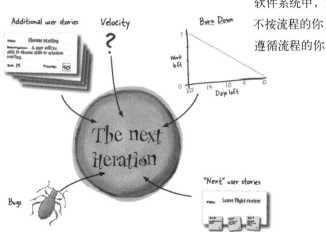

11 软件错误

专业排错

你编写的代码，你的责任感……你的代码错误，你的名声！

当事情陷于困境的时候，让它从泥潭中回到正轨是你的责任。**软件错误**，不管它们出现在你所编写的代码中，还是在你所利用的软件中，这都是在软件开发过程中无法改变的事实。像其他事情一样，你处理软件错误的方法与流程的其他部分是一致的。您需要**准备好大白板**、让你的**客户参与其中**、满怀信心地估计修正软件错误的工作量，并且把代码**重构**与**预构**（Prefactoring）应用于软件错误的修正，以避免在未来出现软件错误。

12

真实的世界

落实流程

你已经学到了很多有关软件开发的知识。但是，在你把工作量完成情况趋势图钉在每个人的办公室之前，还有一些事情是你在处理每个项目时需要知道的。项目与项目之间都存在很多**相似性**和**最佳的实践**，但是，项目还存在独特的地方，你应当为这些**独特**的地方做好准备。现在是该看看如何把你所学到的知识应用于**某个特定的项目**的时候了，以及还有哪些需要**学习**。

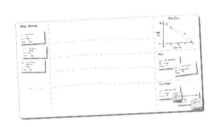

大白板

使用情节

配置管理

持续集成

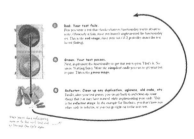

测试驱动开发

测试覆盖率

附录 1：本书之遗

前五个遗漏（我们没有涉及的部分）

是否感到若有所失？我们能明白你的意思……

就在你认为已完成本书的阅读……，还没有完呢。我们不可能没有额外的内容，这些额外的内容无法收录在本书之中。至少，你并不希望借助手推车来随身带着这本书。所以，快速地翻阅一下书本，看看你可能遗漏掉了些什么。

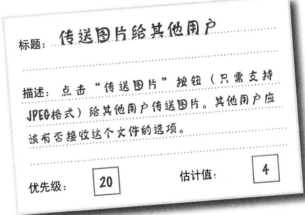

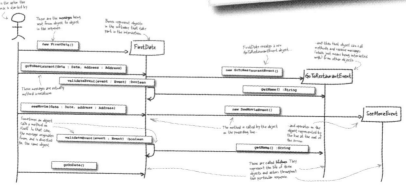

附录 2: 技术和原则

给有经验的软件开发人员的工具

是否曾经希望那些好用的工具和技术都放在一起？这里对我们所涉及到的所有软件**开发技术和原则**做一个摘要。把它们全部浏览一遍，看看你是否能**记得每则内容的涵义**。你甚至可能想把这些内容**页面裁剪**下来，把它贴到你的**大白板**的底部，以便你每天参加碰头会议的人都能看得到。

开发技术

这里是你在本书中学到的关键技术……

开发原则

……这里是隐含在技术背后的原则。

如何使用本书

引言

在这一部分，我们回答一个热点问题："他们为什么把这些都写进一本软件开发的书里？"

本书为谁写？

如果以下问题的全部答案都是"肯定"的：

① 你具有一定的计算机和**一些编写程序的背景知识**吗？

> 在本书中，我们使用Java，但你可以假设它是C#，然而你不会把它看作为Perl。

② 你想要学会构建和交付伟大软件的技术吗？你想**理解**在开发循环（Iteration）和测试驱动开发（Test-driven development）背后的原则吗？

③ 你喜欢采用午餐会而不喜欢采用枯燥乏味的学术性的研讨吗？

本书就是为你写的。

谁可能会放弃阅读本书？

如果你对以下任何一个问题的回答是"肯定"的：

① **你对Java完全不了解吗**？
（你不必是高手，并且如果你懂得C++或C#你将能理解例子中的代码，这也可以了）

② 你是一个超级软件开发经理，并且正在寻找一本**参考书**吗？

③ 你**害怕尝试不同的事物**吗？你宁可接受牙医治疗，也不愿意混搭条纹与花格子布的衣服吗？你认为将开发循环的观念拟人化的技术性书籍是不够认真和严肃的吗？

那这本书就不是为你写的。

[来自营销部门的提示：本书是适合任何使用信用卡的人写的]

我们知道你在想什么

"这本书怎可能是一本专业性强的软件开发书？"

"这些图是干什么的？"

"我真地能用这种方式学到点什么吗？"

我们知道你的脑子在想什么

你的脑子渴求新奇的事物，它总是在搜寻和等待不平常的事情的出现。大脑生来如此，正是这样的特点，它能有助于你保持活力。

那么，当你的大脑总是面对一成不变的流程、平淡和普通的事物时，它会怎样反映呢？大脑能做的事情是阻止这些日常的事情干扰大脑真正的工作——并记录最要紧的事情。大脑不会费心地记忆那些无聊的事情；它们也从不让"这明显的不重要"的事情通过过滤器。

你的大脑如何知道什么是重要的事情呢？假设你出去徒步旅行时，一只老虎突然跳到你的面前，在你的大脑和身体中会有怎样的反应？

中枢神经被触发了，情绪激动了，体内的化学物质激增。这就是你的大脑是如何知道的……

这一定是很重要！千万不要忘记它！

但是，你想象一下，你现在家里或是在图书馆。这是一个安全的、温馨的，没有老虎出没的地方。你正在复习，准备考试，或者你正在研究某个你的老板认为需要一周或顶多十天内就能够弄清楚的技术难题。

然而，有一个问题。你的大脑试图去帮你的忙，并试图确保这明显的不重要的内容不要弄乱你有限的记忆。要把记忆真正地花在要记住的大事情上，如老虎、火灾的危险，或像那个在MySpace上玩"BigDaddy"的家伙不是我要在下午六点钟要见的人。

而且，也没有一个简单的方法告诉你的大脑，"嗨，大脑，拜托了，但不管这本书是多么枯燥，也不管我能刚刚注册到令人激动的Richter scale，还是请你把这些内容全部记下来。"

你的大脑认为"这"是重要的

太好了。只有**450**多页沉闷的、乏味的、令人生厌的书要看。

你的大脑认为"这"不值得保留。

我们把"Head First"的读者作为学习者

那么，要怎么学会的一点东西呢？首先，你必须理解它，然后确认你不会忘记它。这不是要把一些知识塞进你的大脑。基于认知科学、神经生物学和教育心里学的最新研究，学习过程所需要的绝对不只是书本的内容。我们知道如何启发你的大脑。

Head First的学习原则：

可视化。图形比单纯的文字更容易记忆，并且使学习更为有效（在知识的记忆与转换上有接近89%的提升）。图形也能使阅读的内容更容易理解。将文字**放进或靠近他们相关联的图形**，而不是把文字放在页脚或下一页，让学习者具有接近2倍的效率来解决相关的问题。

采用对话式和拟人化的风格。根据最新的研究，如果直接与读者进行对话，并且采用第一人称和会话式的风格而不是采用正儿八经的语气，学生课后测验的成绩可提升40%。用讲故事代替论述，以轻松的语言取代正式的演说。不要太严肃，想想看，是晚宴上伴侣间的窃窃私语还是课堂上死板的演说，更能吸引你的注意力？

让学习者更深入思考。换句话说，除非你主动刺激你的神经元，不然，在你的大脑中就什么也没有发生。读者必须被刺激、必须参与、受好奇心的驱使去解决问题，得出结论，并且形成新的知识。为此，你需要挑战、练习和令人深思的问题，以及包括左脑、右脑和多种感官的各种活动。

引起——并保持读者的注意力。我们都有这样的经历，就是"我真地想去学习这些，但我还没有翻过一页，就已经昏昏欲睡了"。你的大脑只注意到了异常、有趣、奇特、吸引眼球和意想不到的事情。学会一个新的、艰深的技术问题未必是令人枯燥乏味的，如果你不觉得无聊，大脑的学习效率就会提升很多。

触动读者的情感。现在，我们知道你记忆事情的能力很大程度上取决于具有情感的内容。你会记住你在乎的事情，当你能感同身受时，你就记住了。不！我们不是在讲述一个小男孩和他的小狗之间令人心碎的故事，而是在说，当你完成了一个猜字游戏，学会了别人认为很难的东西时，或发现自己比别人懂得更多技术时，所产生的惊喜、好奇、有趣，"哇靠……？"和"我好棒"，诸如此类的情绪和感觉。

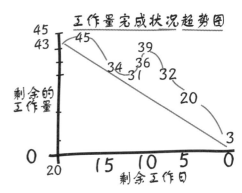

工作量完成状况趋势图

元认知：关于思考的思考

如果你真地想要学习，并且想要学得更快和更深入，那么，请注意你是如何"集中注意力"的。"想想"你是如何思考的。"学学"你是如何学习的。

在我们的成长过程中，大多数人都没有学习过元认知，或者有关学习理论的课程。师长期待我们去学习，但极少告诉我们如何去学习。

但是，假如你手里正拿着我们这本书，你真地想去学习如何开发伟大的软件系统，而且，可能你不想去花太多的时间。如果你想去运用在本书中读到的东西，就必须记住你学习到的内容。为此，你要理解它的内容。为了从本书中得到最多收益，或从任何书或学习经验中获得更多知识，你的大脑就要承担这方面的责任，让它好好注意这一方面的内容。

学习的技巧在于：让你的大脑去认为你正在学习的新知识确实很重要，事关你的福祉，就像吃人的老虎一样。否则，你就要不停地苦战，想要记住，确总是记不住。

我不知道我如何能诱使我的大脑去记住这些事情……

那么，要如何让你的大脑视软件开发为一只饥饿的老虎一样?

有慢而乏味的方式，也有快而有效的方式。慢的方式就是完全的反复，你肯定知道，勤能补拙，只要你不停地向你的大脑灌输同样的学习内容，再乏味的知识，也能够学会并记住。通过足够多的反复，你的大脑会说，"这对他而言，不觉得重要，但他一遍又一遍地苦读同样的内容，所以我认为这内容应该是很重要的"。

较快的方式是去做任何提高你的大脑主动性的事情，特别是不同类型的大脑活动。上一页中的内容是解决方法的一大部分，并且已被证明能有助于大脑的有效工作。例如，研究表明把文字放在其所描述的图像中（与本页的某些地方相反，像标题或正文）会促使大脑去理解文字和图像之间的关系，并且能触发更多的神经元（Neurons to fire）。更多的神经元被触发等同于给大脑更多的机会，将该内容视为值得关注的事情，并且可能地把它记下来。

对话式的风格也相当有帮助，因为当人们意识到自己处在交谈之中时，他们会更加集中注意力，因为他们期望能一直跟得上谈话的内容至到对话结束。奇怪的是，你的大脑并不在乎你与书本之间的对话！另外一方面，如果你的写作风格既正式又枯燥，你的大脑会感到看书就像在被动地听一场报告一样，无须保持清醒。

但是，图像与对话式的风格，只不过是一个开端……

我们的做法

我们采用**图像**，因为你的大脑会调整你的注意力，让你注意到视觉效果，而不是文本文字。只要你的大脑被吸引，就一图值"千"字。并且，当文本和图像放在一起时，我们把文字嵌入到图像中，因为当文字在其所涉及的图像中时（而不是在图像说明或者埋没在文字内某处），你的大脑会工作得更为有效。

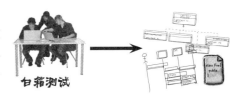

白箱测试

我们采用**重复**（Redundancy），以不同的表现形式、不同的媒介、多重的感知，说明同样一件事情，以增加学习内容烙印在你的大脑中多个区域的机会。

我们采用**意想不同**（Unexpected）的方式，使用概念和图像，让你的大脑觉得新奇和有趣，并且我们采用多少具有一点**情感性**内容的图像和思想，让你的大脑感同身受。让你有感觉的事物，自然比较容易被记住，即使感受到的只不过是一点**幽默**、**新奇**或**有趣**。

我们采用拟人化，**对话式风格**（Conversational style），因为当你的大脑相信你正处在对话之中，而不是被动地去听演讲之时，开发循环2便会付出更多的关注。即使当你是在阅读时（对话的对象是一本书），你的大脑还会这么做。

我们包含了80多项**活动**，因为当你在**做**事情时，而不是在读东西时，你的大脑会学会的更多，记忆的更多。并且，我们让练习活动保持在具有挑战性（Challenging-yet-do-able），又不会太难的程度，因为大多数人都喜欢这样的挑战。

我们采用**多重学习方式**（Multiple learning style），因为你可能喜欢一步一步地学习过程，而其它人喜欢先了解整个轮廓，另外一些人则喜欢去直接看例子。但是，不论你自己是偏好于什么样的学习方式，每一个人都能从同一内容的多重表达方式中获益。

软件开发
工具箱

我们还考虑到了**你的左右脑**（Both sides of your brain）运用，因为你的大脑参与的越多，就越有可能学会和记忆更多的事情，而且，你的精力集中的时间就越长。因为使用一边大脑，往往意味着另一边大脑有机会休息，你便可以学习的时间更长并且更有效率。

而且，我们也采用了**故事**（Story）和练习，并用**多种角度**（more than one point of view）来呈现，因为，当大脑被迫去做评估和判断时，会学习得更加深入。

在本书中，也包含了很多**挑战**（Challenges）和练习，并采用问**问题**（Questions）的方式。但是，对这些问题都没有直接给出答案，因为当你的大脑深入涉及某个问题时，你会学得更多、记得更牢。想想看——如果你只是在健身房中看别人锻炼的话，你如何可能让自己达到塑身的效果。但是，我们做了充分的准备，确保当你的努力总是用在正确的事情上。**你不会花费额外的脑力**，去处理难于理解的例子，或是难以解析、行话充斥或咬文嚼字的论述。

我们采用**人物**（People），在故事、例子和图像等等中，处处是人物。这是因为你也是一个人，你的大脑对人比对事物更加地注意。

把它剪下来，贴在你的冰箱上。

让大脑顺从你的方法

那么，该做的我们都做了。剩下的就全靠你了。这些技巧是一个开头；倾听你的大脑的声音，弄清楚哪些对你有效、哪些对你无效。尝试尝试吧！

(1) **慢慢来，你理解的越多，需要记忆的就越少。**
不要只是阅读，要停下来并且思考思考。当书上向你提问时，你不要跳过去直接找答案。设想一下，如果真的有人当面问你的问题，能迫使你的大脑思考得更深入，你就有机会学会并且记住更多的东西。

(2) **勤做练习，多记笔记。**
在书中，我们安排了练习，但如果我们替你做练习，就像有人替你做训练一样。而且，不要只看练习，**使用铅笔**作答。大量事实证明，学习当中的体力活动能提高学习的效率。

(3) **阅读"没有愚蠢的问题"的单元。**
仔细阅读所有的"没有愚蠢的问题"的单元，它们不是无关紧要的内容——**它们是核心内容的一部分！** 不要略过它们。

(4) **把阅读本书作为上床前最后要阅读的内容，或至少是作为睡觉前的最后一件具有挑战性的事情。**
学习的一部分反应发生在你放下书本之后，尤其把阅读到的知识转化为长期的记忆就更是如此。你的大脑需要自己的时间，去对阅读到的知识做更多的消化处理。如果在处理期间，你把新的知识塞进你的大脑，有些你刚学过的东西将会被遗忘。

(5) **喝水，多喝水。**
你的大脑需要浸泡在充沛的液体中，才能工作得最好。脱水（往往发生在你感到口渴前）减缓大脑的认知功能。

(6) **谈论它，大声谈论它。**
讲话激活了大脑的不同部位。如果你试图理解某些内容，或增加以后你记住它的可能性，就大声说出来。更好的办法是，尝试大声地解释给别人听。你会学习得更快，甚至触发许多新的想法，这是只通过阅读做不到的。

(7) **倾听大脑的声音。**
注意你的大脑是否在满负荷工作。如果你发现你自己开始蜻蜓点水，或者过目即忘，就是该休息的一会儿了。一旦你错过了某些重点，就应该放慢脚步，否则你将失去更多，甚至可能伤害学习的过程。

(8) **感受事物。**
你的大脑必须知道这件事情的重要性，你可以让自己融于到故事之中，为图片加上你自己的说明。即使抱怨笑话太出格，仍然比什么都没有感受到妥好。

(9) **编写大量的软件！**
学好开发软件只有一种方式：要实际去**开发软件**（Actually develop software）。并且，这就是整本书所要你去做的事情。我们打算给你很多你要去捕捉的需求、去评估的技术，以及需要去测试和完善的代码：每一章都有练习题，每一道练习题都提出一个要你解决的问题。切勿跳过它们！当你解答这些练习题时，学习成效就会显现出来。每道练习题，我们都**给出了答案**，如果你真是卡住了，别不好意思去偷窥一下（人生难免遇到小波折）！但是，尽量在看答案之前，去解决所提出的问题。

读我

这是一段学习经历，而不是一本参考书。我们已刻意地剔除掉了所有可能妨碍学习的内容。并且，在你第一次阅读时，你必须要从首页开始，因为本书对读者已经阅读过哪些知识进行了假设。

我们假设你熟悉面向对象的编程。

教会你学习面向对象的编程可能要一整本书（如，《Head First OOA&D》）的篇幅，我们选择是本书的重点集中在软件开发的原理上，而不是软件设计或编程语言的基础知识。我们选择Java作为我们的例子，因为Java语言的应用已相当的普遍，并且相当能够自我说明（Self-documenting）；但是，本书中所讨论的每一件事情都应该是具有普适性的，适用于你正在使用的Java，C#，C++，或Visual Basic（或Ruby等等）各种语言。然而，如果你没有使用面向对象的语言编程的经验，在阅读部分软件代码时，你会碰到一定的困难。在这种情况下，我们极力推荐在你阅读本书的后面的章节之前，先熟悉一下其中的一种语言。

我们没有涵盖所有软件开发的过程。

有关软件代码编写的方法论方面的资料可谓是五花八门，我们并未试图去涵盖所有可能的开发代码的方法。恰恰相反，我们把重点集中在一些行之有效并能生产伟大的软件的技术之上。在第十二章中，我们特别讨论到一些调整流程的方法，让你的流程能够符合你的项目的实际。

活动不是可做可不做的。

练习题和活动不是额外附加的点缀，而是本书核心内容的一部分。其中，有一些能帮助记忆，有一些能帮助理解，还有一些能帮助你应用所学习到的知识。有些练习题只是让你思考**如何解决这一问题**，**不要跳过这些练习**。填字游戏是唯一不一定要去做的事情，但它们非常好地提供给你的大脑一个机会，在不同的段落中，让你回顾学过的专业词汇和技术术语。对这一部分，中文版将保留原文，方便读者玩此游戏。**重复是**

刻意的，并且是重要的。

本系列书中的一个鲜明的区别是我们希望你真正掌握书中的知识，并且，我们希望你在完成对本书的阅读之后，能够记住你已经学习到的知识。大多数的参考书并不把保持和记忆作为目标，但本书的重点放在学习上。所以，你会看到有些同样的概念会出现多次。

例子尽可能精简。

我们的读者告诉我们，从200行的例程中找2行代码需要读者去理解的事情是让读者感到很受挫的一件事。本书中，大多数的例程都尽可能地缩短，让你所学习的部分清晰和简单。不要期待所有的例程都很强健或甚至是完整的——特别写这些例程是为了学习，而不是为了完整。

我们把各项目的完整的代码放在网站上供读者下载，所以你可以复制和粘贴它们到你的编辑器中，你可以在以下地址找到：

http://www.headfirstlabs.com/books/hfsd/

动脑筋练习不需要答案。

有些动脑筋的练习，没有标准的答案。相对其他练习而言，动脑筋活动的学习经历所启示的是：让你自己决定你的答案是否以及何时是正确的。在有些练习中，我们会提供暗示，示意你正确的方向。

技术审阅团队

Dan Francis   McClellan Francis   Faisal Jawad   Burk Hufnagel

Lisa Kellner   Kristin Stromberg   Adam Szymanski

给技术审阅人员：

如果没有技术审阅团队的协助，本书不知道会是什么样子。当他们不同意书中的某些观点时，就会告诉我们；当他们觉得某些东西不错时，他们就为我们喝彩。并且，根据他们的实践经验，判断这些技术是否可行，给我们一些宝贵的点评。他们每个人都为本书带来了不同的观点，我们十分感激他们。例如，Dan Francis和McClellan Francis确保本书没有变成一本"Java 软件开发"的著作。

我们特别要感谢的是Faisal Jawad，因为他的完整的和温暖的反馈意见。Burk Hufnagel根据他实际运用的其他开发方法提供了很好的建议，让我们其中的一位通宵加班，把他的宝贵建议收括在本书之中，为本书增添了很多滑稽和有趣的内容。

最后，我们想感谢Lisa和Kristin Stromberg，因为她们的努力工作使本书的可读性与节奏大为改善。没有你们这些家伙的倾注，本书就一文不值。

致谢

给我们的编辑：

别让这张照片愚弄了你，Brett是我们曾经合作过的最敏锐且极其专业的人员之一，而且，他对本书的贡献遍及书的每一页。Brett提出的种种正面和反面的观点，为本书提供了很好的支持，并且，与我们在华盛顿特区共同度过了一段美好的时光，顺利完成了本书的编写。不只一次，他成功地引导我们去争辩一个良好的辩题，并记录辩论时，所获得的新颖的观点。这本书是他努力工作和支持的结果，我们由衷地感谢他。

Brett McLaughlin

给O'Reilly团队：

Lou喜爱的美国方式……

Lou Barr

Lou Barr是一位非凡的图形设计师，她负责把我们模糊不清的言词调整为既酷又炫（awesome）的插图，使本书无与伦比。

同时，我们也要感谢Laurie Petrycki提供给我们机会，并让本书出版。我们还要感谢Catherine Nolan和Mary Treseler，是他们促成了本书的编写。最后，我们还要感谢Caitrin McCullough、Sanders Kleinfeld、Keith McNamara和O'Reilly其他的全体同仁，是他们使本书成为一本语法上完美无暇的、高品质的书籍。

Scrum and XP from the Trenches：

特别感谢Henrik Kniberg，因为他写了这本好书，《Scrum and XP from the Trenches》。这本书对我们如何开发软件具有深远的影响，也是本书描述某些技术的基础。我们非常感激他的杰出工作。

好书……强烈地推荐！

给我们的家庭：

我们无法用感激的语言来感谢我们的家庭为本书所做的贡献和牺牲，在几乎两年的时间里，Vinny、Nick和Tracey为我们提供了宽松的环境。对她们的支持和鼓励，我不知如何感谢。谢谢你们！

A massive thank you also goes out to the Miles household, that's Corinne (the boss) and Frizbee, Fudge, Snuff, Scrappy, and Stripe (those are the pigs). At every step you guys have kept me going and I really can't tell you how much that means to me. Thanks!

Safari® Books Online

当你在你喜爱的技术上看到Safari®图标时，意味着该书英文版通过O'Reilly网络书架提供在线阅读。

Safari提供了比e-books更好的解决方案。当你需要最准确、最新的信息时，虚拟的图书馆让你容易地查找上千本顶级的技术书籍，你可以剪切和粘贴代码案例，下载章节和快速查询答案。欢迎尝试http://safari.oreilly.com.

1 伟大的软件开发

让客户满意

> 我以为所有的编程人员都跟我一样
> ——拿香蕉当开发软件的酬劳……但
> 现在我开发了伟大的软件，客户真的
> 给我白花花的银子了。

如果你的客户不爽，大家都会不爽!

软件系统中每段伟大的代码都源自客户的宏大想法。身为职业的软件开发人员，你的工作就是把这些想法付诸实现。但是，要把客户**模糊不清**的想法转换为可工作的软件代码——**客户满意**的代码，并不是一件很容易的事情。在本章中，你将学到如何通过交付满足需求，且在**预计的时间**和**预算**内的软件，避免成为软件开发战役的阵亡将士。打开你的笔记本电脑，让我们踏上交付伟大软件的征途吧!

Tom's Trail 即将上线

这几年Tom一直在洛矶山脉的登山小屋里，为登山爱好者提供
世界知名的登山向导服务和登山装备。现在，他想要利用一点
最新的技术来扩大他的销售业务。

> 没有人可以与我的登山服务水
> 平相比……。但大型的登山研讨会，
> TrailMix，即将到来，我想向大家展示下
> 一代的登山装备是什么样子，要用Web风
> 格展示哟。

Tom想把他的业务搬上互
联网

Tom想象中的Tom's
Trails样子

大多数项目都有两个焦点

与大多数客户沟通后，你会发现，除开他们宏大的想法之外，还有两个主要的关注点。

要花多少钱？

你不要惊讶，大多数的客户想要知道他们得为他们的想法花多少钱。然而，在这个案例中，Tom有大把的钱，因此钱就不是他要过多关心的问题。

通常，客户口袋里的钱总是有限的。在本案例中，Tom有大把的钱去花，他知道他花出去的钱是能让他有更大的回报的。

要花多长时间？

另一个重要的限制条件是时间。几乎没有客户会对你说，"放心去干吧！你需要多长时间都行！"。大多数情况下，客户会给你一个特定的日期去完成他们要求的软件开发。

在Tom的案例中，为了准备迎接大型的TrailMix会议的召开，他希望他的网站能在三个月内上线。

TrailMix
研讨会

这一天也是你收款的日子，如果你能按时完成的话。

大霹雳式（Big Bang）开发法（译注）

开发时间只有一个月了，没时间可以浪费了。Tom雇用的
首席开发工程师就要立刻开干了。

疯狂的键盘声

这是我的初步想法，你可以
开始了。

一些HTML、CSS，一点后台
的Java，小意思啦！

编码……

……编码……

大量代码

这是Tom的首席软件开发工程
师，她不想浪费任何时间，正
快马加鞭地编写代码。

译注：　大霹雳一词（Big Bang）广义上是指解释宇宙起源和膨胀的理论，狭义上是指宇宙最
　　　　初形成时所经历的剧烈变化，亦即创造出宇宙的大爆炸事件，约在140多亿年前。

时间飞驰：两周之后

Tom的首席软件开发工程师马不停蹄地构建Tom's Trail在线，使出浑身解数，发挥高超的编程技巧，产生出她所认为的Tom希望她构建的内容。

嘿嘿！我不得不佩服自己！我拼命地工作，不分昼夜，但现在至少是收取回报的时候了……

……交付！

BANG!

……再编码……

这是首席软件开发工程师的劳动成果……

大霹雳 (Big Bang)：拼命工作，事情却一团糟。"BANG"，突然间产生巨大而复杂的工作结果……

……这也被称之为"人间蒸发"(Going Dark) 开发法，项目开始之初，客户还能见到你，然后，你就消失了，直到最后交付软件。

大霹雳开发法通常以一团糟结束

即使你为该项目做了大量的工作，但Tom还是看不到他所期盼的结果。让我们看看他是怎样评价已经完成开发的网站。

这是什么东西呀？一点都不是我心目中的网站。你能不能再花一点时间把它弄好？你好像不知道我想要的是什么……

假如你的客户不爽，你就构建了错误的软件系统

大霹雳式的软件开发法通常指开发工作量大，但直到开发工作完成时，还没有能充分体现客户的需求的软件开发。这种软件开发方法的风险是：你认为你正在构建客户想要的系统，因为没有实时的客户反馈意见，直到你**认为你已经完成**。

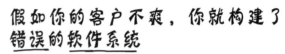

这里强调的是你认为你已经完成开发了，但可能并不是。

然而，不管你认为你开发的软件系统如何棒，但真正需要满意的是你的客户。因此，如果客户不满意你为他所构建的系统，别浪费时间去试图说服他们。准备动手修改吧！

但要了解客户真正的想法是什么？这未必是一件容易的事……

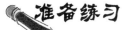 准备练习

你知道你错在哪儿了吗？下面是Tom希望他的网站要做到的三件事情。你的任务就是去做下面的选择题，选择最能表达Tom意思的选项。对第三项，你必须自己去判断Tom的意思。祝你好运！

1 Tom说，"用户应能搜寻山径"。

☐ 用户应该能看到一张世界地图，然后输入地址，搜寻特定位置附近的山径。

☐ 用户应该能上下移动旅游观光点的列表，找到与这些旅游观光景点相近的山径。

☐ 用户应该能输入邮政编码和难度，找到符合难度且位于邮政编码区号附近的所有路径。

2 Tom说，"用户应能预订登山装备"。

☐ 用户应能查询Tom能提供哪些登山装备，然后下单购买有库存的登山装备。

☐ 用户应能订购他们所需要的所有登山装备，但根据库存状况，如果有些装备需要调货，处理订单的时间可能延长。

3 Tom说，"用户应能预定行程"。

在此写下您认为软件该做什么。{
....

....

....

 轻松片刻

对Tom的真正意图感到困惑吗？没关系！尽量猜猜看吧！

如果你很难做出选择，这完全是正常的。尽量去做吧，我们在本章将花更多的时间来谈论如何理清客户的意图。

你能猜出哪里出错了吗？你的工作就是去做下面的选择题，选择最能表达Tom意思的选项。对第三项，你必须自己去判断Tom的意思。祝你好运！

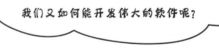

一个大问号？这就是你的答案吗？我们都不能确定客户需要的是什么，我们又如何能开发伟大的软件呢？

假如你不能确定客户想要什么（或即便你能确定），总是得回去问问他们

当谈到需要什么时，客户才是上帝。但在项目开始之初，确实很少有客户**确切地**知道他想要的是什么。

在你试图了解你的客户想要什么时，常常在客户的大脑中其实没有正确的答案，你得自己想办法！如果你就此"人间蒸发"，匆忙开始编写程序代码，你就可能对客户的需求只是一知半解，甚至更少。

但软件开发工作可不是玩猜猜看游戏，即使在需求还无法完全澄清的情况下，你也要确定开发出伟大的软件。因此，好好与客户**沟通**，确认他们的意思是什么，将细节弄清楚。将你可能用以**实现**客户宏大想法的实施方式，请客户做**决定**。

软件开发工作不是玩猜猜看游戏，你必须让客户融入进来，确保你的开发工作在正确的轨道上。

伟大的软件开发是……

我们已经谈到成功的软件开发所需具备的几件事情。你已经了解了客户要
实现的宏大想法是什么，准备花多少钱，以及你担心的项目进度的要求。
假如你坚持要开发伟大的软件，你就必须落实这些事情。

伟大的软件开发会交付……

客户需要什么，换句话说，软件
需求是什么。我们将在下一章详
细讨论需求……

What is needed,

答应客户何时完成 { # On Time,

and

On Budget

不要超出合同额

你能够想起你曾参与过的三个软件开发项目案例
中，至少其中有违背三原则之一的案例吗？

通过开发循环达到目标

开发伟大软件的秘密在于**开发循环**（Iteration）。你已经明白，在开发过程中，你不能置客户于度外。而开发循环为你提供了一个手段，在开发过程的每个步骤，都要问这个问题，"我做得如何？"。这里有两个项目：一个采用了开发循环，另一个则没有。

没有开发循环……

假设你采取大霹雳式的开发方法，或任何其他你没有持续与客户核对的开发方法。结果会怎样？很大的程度上会偏离了客户的需求，而不只是一点点。

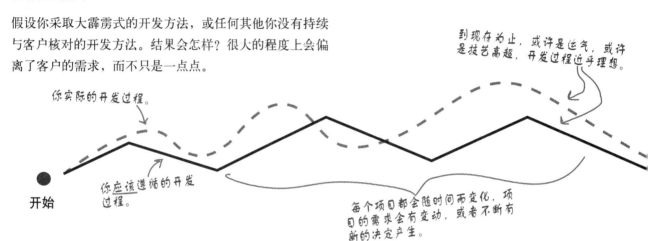

到现存为止，或许是运气，或许是技艺高超，开发过程近乎理想。

你实际的开发过程。

你应该<u>遵循</u>的开发过程。

每个项目都会随时间而变化，项目的需求会有变动，或者不断有新的决定产生。

开始

有开发循环……

这一次，你决定每次有重大进展时，你都会与你的客户进行确认，并重新确认你下一步要做什么。而且，在没有获得客户的反馈前，你不会做任何重大的决定。

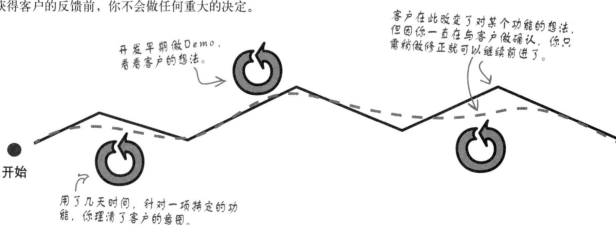

开发早期做Demo，看看客户的想法。

客户在此改变了对某个功能的想法，但因你一直在与客户做确认，你只需稍做修正就可以继续前进了。

开始

用了几天时间，针对一项特定的功能，你理清了客户的意图。

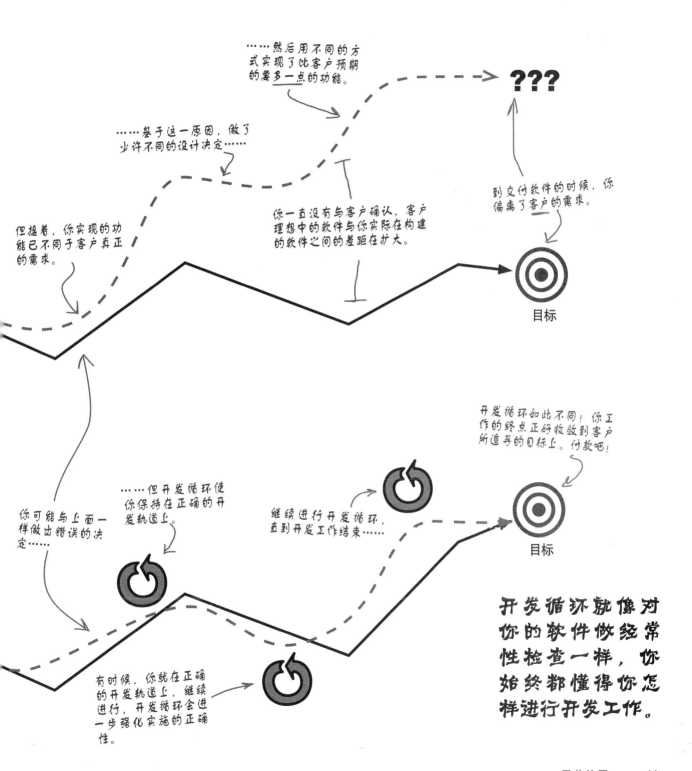

……然后用不同的方式实现了比客户预期的要多一点的功能。

???

……基于这一原因，做了少许不同的设计决定……

到交付软件的时候，你偏离了客户的需求。

但接着，你实现的功能已不同于客户真正的需求。

你一直没有与客户确认，客户理想中的软件与你实际在构建的软件之间的差距在扩大。

目标

开发循环如此不同！你工作的终点正好收敛到客户所追寻的目标上。付款吧！

你可能与上面一样做出错误的决定……

……但开发循环使你保持在正确的开发轨道上。

继续进行开发循环，直到开发工作结束……

目标

开发循环就像对你的软件做经常性检查一样，你始终都懂得你怎样进行开发工作。

有时候，你就在正确的开发轨道上，继续进行，开发循环会进一步强化实施的正确性。

没有愚蠢的问题

问： 要是我在项目开始之初就能确定客户想要什么，还需要进行开发循环吗？

答： 绝对地需要，开发循环与从客户那里得到反馈都是很重要的，特别是当你自认为你已经了解了全貌时。有时候，开发一段简单的程序好像无需用大脑工作一样，但与客户一起检查和确认总是值得的。即使客户夸你的工作干得非常好，而且你确实是从正确的需求开始的，开发循环仍然是让你保持在正确的开发轨道上的方法。还有，别忘了，客户总是可以改变他们的主意。

问： 我的整个项目只有两个月的时间，对如此短的项目用开发循环值吗？

答： 是的，即使是短期的项目，开发循环还是真的有用。两个月就有60天时间可能让你偏离客户的理想软件或误解客户的需求。开发循环能让你捕捉到任何潜在的问题——在它们蔓延至你的项目之前。而且，更重要的是要你在你的客户面前出丑之前。

不管你的开发团队有多大或项目的实施时间有多长，开发循环总是构建伟大软件的关键之一。

问： 花更多时间去了解客户真正需要什么，把需求确定下来，不是更好吗？总比总是在中途让客户改变他们的主意要好吧？

答： 你会这样想，然而，这样会导致软件开发灾难。在痛苦的过去，软件开发人员习惯于在项目之初花去大量时间，旨在编写代码或设计方案确定之前，确认客户的全部需求。不幸的是这样的方法仍然是失败的。即使在项目之初，你觉得你完完全全地了解了客户的需求，但客户自己往往不晓得。因此，客户会以为他们想要的就像你所讲的那样。在构建软件系统过程中，你需要一种方式去帮助你的团队和客户不断地提升他们对软件系统的理解，所以你无法用大霹雳的开发方式，或事先确定需求的方式，难以做到这一点，这两种方式都预期一切会根据初始状态展开。

问： 谁应该参与到开发循环过程中来？

答： 每一个具有对软件系统是否已满足客户的需求有发言权的人，以及每一个参与满足客户需求的人。通常至少包括你的客户、你和参与项目开发的其他人员。

问： 假如开发团队中只有我一个人，我仍需进行开发循环吗？

答： 问得好，答案是肯定的。可能开发团队中只有你一人，但只要涉及项目，至少总有两个人与项目是否成功休戚相关，你的客户和你。在确认软件开发是否在正确的轨道上时，你仍然会存在两种观点，所以即使在最小的项目团队中，开发循环也是非常有帮助的。

问： 在一个项目中，应多早就开始开发循环？

答： 只要你有一段可以运行的代码时，你就可以与你的客户一起讨论了。根据经验，我们通常建议约在20个工作日就可以进行循环了——基本上每个开发循环要20个工作日，但你也可以提早一些。一周或两周内就进行循环也不是没有听说过。如果你第二天就不大肯定客户的意图，打电话给客户吧！空等和瞎猜都是没有意义的，对吗？

问： 当客户带来坏消息，说我构建的软件系统偏离了他们的目标时，接下来我该怎么办？

答： 好问题！当最糟糕的事情发生时，并且发现你确实在开发循环中偏离了方向，这时你需要在接下来的一、二次循环中回到正确的轨道上来。在以后的章节中告诉你如何处理，如果你现在就想偷看的话，见第4章。

好的，我知道了，开发循环很重要。但你说过我应当在有可运行的软件时，就做开发循环，时间大约是30天或20个工作日。如果一个月后，如果没有任何可以运行的东西，我该怎样？我能给客户演示什么？

20个工作日只是一个指导性的建议。具体到你的项目，你可以选择时间或长或短的开发循环。

开发循环产生可工作的软件

采用过去的大霹雳方式去开发软件，直到项目结束时，你才可能有准备好的软件系统向客户进行演示，这时才知道开发方向弄错了，这才是最糟糕的事。

持续的构建和测试将在第6章和第7章中说明。

通过开发循环，你检查开发的每一步都行进在正确的方向上。那就意味着从第一天起（甚至，第一个小时，如果你能管理到位的话），你就开始确保你的软件开发。你不应该让你的程序太长的时间不做运行或编译，即使它只是一段小小的功能代码。

有效的构建会对团队的生产力产生巨大的影响，因为你不必在完成自己的任务之前，修改其他人的代码。

这时，你向客户演示这段功能性代码，有时候，虽然没有太多的东西可以向客户演示，但你仍然能从客户那里获得共识。

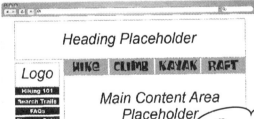

Heading Placeholder

HIKE CLIMB KAYAK RAFT

Logo
Hiking 101
Search Trails
FAQs
Place an Order
Contact Us

Main Content Area Placeholder

Tom看到可运行的软件，并且提出了一些你马上要处理的重要意见。

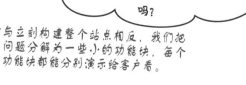

嘿，看起来不错。但我们能不能使用一些圆角（Rounded tabs）？喔，我比较喜欢用"Get in touch"这个词，而不喜欢用"Contact us"。最后一件事……我们能增加一个"Order Status"选项吗？

这是Tom Trails网站的很简单的一部分。它只有一些导航条，但仍然值得听听Tom的想法。

与立刻构建整个站点相反，我们把问题分解为一些小的功能块，每个功能块都能分别演示给客户看。

每个开发循环都是一个微型项目

进行开发循环，你会采取构建整个项目时所采取的相同的步骤，并且将这些步骤应用到**每个开发循环**中。事实上，每个开发循环就是一个微型项目，都有自己的需求、设计、编码、测试等阶段。因此，你不是在给客户演示垃圾信息……而是在给客户演示最终软件系统中的某一段程序，而且是开发好了的程序代码。

想想大多数软件是如何开发的：收集需求（客户想要的是什么），为整个项目构建设计方案，长时间地编写代码，然后做每项测试。它看起来有一点像以下情形：

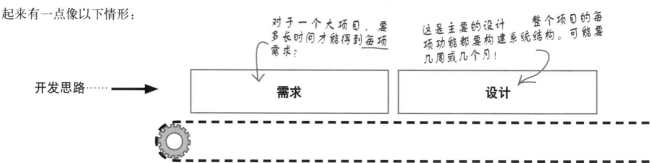

每个开发循环都会产生<u>有品质</u>的软件

但是，假设你还不能接受开发循环是开发大型软件的一条途径的话，你可以考虑把开发循环看成是一个小循环，在小循环中，可以收集需求、设计、编写代码和测试。每个小的循环能生产出有效的、品质好的软件。

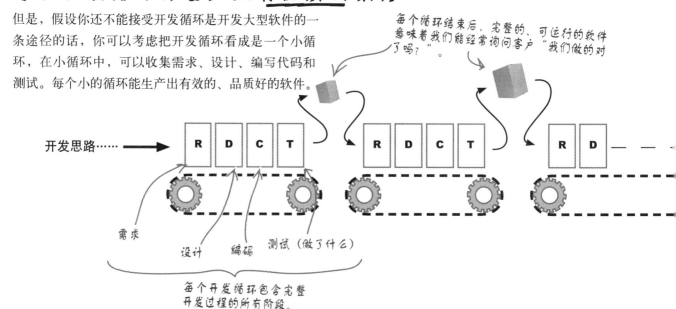

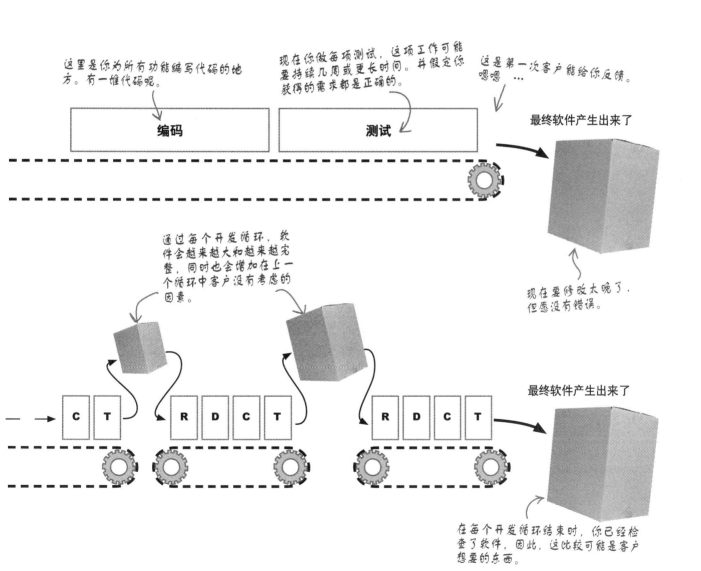

这里是你为所有功能编写代码的地方。有一堆代码呢。

现在你做每项测试，这项工作可能要持续几周或更长时间。并假定你获得的需求都是正确的。

这是第一次客户能给你反馈。嗯嗯……

| 编码 | 测试 |

最终软件产生出来了

现在要修改太晚了，但愿没有错误。

通过每个开发循环，软件会越来越大和越来越完整，同时也会增加在上一个循环中客户没有考虑的因素。

最终软件产生出来了

| C | T | | R | D | C | T | | R | D | C | T |

在每个开发循环结束时，你已经检查了软件，因此，这比较可能是客户想要的东西。

该是把开发循环应用到Tom's Trails项目上的时候了。Tom希望Trails在线中的要开发的每项功能都要增加一个时间估计值，用来标明实际开发所需要的时间。然后，我们弄明白每项功能对Tom的重要性，对每项功能分配一个优先级的值（10分表示最高优先级，50分表示最低优先级）。把每一项功能沿着开发项目的时间线（Timeline）安排好，在你认为需要的地方增加开发循环。

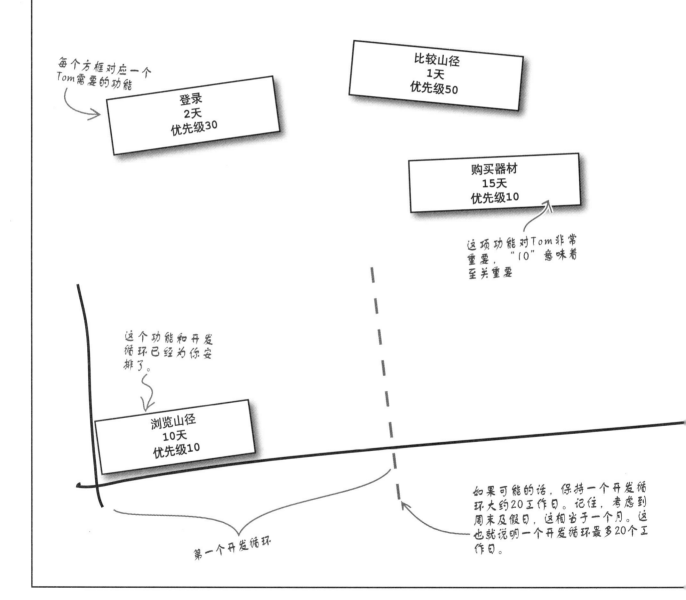

比较山径
1天
优先级50

每个方框对应一个
Tom需要的功能

登录
2天
优先级30

购买器材
15天
优先级10

这项功能对Tom非常重要，"10"意味着至关重要

这个功能和开发循环已经为你安排了。

浏览山径
10天
优先级10

第一个开发循环

如果可能的话，保持一个开发循环大约20工作日。记住，考虑到周末及假日，这相当于一个月。这也就说明一个开发循环最多20个工作日。

喔，还有一件事。Tom不希望客户能购买器材，除非客户已经登录到网站上。确认并考虑将其纳入到你的开发计划之中。

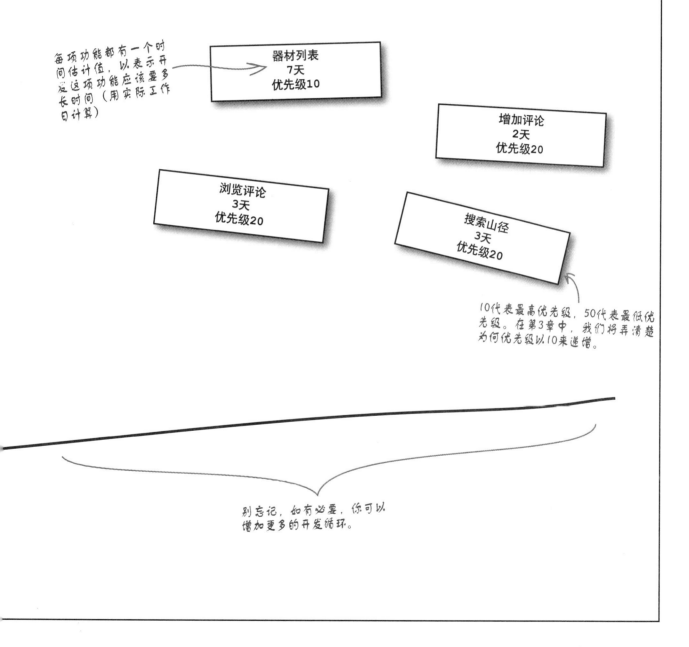

每项功能都有一个时间估计值，以表示开发这项功能应该要多长时间（用实际工作日计算）

器材列表
7天
优先级10

增加评论
2天
优先级20

浏览评论
3天
优先级20

搜索山径
3天
优先级20

10代表最高优先级，50代表最低优先级。在第3章中，我们将弄清楚为何优先级以10来递增。

别忘记，如有必要，你可以增加更多的开发循环。

你的工作是为Tom's Trails在线构建一个开发循环计划。你做的工作应该比得上我们以下的答案。

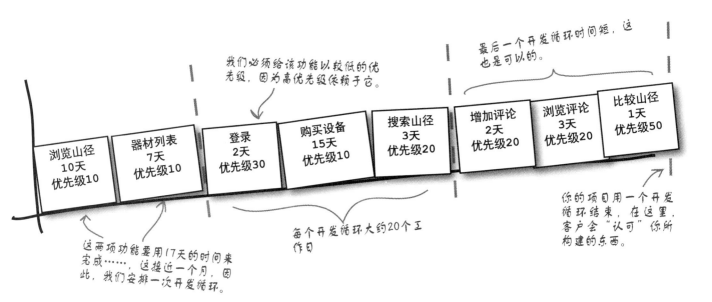

最后一个开发循环时间短，这也是可以的。

我们必须给该功能以较低的优先级，因为高优先级依赖于它。

| 浏览山径 10天 优先级10 | 器材列表 7天 优先级10 | 登录 2天 优先级30 | 购买设备 15天 优先级10 | 搜索山径 3天 优先级20 | 增加评论 2天 优先级20 | 浏览评论 3天 优先级20 | 比较山径 1天 优先级50 |

这两项功能要用17天的时间来完成……，这接近一个月，因此，我们安排一次开发循环。

每个开发循环大约20个工作日

你的项目用一个开发循环结束，在这里，客户会"认可"你所构建的东西。

这可能是唯一一能满足客户对优先级的要求，使开发循环在可管理的时间长度内，能完成任务的计划。如果你得出不同的结果，仔细看看你为什么做出了与我们不一样的选择。

> 我决定在完成每项功能之后，邀请客户进行检查。这样应该比每个月做开发循环要好，对吗？

开发循环应与<u>你的</u>项目同步

开发循环能使你的开发工作行进在正确的轨道上，因此你可能决定开发循环的时间少于30天或多于30天。30天看起来是一个长的时间段，但考虑到周末，实际上在每个开发循环中你只有20个工作日可从事生产。如果你不能确定，以30天为一个开发循环，也是一个好的开始，然后依据你的项目需要做适度的改进。

这里的关键是循环得足够频繁，以便在你偏离开发目标时，可以修正回来。但也不要过于频繁，把时间花在结束开发循环的准备工作上。需要花时间向客户演示你都做了些什么，接着进行修正。因此，当你决定开发循环应是多长时间一次时，要考

———— 没有愚蠢的问题 ————

问： 最后一项功能使开发循环的时间超过一个月，我该怎么办？

答： 考虑把该项功能移到下一个开发循环中。由于20天的开发循环的时间限制，要调整功能，除非你能确信在分配的时间内，你可以成功地构建一个开发循环。开发循环的时间过长就会冒着偏离轨道的风险。

问： 依据客户的优先次序安排事情是正确的，但万一某项功能的开发要在其他功能之前完成时，该怎么办？

答： 当某项功能依赖于另一项功能时，尝试将这些功能组织在一起，并且确认它们被安排在相同的开发循环中。即使低优先级的功能在高优先级之前，你这样做也无妨。

在前面的练习中，"上网注册"的功能其优先级比较低，但它就要在"购买器材"这一功能的前面实施。

问： 假如为项目增加更多的人，在每个开发循环中，能不能做更多的事情呢？

答： 是的，但要特别小心。多一个人到项目中，并不能把开发功能的时间减半。在第2章中，当我们讨论开发速度时，我们将深入地讨论如何分析多人的时间开销的因素。

问： 当发生变更时怎么办？需要修改我的计划吗？

答： 在软件开发过程中，不幸的是，变更是永恒的，每一过程都需要处理好。幸运的是，反复式流程已考虑到变更……，翻开下一页，看看是什么意思。

客户会请求变更

Tom同意了你的计划，第一个开发循环也已经完成了。你现在
进入到开发的第二个开发循环，事情进展顺利。接着，Tom的
电话来了。

事情真的开始得很顺利，但在上次开发循环
后，我有了新的想法。我认为重要的是Tom's
Trails在线（Tom's Trails Online）要有邮件地
址列表，这样我的客户可以相互间通信。

记住，如果你的软件不能实现客户
想要的功能，那么你的开发生涯难
以长久。

由你来进行调整

Tom的新想法意味着三个新功能，都是高优先级。而且，
我们甚至都不知道要花多长时间，但你必须想办法将这些
要求纳入到项目之中。

加入邮件地址列表
优先级20

给邮件地址列表中的人发邮件
优先级20

组织登山客户群组
优先级20

这里是三个新功能，Tom确
定它们的优先级都是"20"，
很重要。

然而，有一些大问题……

你已经开发了一段时间了……

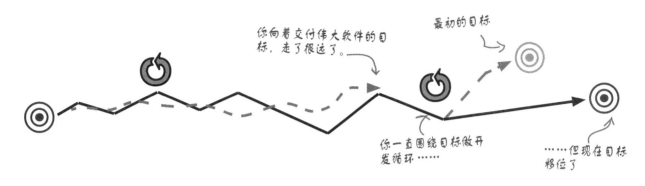

你向着交付伟大软件的目标，走了很远了。

最初的目标

你一直围绕目标做开发循环……

……但现在目标移位了

……你还要开发其他的功能……

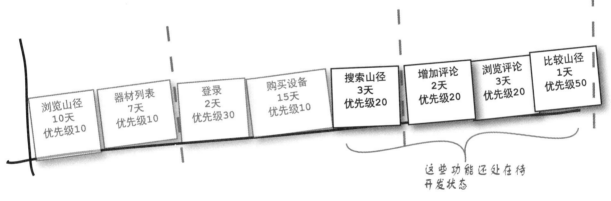

| 浏览山径 10天 优先级10 | 器材列表 7天 优先级10 | 登录 2天 优先级30 | 购买设备 15天 优先级10 | 搜索山径 3天 优先级20 | 增加评论 2天 优先级20 | 浏览评论 3天 优先级20 | 比较山径 1天 优先级50 |

这些功能还处在待开发状态

还记得第三页的项目截止期吗？截止期并没有改变，即使Tom的主意变了。

你现在这里……

还有一个多月TrailMix研讨会就要开了！

开发循环自动处理变更

（好啦，一点点啦）

你的开发循环已经被组织成了一些小循环，并且准备用于处理许多个性化的功能。下面是你需要去做的事情：

❶ 评估新的功能。

首先，你必须去评估每项新的功能需要多长的时间去完成。在这几个章节中，我们都将深入讨论估计值的问题，但现在，让我们对以下三个功能进行估计：

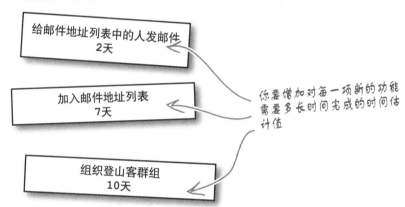

给邮件地址列表中的人发邮件
2天

加入邮件地址列表
7天

组织登山客群组
10天

你要增加对每一项新的功能需要多长时间完成的时间估计值

❷ 要你的客户对新功能做优先级排序。

Tom已经给每项功能确定的优先级为20，对吗？但你确实也需要Tom看看剩下的其他功能的实施情况，比较功能之间相对的优先级别。

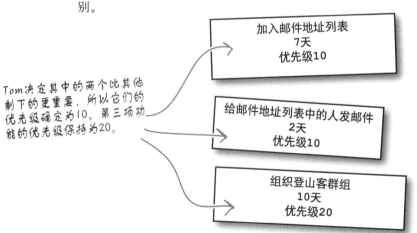

加入邮件地址列表
7天
优先级10

给邮件地址列表中的人发邮件
2天
优先级10

组织登山客群组
10天
优先级20

Tom决定其中的两个比其他剩下的更重要，所以它们的优先级确定为10。第三项功能的优先级保持为20。

搜索山径
3天
优先级20

增加评论
2天
优先级20

浏览评论
3天
优先级20

比较山径
1天
优先级50

相对于剩下的这些功能20的优先级表示，我们可以在"比较山径"之前安排新的功能

❸ **重新修订你的开发循环计划。**

排序是依据优先级设定的，而且它们之间没有相互依赖的关系。因此，现在就变更你的计划，并把开发循环长度和全部进度安排铭记在心。

这些低优先级的功能已经被挤到到后面。

| 购买设备 15天 优先级10 | 搜索山径 3天 优先级2 ⟨10⟩ | 加入列表 7天 优先级10 | 给列表中的人发邮件 2天 优先级10 | 组织一个群组 10天 优先级20 | 增加评论 2天 优先级20 | 浏览评论 3天 优先级20 | 比较山径 1天 优先级50 |

客户也给这些功能重新按优先级进行了排序。优先级从20变为了10，相对尚未完成的其他工作。

这些新的功能很适合放在一个开发循环之中……

……但剩下的功能被推进到下一个开发循环，一个新的开发循环。

❹ **检查项目的截止时间。**

还记得TrailMix会议吗？你需要看看剩下的工作是否能按时完成，包括新的功能。否则，Tom需要做一些取舍。

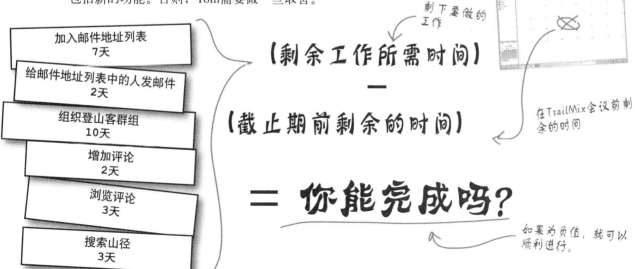

| 加入邮件地址列表 7天 |
| 给邮件地址列表中的人发邮件 2天 |
| 组织登山客群组 10天 |
| 增加评论 2天 |
| 浏览评论 3天 |
| 搜索山径 3天 |

剩下要做的工作

【剩余工作所需时间】
—
【截止期前剩余的时间】

在TrailMix会议前剩余的时间

= **你能完成吗?**

如果为负值，就可以顺利进行。

你打算介绍一个又酷又炫的开发过程给我，对吗？如果我用 RUP 或 Quick 或 DRUM 等，我就能魔术般地开始开发伟大软件了，对吗？

流程就是对步骤的排序

流程，特别是在软件开发中，已经有一点儿名声不好。流程就是为了完成某件事情时，所有你要遵循的步骤的排序，在我们这里就是软件开发。所以，当我们不断地谈论开发循环、优先级和估计值时，我们实际上也一直在谈论软件开发的流程。

不是任何图表、文档或你应该做的测试（尽管我们极力建议要做测试）就构成了一套正式的规则，流程就是你要去做什么和什么时间去做。而且，不需要用缩略词来强调它，就是你必须要去做的工作。

我们并不关心你使用什么样的流程，只要你的流程中所包含的工作要素能保证在开发工作完成时，你就能生产出伟大的、优质的软件系统。

正确的软件开发流程就是能帮助你在规定的时间和预算内能开发和交付伟大软件的流程。

看来开发循环可以应用于任何一个流程，对吗？

开发循环不只是流程

不管包括在你选择的流程中实际上是什么步骤，开发循环都是最佳的实务。开发循环是能应用于*任何*流程的方法，能让你有较好的机会交付客户所需要的软件系统，而且是按时的并符合项目预算。不管你最后使用什么流程，开发循环应该是主要的重点。

直到软件交付，你的开发工作才算完成

你增加了软件系统的新功能，现在你和你的团队已经按预定的时间和进度完成了项目的开发工作。开发过程中的每一步，在开发循环结束之后，你都能从客户那里得到反馈意见，并且将得到的反馈意见、新的功能体现在下一次的开发循环之中。现在你可以交付软件，并得到你的报酬了。

Tom不是在谈论你开发的软件系统在机器上的运行情况。 他是在关心软件系统在现实世界中的运行情况。

太棒了！我已接到一些电话，大家都非常喜爱这个新网站。并且本周我们的订单在增加，大部分都是在TrailMix研讨会上看到Demo的新客户。干得好！

目标

开发循环能帮助你到达可达的目标，这是抓住客户需求的目标。

没有愚蠢的问题

问： 当客户提出一些新的需求而你又不能将这些额外的工作加入到你正在进行的开发循环之中时，怎么办？

答： 这时，优先级就开始起作用了。你的客户必须要告知你在这个开发循环中，真正需要完成的是什么事情。这次不能做的工作需要延迟到下一个开发循环之中。我们将在以后的章节中更深入地讨论开发循环。

问： 万一没有下一个开发循环呢？或万一你已在做最后一次的开发循环，这时，具有最高优先级的功能又被客户提出来了，该怎么办？

答： 如果关键的功能很迟才提出要加入到项目中，而且你又不能将其纳入最后的开发循环之中，这时，你要做的第一件事是向客户解释为什么不能将其纳入进来。诚实地向客户展示你的开发循环计划，根据你现有的资源，解释为什么这项工作会让你无法按期交付软件。如果你的客户同意，最好的选择是将这些新的需求加入到项目结束后的下一次开发循环中，并延长软件交付期。你当然也需要增加更多的开发人员，或要求每个开发人员工作更长的时间，但要平滑（Shoehorn）地处理。增加更多的开发人员或让现有的开发人员工作更长的时间常常将消耗你的预算，极少产生你所期望的结果（见第3章）。

软件开发工具箱

软件开发的宗旨就是为客户开发和交付伟大的软件系统。在本章中，你学习了使你的开发工作保持在正确的轨道上的几项技术。本书中，完整的工具清单见附录ii。

开发技术

开发循环有助于你保持在

正确的开发轨道上，当需求发生变更时，重新规划和均衡开发循环

每个开发循环都产生有效的软件，并且能从客户那里收集到反馈意见

这些是你在本章中学会的一些关键技术

开发原则

交付客户需要的软件

按时地交付软件

符合预算地交付软件

……以及那些技术背后的一些原则

本章要点

- 每个**开发循环**中获得的**反馈**意见是保证你开发的软件与客户需求一致的最好手段。

- 开发循环是一个完整项目的缩影。

- 成功的软件不是凭空开发的，需要通过开发循环**经常性**地从客户那里得到**意见**。

- 好的软件开发是在**预定**的时间和**预算**内交付伟大的软件。

- 交付**有些**功能能**正常工作**的软件比交付功能虽多但不能正常工作的软件总是要好。

- 好的开发人员开发软件，**伟大的**开发人员**交付**软件。

软件开发填字游戏

请填入你已经学会的词汇，活动一下你的左脑。以下所有的词汇都能在本章中找到。祝你好运！

横排提示

2. I'm the person or company who ultimately decides if your software is worth paying for.

4. Good Developers develop, great developers ....

6. An iteration produces software that is ....

7. Aim for .... working days per iteration.

9. The number of development stages that are executed within an iteration.

12. I am one thing that your software needs to do.

13. The date that you need to deliver your final software on.

15. Iteration is .... than a process.

16. The single most important output from your development process.

17. Software isn't complete until it has been ....

竖排提示

1. A .... is really just a sequence of steps.

3. When a project fails because it costs too much, it is ....

5. I contain every step of the software development process in micro and I result in runnable software.

8. The minimum number of iterations in a 3 month project.

10. Software that arrives when the customer needs it is ....

11. An iteration is a complete mini-.........

14. The types of software development projects where you should use iteration.

 软件开发填字游戏答案

			¹P						²C	U	S	T	³O	M	E	R		
			R										V					
			O		⁴S	H	I	⁵P					E					
			C					P		⁶W	O	R	K	I	N	G		
⁷T	W	E	N	⁸T	Y			T					B					
			S	H				E			⁹F	O	U	R				
			S	R				R					D		¹⁰O			¹¹P
				E				A					G		N			R
			¹²R	E	Q	U	I	R	E	M	E	N	T		I			O
				E				T							T			J
		¹³D	E	¹⁴A	D	L	I	N	E					¹⁵M	O	R	E	C
				L						¹⁶C	O	D	E					T
		¹⁷R	E	L	E	A	S	E	D									

2 收集需求

知道客户
想要什么

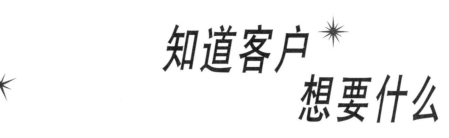

你无法总能得到你想要的……但你的客户应该可以！

伟大的软件开发交付**客户所需要的软件系统**。本章的内容都将讲述与**客户沟通**以弄清他们的对**软件系统的需求**。你将学会**使用情节**（User Stories）、**头脑风暴**（Brainstorming）、**估计游戏**（Estimation Game）如何有助于你获得客户的真实想法。这样的话，在你完成项目之时，你就能深信你开发的软件系统就是客户所想要的，而不是一个低劣的、其他系统的仿制品。

Orion's Orbits正在进行现代化

Orion Orbits为高端的客户提供优质的星际旅行服务，但他们的预订系统
（Reservation System）有一点落伍，他们已经准备好一步跃进到21世纪。
下一次的日全食发生在四周以后，他们已安排好了大量的资金去保证他们
的项目能正确的实施并按时完成。

然而，Orion's Orbits自身没有有经验的程序设计和开发团队，所以他们雇
佣了你和你的软件专家组成的团队去开发他们的预订系统，能否按时交付
他们所需要的软件系统，就看你的了。

"我们需要一个网站去显示我们当前的交易情况，同时我们
希望我们的用户能在线预订太空穿梭航班、特惠的全套服
务，并且能在网上付款。我们也希望能提供包括来往于空间
站和当地酒店的豪华服务……"

你认为最终的软件与Orion Orbits的
CEO的想法有多接近?

 **准备练习**

你的任务是分析Orion's Orbits的CEO的陈述，并构成一些原始需求。一项需求是软件系统能做的唯一的事情。在卡片上记录你认为你要为Orion's Orbit所要做的事情。

这是你的第一张卡片

标题： 显示当前的交易

描述： 网站将向Orion's Orbits的客户显示当前的交易。

标题：

描述：

标题：

描述：

标题：

描述：

标题：

描述：

标题：

描述：

记住，每一项需求应当是系统必须做的<u>单一</u>的事项。

如果你已建立了索引卡，你记录需求的工作就太完美了。

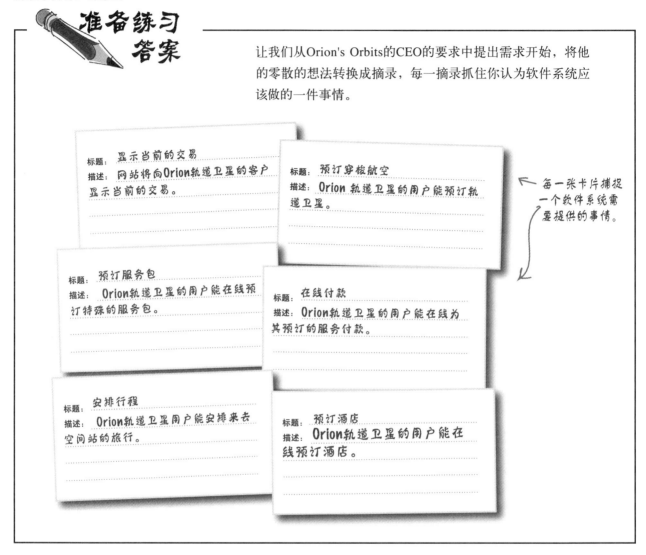

让我们从Orion's Orbits的CEO的要求中提出需求开始，将他的零散的想法转换成摘录，每一摘录抓住你认为软件系统应该做的一件事情。

准备练习答案

标题：显示当前的交易
描述：网站将向Orion轨道卫星的客户显示当前的交易。

标题：预订穿梭航空
描述：Orion轨道卫星的用户能预订轨道卫星。

标题：预订服务包
描述：Orion轨道卫星的用户能在线预订特殊的服务包。

标题：在线付款
描述：Orion轨道卫星的用户能在线为其预订的服务付款。

标题：安排行程
描述：Orion轨道卫星用户能安排来去空间站的旅行。

标题：预订酒店
描述：Orion轨道卫星的用户能在线预订酒店。

每一张卡片捕捉一个软件系统需要提供的事情。

没有愚蠢的问题

问：我们应该使用特定的格式去把需求记录下来吗？

答：不需要。你立刻需要做的是抓住和筛选出你的客户的想法，并试图将这些想法有序地编排在卡片中。

问：这些需求不就是使用情节吗？

答：差不多，但目前只是他们的想法。几页之后，我们用它们把用户的想法进一步发展为使用情节。这会儿，将这些想法记录起来是非常有用的。

问：现在看这些描述还真有一点模糊。在我们可以将它们称之为需求之前，我们不需要更多的信息吗？

答：绝对是的。用这些描述在理解上还存在很大的差距。为了填补这些差距，我们需要与客户做进一步的沟通……

与客户沟通，获得更多的信息

要充分地理解软件系统要做哪一些的工作总是存在理解上的差异，尤其在项目的早期更是如此。每当你有更多的问题或做了一堆的假设时，你都需要去与**客户沟通**，并得到问题的答案。

这里有几个在你第一次见过CEO后可能要问的几个问题：

1 软件系统要支持多少不同类型的穿梭卫星？

2 软件系统需要打印收据或月报吗（月报上要反映哪些内容）？

3 软件系统允许取消预订或变更预订吗？

4 软件系统需要提供管理员接口用以增加新的穿梭卫星的类型，和/或新的服务包和交易吗？

5 软件系统需要与其他的系统，如信用卡授权系统或航空管制系统交换数据吗？

6 ....
....

你能提出另一个要询问CEO的问题吗？

"好的。谢谢你的来电。我稍后会仔细看看这些问题，不过我想起了其他早先我忘记提到的事情。"

尝试收集额外需求

与客户沟通并不能给你机会就已有的需求得到更多的信息，你同样希望客户能早一点告诉你他的额外需求。没有什么比虽说项目已完成，但客户告诉你他忘记了一些更重要的细节还糟糕的事情了。

因此，在你开始构建软件系统**之前**，你如何能得到客户全部的想法？

与客户共筑愿景

当你与客户反复讨论需求时，**思路要开阔一些**。与其他人进行头脑风暴，三个臭皮匠胜过一个诸葛亮，只要每个人都能贡献想法，而不会挨批评。别在一开始排除任何想法——抓住每一件事情。如果你有一些大胆的想法，没关系！只要你始终集中在软件系统需要满足的核心需求上。这就叫做与客户共筑需求愿景（bluesky）。

我们称之为blue-skying，因为天空虽然有限制，但是相当过阔的。

用信用卡和PayPal付款

针对航班写评论

预定搭乘航班的DVD

应用Ajax提供灵巧的用户界面

开发团队

开发人员

客户团队

包括用户自身

预定飞行期间的餐饮

选择靠走道或靠窗的位置

别在这些讨论中漏掉客户哦。

BANG!

当心！

避免办公室政治

没有什么事情比一个不让员工发表意见的老板更能扼杀共筑愿景的效果了。在进行共筑愿景时，尽可能放弃职务、头衔和思想包袱，让每个人都有平等地发言机会，这样就能保证你在头脑风暴中获得更多。

准备练习

从共筑愿景的头脑风暴中，选择四个想法并为每项潜在的需求建立一张新的卡片。当然，看你是否能自己提出两个额外的需求。

借用标题，我们可容易地定义每项需求。

标题：用Visa/MC/PayPal付款
描述：在预订时，用户能用信用卡付款。

标题：
描述：

标题：
描述：

标题：
描述：

额外两个你自己做

标题：
描述：

标题：
描述：

答案见38页。

有时你的共筑愿景会议可以这样……

有时候不管你如何努力，你的共筑愿景会议像冬天里弥漫着雾气的天气一样格外沉闷。往往，那些知道软件应该做什么的人不习惯于在头脑风暴的环境中发言，在一个漫长的、沉默的下午，你的会议结束了。

有些人给你很多信息……

预定飞行期间的餐饮

……然而，有些人鸦雀无声

<无可奉告>

良好需求之道

捕捉到好的需求的关键是尽可能让全部有利害关系的人都参加进来。如果让大家共聚一堂时，没有什么效果，可以与他们分别地进行头脑风暴，然后再集中起来，把众人的想法写在白板上，再进行头脑风暴。有时候，可以先散会，思考思考，再开第二次会议。

收集良好需求的办法很多，如果一个方法行不通，尝试另外的一个办法。

找出人们真正在做的事情

当你试图进入客户的内心世界，去了解他们的需求时，可以尝试各
种方法（只要合法和合乎道德规范）。两个特别有助于你理解客户
的技术是：**角色扮演**（Role playing）和**观察**(Observation)。

角色扮演

假如客户很难形象地表达他们需要软件做什么时，那么，就把软件演示出来。你
扮演软件，你的客户试图要求你按照他们的要求工作。紧接着，在需求卡片上记
录软件需要做的每一件事情。

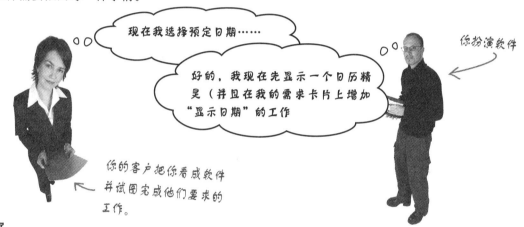

观察

有时理解客户如何利用软件工作的最好的方法是观察他们的工作方式，这样就能弄清楚软
件要具备哪些功能。第一手证据是最有价值的，观察真能有助于找出在共筑愿景头脑风暴
或角色扮演中所错失的限制和细节。另外，通过多个观察者的反复观察，你所得到的就不
是一个人对某件事情的单一印象。

Our

准备练习
答案

你应该进行角色
扮演和观察

你的任务是从35页的共筑愿景会议上取得每一个想法，为每一项
潜在的需求建立需求卡片。

非功能性限制，但仍然
作为使用情节被抓住。

标题：支持3，000并发用户
描述：访问Orion's Orbits的流量预期为
3000个用户同时上线。

标题：用Visa/MC/PayPal付款
描述：用户可以用信用卡或PayPal付预
付款。

标题：评论航班
描述：用户可以为他搭乘的航班留言。

在与客户头脑风暴后，加上第32页
分析客户陈述得到的需求卡片

标题：预定航班DVD
描述：用户可以预定他搭乘的航班的
DVD。

标题：预定空中餐饮
描述：用户可以在飞行期间的餐饮。

标题：预订穿梭航空
描述：用户可以预订指定日期和时间
的穿梭航空。

这是我们想到的一些需
求，你的可能与我们不
同。

标题：选择座位
描述：用户可以选择靠走道或靠窗口的
座位。

并且我们已经增加了更多的细节，
细节中不包括通过头脑风暴、角色
扮演或观察得到的需求。

标题：使用Ajax做用户接口
描述：用户接口采用Ajax技术开发，使
用户上网操作很酷和灵活。

这些看起来非常不错，但什么是
Ajax?是一种厨房清洁用品吗?

老板不能完全理解这个
需求有什么用?

需求一定是面向客户的

实际上，完善的需求是以**客户的观点**撰写的，它能描述软件将为**客户**做什么。任何客户不能理解的需求是不能允许的，因为它们可能不是客户对软件的要求。

应该用客户的语言来撰写需求，读起来就像一般的**使用情节**：一个用户如何与你正在构建的软件系统交互的故事情节。按照以下原则，你可以判断你写的需求是好还是不好。

使用情节<u>应该</u>

你应该能够针对你的使用情节，就这些标准在方框中作选择。

☐ ⋯⋯ 描述软件需要为客户做的**一件事**。以用户的观点和角度
☐ ⋯⋯ 使用**客户能理解的语言**撰写。
☐ ⋯⋯ 源自**客户**。
☐ ⋯⋯简短，不要超过三个句子。

以客户的观点和角度进行思考

这表示由客户驱动，而不管是谁负责记录需求卡片

用户故事<u>不应该</u>⋯⋯

☐ ⋯⋯ 长篇大论。
☐ ⋯⋯ 使用客户不熟悉的技术术语。
☐ ⋯⋯ 提及特别的技术。

如果使用情节太长，你应该尝试把它分成多个小的使用情节（参考第54页）

标题：使用 Ajax 开发 UI
描述：用户接口采用 Ajax 技术开发，使用户上网操作很酷和灵活。

这张卡片根本不是使用情节；实际上是一个设计决策（Design Decision）。将它保留起来，供你在软件开发之时使用。

设计思路

使用情节要站在客户的角度写，你<u>和</u>你的客户都能理解使用情节中的意思。

太棒了，因此我们现在创建了更多的使用情节，并且得到一堆问题。你准备如何处理这些你仍然不清楚的事情呢？

询问客户（是的，再来一次）

使用情节的一大优点是让你和你的客户都能非常容易地理解它们，能弄清楚可能遗漏了什么。

当你与客户一起撰写使用情节时，你常常会听到他们这样说，"对了，我们也做这个……"或"实际上，我们做的方式有点儿不同……"，这就是极好的机会去修改需求，使需求描述得更准确。

如果你发现**任何**不清晰的事情，与你的客户再进行讨论，询问客户另外一组问题。当你**没有更多的问题**要问并且你的客户非常高兴**所有**的使用情节都抓住了软件要做什么时，你就准备进入下一阶段。

没有愚蠢的问题

问：在使用情节中，"标题"栏是做什么用的？描述栏中不是已经有我需要的全部信息吗？

答：标题栏只是一个为了方便人们参考到某个使用情节的方法。这给团队中的每个开发人员一个简便的表示使用情节的方法。因此，就不会有一个开发人员说"用PayPal付款"，而另外一个开发人员说"用信用卡付款"，以后发现他们指的是同一件事（在他们都做无用功之后）。

问：在使用情节中，增加一些技术术语及对相关技术的一些想法，对我和我的团队不是更为有用吗？

答：不，在这时，要避免使用一些技术术语或技术。坚持使用客户的语言，只是描述软件需要去做什么。记住，使用情节要用客户的角度来写。客户必须告诉你使用情节是否正确，因此，一大堆技术术语会把客户弄糊涂（也会将你的需求是否正确的要点给模糊掉）。当你撰写使用情节时，若是发现一些技术性决策可以增加进来，在另外的一组需求卡片上记录这些想法（以"标题"交叉参考）。当你准备编写代码时，你可以将这些想法拿出来，在那个时间点上，更为合适。

问：我应该与客户一道把这些需求提炼成使用情节吗？

答：是的，绝对必要。毕竟，只有当你和你的客户最终确定完全理解了软件的需求时，你可以准备下一步。你不要自己做决定，坚持让客户参加是基本的要求。

问：在项目开始时，似乎有许多关于需求的事情要做,倘若事情发生了变更怎么办？

答：到目前为止，你已经做的工作只是试图在项目开始时收集需求。在整个项目过程中，你要继续提炼和捕捉新的需求，如果必要的话，将这些捕捉需求加入进你的项目开发循环中。

通过客户反馈，澄清需求

到现在为止，我们遵循的工作步骤的全部旨在抓住客户的想法并将这些想法提炼成使用情节。在每个开发循环的开始，你以某种形式实施这些步骤。开发循环能保证你始终有一组功能进入到下一个的开发循环。让我们看看这些过程……

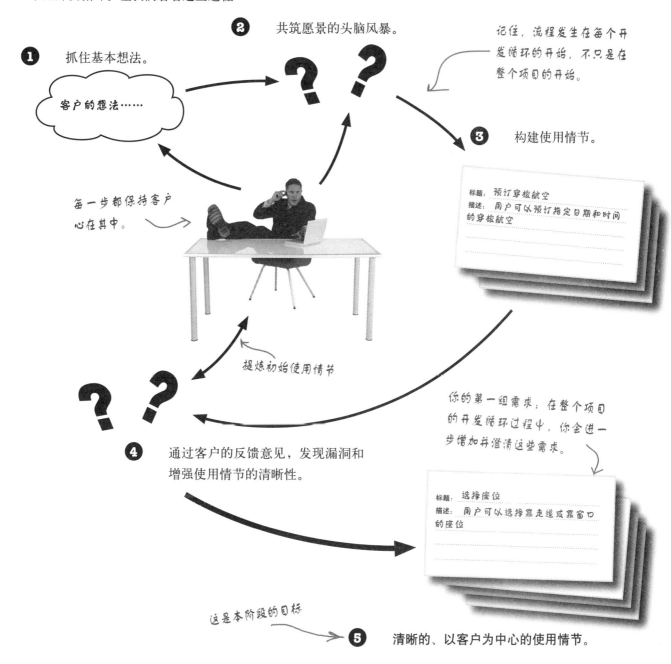

❷ 共筑愿景的头脑风暴。

记住，流程发生在每个开发循环的开始，不只是在整个项目的开始。

❶ 抓住基本想法。

客户的想法……

每一步都保持客户心在其中。

❸ 构建使用情节。

标题：预订穿梭航空
描述：用户可以预订指定日期和时间的穿梭航空

提炼初始使用情节

❹ 通过客户的反馈意见，发现漏洞和增强使用情节的清晰性。

你的第一组需求，在整个项目的开发循环过程中，你会进一步增加并澄清这些需求。

标题：选择座位
描述：用户可以选择靠走道或靠窗口的座位

这是本阶段的目标

❺ 清晰的、以客户为中心的使用情节。

 # 使用情节大曝光

本周专访：
使用情节面面观

Head First：你好！User Story。

User Story：你好！不好意思，这么久我们才见上面，前些时候我有点忙……

Head First：我能想象，在每个开发循环的开始，你和你的朋友为软件的开发在捕捉和更新软件需求，你一定是分身乏术。

User Story：实际上，我比你说的还要忙一点。我不仅要撰写需求报告，而且我还是主要的技术手段，通过我可以缩小客户对软件的期望与实际交付给他们的软件之间的差距。我差不多是从这里开始推动每件事情的。

Head First：但是，你不是只需记录下客户的想法吗？

User Story：兄弟，我也真地希望情况是那样。然而，我几乎处在整个项目的中心。团队中的人员开发的每一行代码都必须实现某个使用情节。

Head First：那是否也表示你是开发每个软件片段之后据以测试的标杆？

User Story：那就意味着如果它不在使用情节的某个地方，就不在软件中。你想得到，在整个开发循环中，我一直都非常忙。

Head First：肯定是这样。但是，在软件需求得到确认后，你的工作就基本结束了，对吗？

User Story：我也希望如此。如果有什么是我学会的真谛，就是在现实世界中，软件需求并不是一成不变的！我可能一直在做软件需求的变更直至项目结束。

Head First：那么，你如何面对这些压力，并与之共存？

User Story：哦，我集中精力在某件事情上：从客户的角度出发，描述软件需要做什么。我不让项目中的其他干扰因素来影响我，心中只坚持一个信念，必然每件事都会尘埃落定。

Head First：听起来，工作量很大哦。

User Story：啊！还算好。我不喜欢长篇大论，你知道吗？三、四行文字的描述就是我了。客户喜欢我，是因为我简单明了并且用的是客户自己的语言。开发人员喜欢我，是因为我只是描述软件必须做什么。每个人都赢了。

Head First：万一要求软件需求要写得正式一点儿呢？比如涉及使用案例，主流程和子流程，类似这些。你是真地不涉及它们，是吗？

User Story：不不不，如果你需要这样做的话，我可以利用更详实的材料使自己成为使用案例，很多人都会因老板的要求而这样做。重要的是使用情节和使用案例都是描述一段程序要完成什么事情，不管采用何种形式。使用案例或多或少是想给使用情节一个精美的外衣。

Head First：啊，我第一次听到这么通俗易懂的解释。下一周，我们将邀请Test（测试）一起去看看我们如何保证只做使用情节要求做的工作，并且丝毫不差哟!

使用情节定义了项目要构建什么……
时间估计值定义了什么时候完成开发

在你一开始的软件需求的捕捉阶段，你会有一套清晰的、关注于客户的使用情节，并且是你和你的客户都确信的使用情节。你正试图为客户构建什么，至少对第一次开发循环而言是这样。然而，不要以为万事大吉了，因为你的客户还想知道这些使用情节何时才能被开发完成。

这是客户询问之中的一个大问题：**需要多长的时间完成开发**？

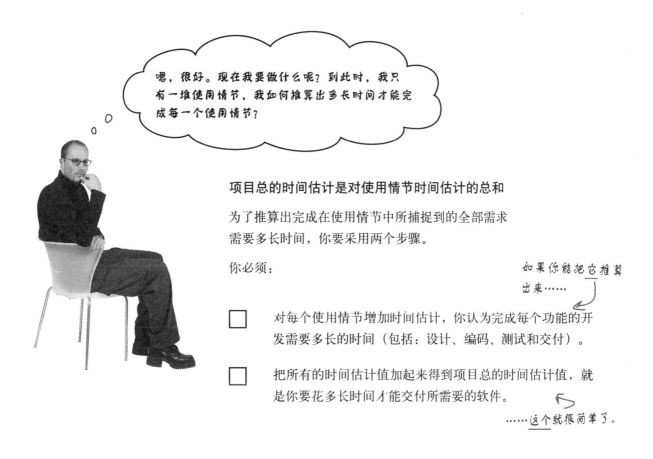

嗯，很好。现在我要做什么呢？到此时，我只有一堆使用情节，我如何推算出多长时间才能完成每一个使用情节？

项目总的时间估计是对使用情节时间估计的总和

为了推算出完成在使用情节中所捕捉到的全部需求需要多长时间，你要采用两个步骤。

你必须：

如果你能把它推算出来……

☐ 对每个使用情节增加时间估计，你认为完成每个功能的开发需要多长的时间（包括：设计、编码、测试和交付）。

☐ 把所有的时间估计值加起来得到项目总的时间估计值，就是你要花多长时间才能交付所需要的软件。

……这个就很简单了。

欢迎来到Orion's Orbits开发小吃部。下面是菜单……，你的任务是对每一道菜做出选择，并且给每道菜一个估计值（呃，使用情节）。你当然要记录下你在计算时所做的假设。

—— 主菜 ——

用信用卡或Paypal付款

维萨卡（Visa）..................2 天

万事达卡（Mastercard）..........2 天

贝宝卡（PayPal）................2 天

美国运通卡
（American Express）............5 天

发现卡（Discover）.............4 天

预订航班上的DVD

一般品质DVD.....................2 天

提供自定标题....................5 天

高品质DVD.......................5 天

选择座位

选择靠走廊或靠窗的座位.........2 天

选择穿梭航空上的座位.........10 天

预订航空餐饮

从三种餐食和三种饮料中选择.5 天

允许订特餐（半素，全素）.....2 天

—— 甜点 ——

航班评论

在线评论 ....3 天

通过电邮提交评论..................5 天

每个使用情节的时间估计（天）

假设？

标题：用Visa/MC/PayPal 付款
描述：用户可以用信用卡或PayPal预付款

使用情节的时间估计值写在这里

标题：预订航班上的DVD
描述：用户可以预订他乘坐的航班上的DVD

草草记下你作估计的假设

标题：选择座位
描述：用户可以选择靠走廊或靠窗的座位

标题：预订航空餐饮
描述：用户可以预订其飞行期间的餐饮

标题：评论航班
描述：用户可以对其乘坐的航班留下评论

你想出来了吗？重新在这里写下你的估计值。Bob和Laura也作了估计……，你如何与他们的估计值进行比较？

	你的估计值	Bob的估计值	Laura的估计值

你的估计值写在这里

标题：用Visa/MC/PayPal付款		15	10
标题：预订航班上的DVD		20	2
标题：选择座位		12	2
标题：预订航班上的餐饮		2	7
标题：评论航班		3	3

至少我们在这个功能上是相同的。

动脑筋

看起来，每个人对每个使用情节需要多长时间开发存在不同的看法。你认为哪个估计值是**正确的**？

小组交流

Laura，我们不是都彻底错了吧。但我们怎么得到完全不同的估计值呢？

就获得可信的时间估计而言，排除假设是最重要的。

Laura：好的，让我们从第一个使用情节开始吧。你是怎么算出10天的？

Bob：太容易了，我先挑选我能想到的最常用的信用卡，并增加开发时间使系统支持PayPal……

Laura：但多数高层主管使用American Express（美国运通卡），所以我假设我们也必须处理这张信用卡，而不只是Visa（维萨卡）和MasterCard（万事达卡）。

Bob：好的，但我还是感到怪怪的，就这一个假设就使开发时间的估计发生了这样大的差异……

Laura：我知道，但你能做什么呢，我们不知道客户的预期是什么……。

Bob：但看看这个……，你算出来开发"预订航班上的DVD"要20天，但就是开发所有的选项，顶多也是14天，对吗！

Laura：实际上，我是保守估计。问题是建立DVD完全是一项新的功能，有些事情我还没有干过。我考虑了研究如何建立DVD、安装软件和做每一项测试等在时间上开销，一切我认为编写好软件要做的每件事情，所以需要的时间要长一些。

Bob：哇，我完全没有想到还有这些事情要做。我想当然地认为都包括在时间里面了。我在想其余的时间估计是否也包括了研究和软件安装所需要的时间？

Laura：根据我的经验，可能没有。

Bob：但接下来，我们*所有*的时间估计值可能都有偏离……。

Laura：好了，至少我们在"评论航班"这一项功能的时间估计上是一致的。这就可以了。

Bob：是的，但我甚至作了假设，仍然没有考虑你刚才谈到的一些时间上的开销。

Laura：所以，我们有一大堆时间估计值还不能确定。当我们甚至都还不知道每个人的假设之前，我们如何能得到整个项目的时间估计？

玩计划扑克牌的游戏

为了得到准确的时间估计值，你一定要排除使你的时间估计有错误风险的假设。你想得到一组**每个人都相信**的时间估计值，确信他们能按照时间估计值的要求如期交付程序，或者至少在你签字同意之前，你想得到一组时间估计值，这一组时间估计值能让你知道每个人所做的假设是什么。现在应该把参与估计每个使用情节的开发时间的人员召集起来，围坐在桌子前，准备玩一轮计划扑克的游戏。

1 **把某个使用情节放在桌子中间。**
这样可以把每个人的注意力集中到指定的使用情节上来，所以他们可以思考他们的时间估计值是多少和潜在的假设是什么。

> 标题： 用Visa/MC/PayPal付款
>
> 描述： 用户能在办理预订时用Visa/MC/PayPal付款

← 我们想得到对开发这一使用情节的需要多长时间的一个实在的估计。不要忘了开发应该包括设计、编码、测试和交付使用情节。

2 **给每个人发13张牌，每张牌上有一个时间估计。**
你只需要一小叠牌，足够给他们做几个选择就行：

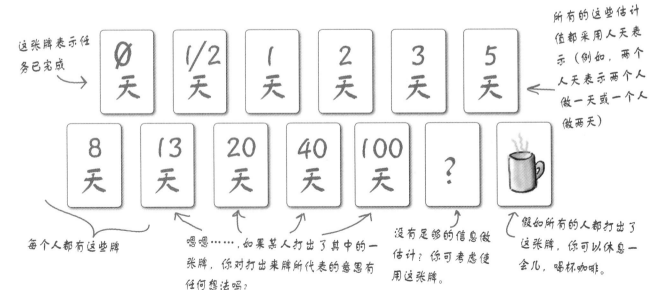

这张牌表示任务已完成 → ∅天 1/2天 1天 2天 3天 5天

所有的这些估计值都采用人天表示（例如，两个人天表示两个人做一天或一个人做两天）→

8天 13天 20天 40天 100天 ? ☕

每个人都有这些牌

嗯嗯……，如果某人打出了其中的一张牌，你对打出来牌所代表的意思有任何想法吗？

没有足够的信息做估计？你可考虑使用这张牌。

假如所有的人都打出了这张牌，你可以休息一会儿，喝杯咖啡。

3 **每个人都为使用情节选一个估计值，将与估计值对应的牌翻过来放在桌子上。**

你挑选一张你认为是合理的估计值的牌。不过，不要与其他人进行讨论。

确认你给出的是整个使用情节的估计值，而不只是其中的一部分。

把你选择的牌翻过来，不要让其他人看到你的估计值

使用情节仍然在中间……，仍然是中心。

4 **每个人在同一时间把牌翻过来。**

每个人亮出他手上的牌，为这一使用情节，给出他们最诚实的时间估计。

这些估计完全是大相径庭，不过没有关系。

5 **发扑克牌的人记录下由每个估计值形成的分布。**

主持牌局的人注意扑克牌上的时间形成的估计值分布。然后，做一个小小的分析：

在这个范围内算出精确估计可能是保险的

询问出这张牌的开发人员，他的想法是什么；不要轻视他们，设法知道他们做的假设是什么。

8 13 20 100

估计值之间的差异越大，你就越无法相信其估计，你需要弄清楚的假设就越多。

这些怎么能帮助处理假设吗？而且，那个家伙为何选择100，我们不能轻视他，对吗？

分布太散可能存在理解错误

对一个特定的使用情节的时间估计值的分布，当你看到估计值之间的差异很大时，一定是漏掉了某些因素；有可能是开发团队中的某个开发人员误解了这个使用情节。在这种情况下，应该重新看看使用情节。又或是开发团队中的某个开发人员对某件事不太确定，而团队中的其他开发人员则觉得已完全清楚。

无论出现的是哪种情况，都是时候去检查你的团队所做的假设和决定是否需要重新与客户沟通得到更多的反馈意见并澄清使用情节。

事实上，即使每个人的估计值都分布在同一狭窄的范围内，也值得我们去询问每个人所做的假设，以确认他们没有做出同样的错误假设。虽然可能性不大，但为了以防万一，在每轮扑克牌游戏结束后，总是要讨论并记录下你们的假设。

试着在使用情节的卡片反面记录你们的假设

验证假设

说到需求时，**没有任何假设会是好的假设**。因此，每当玩计划扑克牌游戏时出现开发团队所做的假设，不要不做任何处理，就让这些假设隐含在你的项目中，你可以把这样的假设**排除**在你的项目**之外**……

验证每项假设

当你作估计时，你的目标是瞄准少数几个假设。当一个假设在扑克牌游戏中冒出来时，即使你的整个团队都用了这一假设，先预判它是错误的，**直至得到客户的澄清**

至少，你知道哪些你并不知道

相对于连不清楚的地方在哪里都不知道……

不管你多么努力地尝试，有些假设客户也没能澄清，它仍然还存在。没有关系，有时候在项目的初期，对某个特定的假设，你的客户也没有很好的答案。在这种情况下，你需要保留这些假设。重要的是你知道有这样一个假设存在，你可以作为那个使用情节的风险把它记录下来（与你使用情节卡片的背面一样）。这有助于你监视和跟踪风险，在你项目的后期阶段排除掉它们。

随客户确定的优先顺序的情况而定，你甚至可以延迟还有很多假设存在的使用情节的开发，直到这些假设得到澄清。

当你不能排除掉所有的假设时，在时间估计期间的目标是通过客户澄清假设，排除尽可能多的假设。任何残存下来的假设都会成为风险。

在我看来，为澄清这些假设与客户的交流，可能太麻烦客户。你应该想到如何有效地利用客户的时间……

珍惜客户的时间

验证所有的假设并从你的客户那里寻求澄清会产生大量的工作量。你会花掉很多时间，但不是全部，与你的客户在一起讨论。这对有些客户是可行的，但对那些忙得连15分钟与你谈话的时间都没有的忙人又该怎么办呢？

在这些情况下，你要谨慎地使用客户的时间。即使你是在确认你对他们的项目掌握到正确的信息，你也不要碰巧出现在客户正忙的时候。因此，当你花时间与客户一起时，务必让时间组织得非常好，使用得非常有效，时间花得非常值。

试着一次收集好所有的假设，然后立刻与客户全部进行澄清。而不是在每轮计划扑克牌游戏结束后，再去麻烦你的客户，而是应该安排一个**排除假设的会议**（Assumption-busting session），这当中，你可以就收集到的所有假设与客户进行澄清，尽可能地把它们排除掉。

一旦你有了答案，进行最后一轮计划扑克牌游戏

在排除假设的会议上，一旦你与客户将大量的假设排除掉，就回来进行最后一轮计划扑克牌游戏，以便你和你的团队用新的澄清事项作时间估计。

没有愚蠢的问题

问： 在计划扑克牌游戏中，为什么存在40天和100天这样的间隔？

答： 好的，事实上，40天是一个很大的估计值，所以无论你觉得估计值应该是41天或甚至是30天，在这时就不是很重要了。40天只是说你认为在这个使用情节中，有许多工作要做，而你正好处在能否估计该使用情节的边界上……

问： 100天看起来更长；工作时间差不多要接近半年！为何要有100天的牌呢？

答： 绝对的，100天是很长的时间。假如有人打出100天的牌，一定是在使用情节中有些事情被严重地误解了或存在错误。如果你发现使用情节纯粹就是太长，这时你应该把使用情节分解成若干个小的、易于估计的使用情节。

问： 那显示问号的牌呢？是什么意思？

答： 它表示你感到没有足够的信息去对某个使用情节的开发时间作估计。或者你误解了某些事情，或者你的假设不确定性太高以至于你无法相信桌上的任何估计值是对的。

问： 有些人总是会挑选一些稀奇古怪的数字，我该怎么办呢？

答： 问得好！首先，看看那个人的估计习惯，看看他的估计是否真是有些奇怪，或者他事实上是正确的取向！然而，有些人多数时间真是倾向于选择极大或极小的数字，并且陷于到游戏本身之中。可是，每个估计值，尤其是那些与其他人给出的估计值相比不正常的估计值应值得十分关注，在每轮游戏之后，找出影响这个估计值背后的假设。

在几轮游戏后，你开始意识到那些不正常的估计值不是真地有合理的假设作支持，你或是考虑请这些人离开，或是在私底下与他们沟通，问问他们为何要坚持一些稀奇古怪的观点。

问： 当得到我们的估计值时，我们应该考虑由谁来实施这一使用情节吗？

答： 不，每个参与估计开发时间的人都是以自己去开发和交付某个使用情节所需要的时间来给出他的估计值的。在做时间估计那会儿，你还不能确定由谁来实施这一使用情节。因此，你感到团队中的任何一个人都有能力去实施该使用情节。

当然，如果某个使用情节特别适合某个人的特长，他们给出的估计值就可能相当小。但这小的估计值被团队的其他成员给出的估计值所均衡，因为他们会假设是由他们来独立实施该使用情节。

最后，目标是得到一个估计值，该估计值表明"整个团队都有信心地相信这是我们团队中任何一个人去开发该使用情节所需要的时间"。

问： 然而，每一个估计值不只是考虑实施的时间，对吗？

答： 是的。每个参与作时间估计的人都应该考虑开发软件需要多长时间以及交付他们认为需要交付的其他东西需要多长时间，可能包括文档、测试报告、打包（Packaging）、与布署（Deployment）——基本上，开发和交付完成使用情节的程序所需要的一切。

如果你不能确定还需要提交哪些东西，那就是一个假设，并且可能是一个要向客户询问的问题。

问： 当所有的扑克牌都翻开时，团队中所有的人的估计值都十分一致，我有必要担心背后的假设吗？

答： 是的，肯定是这样的。即使所有人的估计值都是一致的，也可能他们作了同样错误的假设。分布很散的估计值表明有更多的工作需要去完成，而且你的团队在他们作估计的过程中做出了不同的并且大胆的假设。分布很集中的估计值表明团队中的成员可能都做了同样错误的假设，所以尽管结果来自扑克牌游戏，检查假设是至关重要的。

不管分布告诉我们的是什么，重要的是要使任何一个假设或全部的假设摊开来，以便你可以立刻澄清这些假设，让团队对你的估计值更加有信心。

不要对你的假设再做假设…… 一切皆可讨论

大而不当的使用情节估计值

我们不需要任何更多的信息，我们一致同意，该项使用情节需要40天的时间开发……

你的使用情节太大了

还记得第1章的内容吗？

40天的时间太长，很多事情可能发生变化。要记住，40天有**两个月**的工作时间。

如果你必须做像这样的长时间的估计，你就必须尽可能与团队沟通，我们会在几页之后谈论该话题。

理想上，整个开发循环应该在**一个月内**，除掉周末和公众假期，大约有20个工作日。假如对一个使用情节，你估计开发时间需要40天，那么，它就无法安排在一个开发循环之中，除非你安排两个人共同完成该项工作！

从经验上讲，超过15天的估计值不太可能比小于15天的估计值更准确。

事实上，一些人认为超过7天的估计值就应该检查两遍。

当使用情节的估计值打破了 *15* 天的规律，你可以根据下述做法，择一而行：

❶ 把使用情节分解为若干个更容易估计的使用情节。

应用"并"规则。任何在标题或描述中有"并"的使用情节就有可能分解为两个或更多小的使用情节。

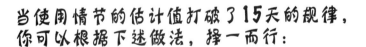

开始感受到了某种模式了吗？

❷ 再与你的客户进行交流。

可能有些假设使你得到的估计值变大。如果客户能澄清一些事情，这些假设可能就不存在了，你就可以大幅度地减小你的估计值。

每个使用情节的时间估计值超过15天时，给错误留的余地就太大。

当某个使用情节的时间估计值太大时，应用"与"规则，把使用情节分解为若干小的使用情节

以下两个使用情节产生的时间估计值都打破了15天的规则。应用"与"规则，把两个使用情节都分解为一些小的、并且能给出更准确的估计值的使用情节。

标题： 选择座位
描述： 用户能选择靠走廊或靠窗的座位，能选择他们喜欢的座位，并且在起飞前**24**小时之内能变更他们的选择。

标题： 预订机上餐饮
描述： 用户可以在三种选择中，选择他们喜欢的餐饮，并且能指明他们是半素食者或全素食者。

标题：

描述：

标题：

描述：

标题：

描述：

标题：

描述：

标题：

描述：

你的任务是把下列第一张卡片上比较长的使用情节，分解为若干个小的、易于估计的使用情节。

标题：选择座位

描述：用户能选择靠走廊或靠窗的座位，能选择他们喜欢的座位，并且在起飞前24小时之内能变更他们的选择。

标题：预订机上餐饮

描述：用户可以在三种选择中，选择他们喜欢的餐饮，并且能指明他们是半素食者或全素食者。

标题：选择靠走廊/靠窗

描述：用户可以选择靠走廊或靠窗的座位。

标题：从选项中选择餐饮

描述：用户可以在三种餐点中选择其中一项。

标题：选择指定的座位

描述：用户能选择飞行期间的座位。

标题：指明是半素食者

描述：当用户选择餐点时，他们可指明他们是半素食者。

标题：变更座位

描述：假设座位有剩余的话，用户可以在起飞前24小时内，变更他们的座位。

标题：指明是全素食者

描述：当用户选择餐点时，他们可指明他们是全素食者。

目标是收敛

完整地玩一轮计划扑克牌的游戏之后，你应该得到的不仅仅是每个使用情节时间的估计值，同时还有对这些估计值的信心。现在的目标是尽可能地排除更多假设，并且让使用情节估计值分布上的所有估计值都能**收敛**于一点上。

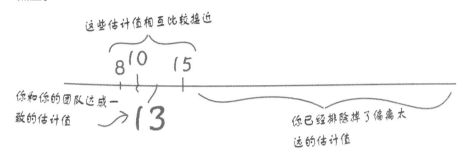

重复进行这些步骤，直至到达到一致

① **与客户交流。**
首要的是通过与客户的交流，得到足够多的信息并尽可能排除掉很多假设和误解。

② **进行计划扑克牌游戏。**
进行计划扑克牌游戏，处理每个使用情节，挖出每个使用情节中任何隐含的假设。很快你就会知道你对于估计需要完成的工作多么有信心。

③ **澄清你的假设。**
利用计划扑克牌游戏的结果，你就能知道你的团队在哪里错误地理解了使用情节，哪里需要做额外的澄清。

如果你发现只有客户能回答这些假设，就回到步骤（1）。

④ **达成一致。**
一旦每个人的估计值都相当接近，使用情节估计就达成大家一致同意的数字。

记录下低的、收敛的和高的估计值也是有用的，它们能给你关于最好和最坏状况的一点想法。

多接近才是"足够的接近"

决定你们的估计值何时才能算是"足够的接近"，实际上，完全取决于你们自己。当你能**相信某个估计值**，并且你并不怀疑所做的假设时，这时，你就可以在使用情节的卡片上记录下这个估计值，然后向前进。

没有愚蠢的问题

问： 我如何能确定估计值已足够接近，并且真地已经收敛？

答： 估计值全然关乎信心。在估计的时间内，如果你和你的团队都有信心能交付使用情节所提到的功能，你们就得到了一个良好的估计值。

问： 我有许多假设，但对于我的估计值我仍然有信心，可以吗？

答： 说实在的，对你的使用情节你应该没有假设或你及你的团队对客户需求的理解上应该也没有假设。

当你开发软件时，每个假设都是一个引发未知问题的诱因。更糟糕的是，每个假设增加了软件开发工作将被推迟，并且甚至交付不了能满足需求的软件的可能性。

即使对某个估计值，你感觉比较有信心，也要通过与你的团队进行沟通，最重要的是与你的客户进行沟通，以尽可能地排除其中的一些假设。

对假设采取"毫不留情"的态度（zero-tolerance attitude），你的交付软件之路将更有把握，而且是在预计的时间和预算内向客户交付他们所需要的软件。然而，可能还是会有些假设在时间估计的过程之中幸存下来。这是避免不了的，当这些假设转变为可标注和可跟踪的风险时，你至少会意识到这些风险的存在。

你得到的估计值是你对客户的承诺，说明你和你的团队需要多久才能交付软件。

问： 我发现为某个使用情节得到一个估计值很困难，有什么办法可以去更深入理解使用情节以得到较好的初始估计吗？

答： 第一，如果你的使用情节很复杂，这样可能是因为使用情节太大导致无法得到可信的估计值。采用"并"规则或同义将其分解成多个小的使用情节。

有些时候，使用情节有一点模糊不清和复杂。出现这种情况时，在你的大脑中或在小纸片上，试着将使用情节分解为多个小的任务，在下一轮的计划扑克牌游戏中分别处理它们。

想想去开发那段程序需要做的工作，想象一下，你正在做的这些工作，估算出每完成一项任务你需要多长的时间，然后把它们加起来得到整个使用情节的估计值。

问： 我的客户实际上应该看到该流程的多少部分？

答： 你的客户应该只是看到和听到你的问题，当然有他们建立起来的使用情节。尤其在你的客户没有参与你的计划扑克牌游戏时，情况更是这样。客户会想得到低于合理值的估计值，这样就给你和你的团队更大的挑战。

在给定的条件下，某段代码执行时出现问题，或当一个假设被发现时，请客户参加进来就至关重要。当发现你的团队提出了一个技术性的假设，而且你能在没有客户的帮助下进行澄清时，这样，你无须用这些细节来麻烦他们，因为客户可能并不了解这些技术性的细节。

但当你正在玩计划扑克牌游戏时，得出了你的团队开发和交付软件需要多长时间的估计值，你也相信该估计值。那么，这个估计值就是你对客户的承诺。因此，客户不应该为你计算这些。

一组处理需求的技术，乔装打扮参加化妆舞会，正在玩"猜猜我是谁？"的游戏。它们将给你一个暗示，然后基于它们说的内容，你试图去猜它们是谁。假定它们总是说真话，将每个参加者的名字填入到每项陈述旁的空白处，陈述是真。一个参加者可能出现在多个回答中。

今晚的来宾：

共筑远景—角色扮演—观察
使用情节—估计值—计划扑克牌

在正式场合，你可以把我装扮成使用案例。
....

我越多，事情就变得越清晰。
....

我帮你捕捉"一切"事情。
....

我帮你从客户那里得到更多信息。
....

在法庭上，我可以作为第一手证据。
....

有些人说我自负，但我只是自信。
....

谈到我时，每个人都有份。
....

——————➤ *答案见62页。*

需求与估计的反复循环

我们先在我们的循环方法中，增加一些新的步骤，去发掘需求。让我们看
看估计如何进入我们的流程……

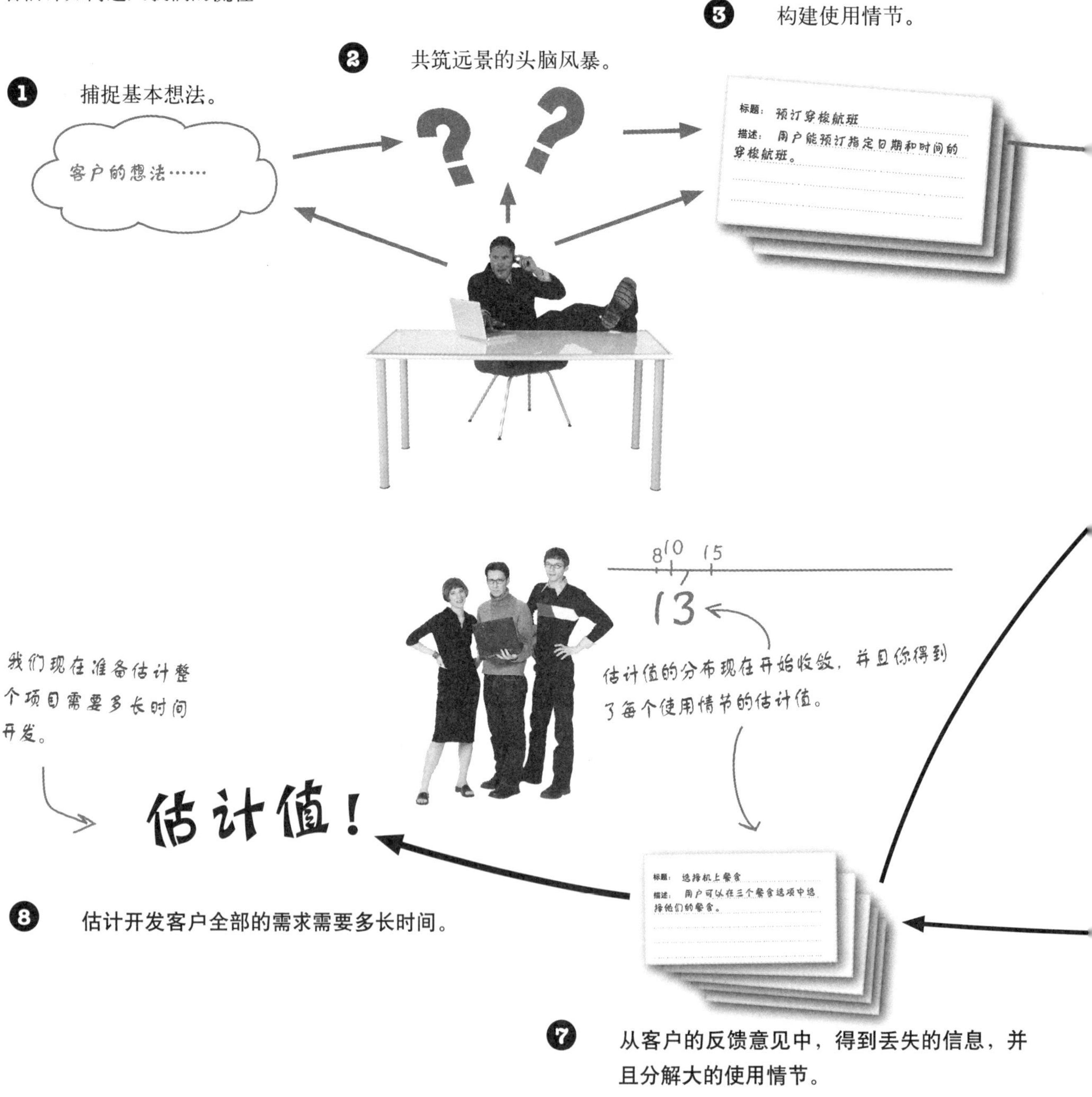

❸ 构建使用情节。

❷ 共筑远景的头脑风暴。

❶ 捕捉基本想法。

客户的想法……

标题：预订穿梭航班
描述：用户能预订指定日期和时间的
穿梭航班。

我们现在准备估计整
个项目需要多长时间
开发。

8' 10   15

13 ←

估计值的分布现在开始收敛，并且你得到
了每个使用情节的估计值。

估计值！

❽ 估计开发客户全部的需求需要多长时间。

标题：选择机上餐食
描述：用户可以在三个餐食选项中选
择他们的餐食。

❼ 从客户的反馈意见中，得到丢失的信息，并
且分解大的使用情节。

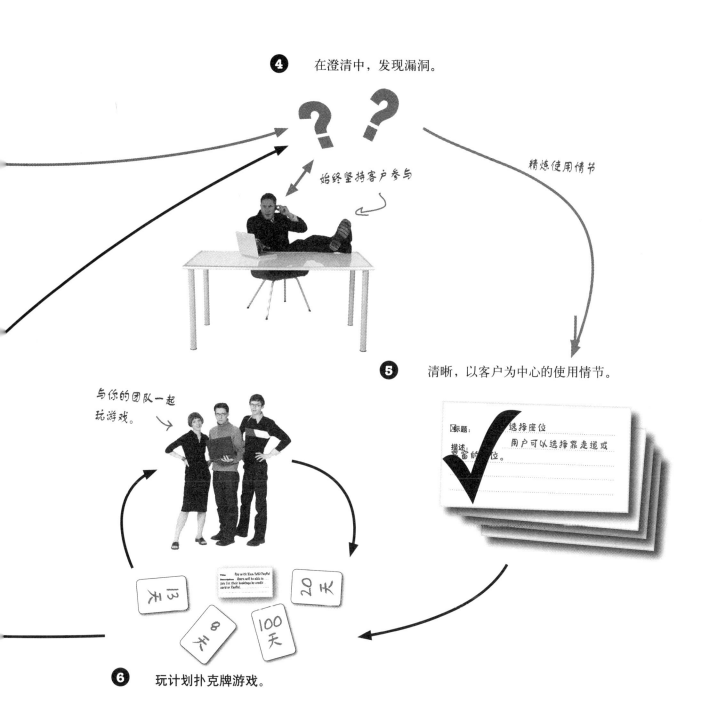

④ 在澄清中，发现漏洞。

精炼使用情节

始终坚持客户参与

⑤ 清晰，以客户为中心的使用情节。

☑标题： 选择座位
描述： 用户可以选择靠走道或
靠窗的座位。

与你的团队一起
玩游戏。

Title: Pay with Visa/MC/PayPal
Description: Users will be able to
pay for their bookings by credit
card or PayPal.

13 天

8 天

20 天

100 天

⑥ 玩计划扑克牌游戏。

汇总所有估计值，得到整个项目总的估计值

一组处理需求的技术，乔装打扮参加化妆舞会，正在玩"猜猜我是谁？"的游戏。它们将给你一个暗示，然后基于它们说的内容你试图去猜它们是谁。假定它们总是说真话，将每个参加者的名字填入到每项陈述旁的空白处，陈述是真。一个参加者可能出现在多个回答中。

今晚的来宾：

共筑远景—角色扮演—观察
使用情节—估计值—计划扑克牌

猜猜我是谁？
答案

陈述	答案
在正式场合，你可以把我装扮成使用案例。	*使用情节*
我越多，事情就变得越清晰。	*使用情节*
我帮你捕捉"一切"事情。	*共筑远景，观察*
我帮你从客户那里得到更多信息。	*角色扮演，观察*
在法庭上，我可以作为第一手证据。	*观察*
有些人说我自负，但我只是自信。	*估计*
谈到我时，人人都有份。	*共筑远景*

你的答案是计划扑克牌吗？
客户不参与该项游戏。

最后，你准备估计整个项目……

你已经得到简短的、针对性的使用情节，对每个使用情节，你都玩了计划扑克牌游戏。你已经处理了在你的估计中你和你的团队提出的所有假设，现在你得到了一组可信的估计值。找客户讨论整个项目的估计值的时间到了……

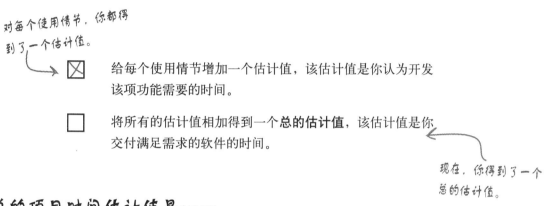

对每个使用情节，你都得到了一个估计值。

☒ 给每个使用情节增加一个估计值，该估计值是你认为开发该项功能需要的时间。

☐ 将所有的估计值相加得到一个**总的估计值**，该估计值是你交付满足需求的软件的时间。

现在，你得到了一个总的估计值。

总的项目时间估计值是……

把每个使用情节的收敛的估计值加起来，如果你准备开发客户想要的一切功能，你就发现整个项目的持续时间。

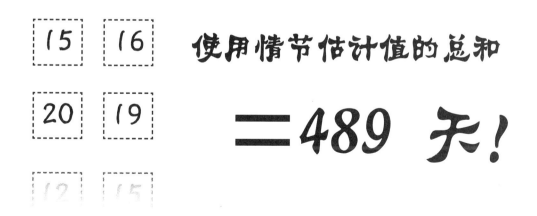

15	16
20	19

使用情节估计值的总和

=489 天!

当你估计的时间<u>太长</u>时，你怎么办?

你终于得到了可信的估计值，并且该估计值考虑了所有客户全部的需求。但是，你得到的是一个旷日持久的巨型项目。

该是回到原点（drawing board）的时候了吗？你承认你被打败并准备将工作移交给其他人吗？或是你只是向客户询问，他们认为需要多长时间，忘掉了在第一阶段你为得到估计值的艰苦工作？

你将需要去完成填字游戏并进入第三章去找到如何使Orion's Orbits项目上正轨。

需求和估计值填字游戏

填入你已学会使用的词汇，活动一下大脑。以下所有的词汇都在本章中可以找到：祝你好运！

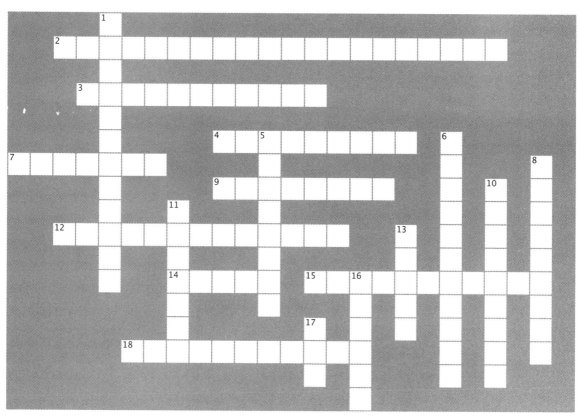

横排提示

2. When you and the customer are really letting your ideas run wild you are ....
3. When coming up with estimates, you are trying to get rid of as many .... as possible.
4. None of this language is allowed in a user story.
7. If a requirement is the what, an estimate is the ....
9. Requirements are oriented towards the ....
12. The best way to get honest estimates and highlight assumptions.
14. A User Story is made up of a .... and a description.
15. .... is a great way of getting first hand evidence of exactly how your customer works at the moment.
18. The goal of estimation is ....

竖排提示

1. When you just have no idea how to estimate a user story, use a card with this on it.
5. User stories are written from the perspective of the ....
6. When you and the customer act out a particular user story, you are ....
8. When everyone agrees on an estimate, it is called a ....
10. An estimate is good when eveyone on your team is feeling ....
11. The maximum number of days that a good estimate should be for one user story.
13. A great user story is about .... lines long.
16. After a round of planning poker, you plot all of the estimates on a ....
17. You can use the .... rule for breaking up large user stories.

第7章

软件开发工具箱

软件开发的宗旨就是关于开发和交付客户实际需要的软件。在本章中，你学到了几项技术，这些技术能帮助你得到客户心中的想法，并且捕捉到表达他们真实想法的需求……。本书完整的工具列表，见附录ii。

开发技术

共筑愿望，观察和角色扮演

使用情节

以计划扑克牌游戏得到估计值

开发原则

客户知道他们想要什么，但有时候，你需要帮助他们确定下来

需求总是要面向客户

与客户一起，反复地发掘和提炼需求。

 本章要点

- 与你的客户一起讨论**需求**时，共筑愿景，可以使客户考虑得全面一些。

- **使用情节**以客户的观点捕捉一个开发循环。

- 使用情节应该是**简短的**、长度上应该是三个句子左右。

- 简短的使用情节是**可估计的**使用情节。

- 一个使用情节不应该花费一个开发人员15天以上的时间才能完成开发。

- 在**流程中的每一步**，与你的客户反复挖掘需求，并坚持客户至始至终地参与其中。

需求和估计填字游戏答案

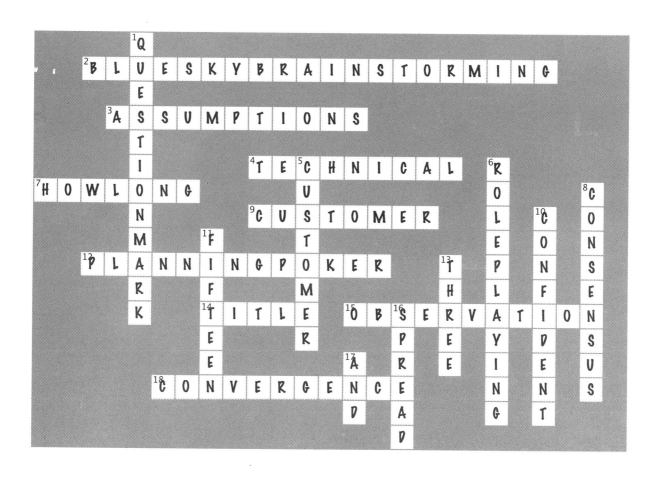

3 项目计划

为成功而筹划

亲爱的，说真的，我的软件开发工作安排得有条不紊，这样，我可以每天按时回家和你一起看NASCAR!

每段伟大的代码始于伟大的计划

在本章，你就要学习如何创建计划。你要学会与客户一道**按优先顺序排列他们的需求**。你还要**确定开发循环**，使你和你的团队向同一方向努力。最后，你还要创建一个有可行性的**开发计划**，你和你的团队有信心地**执行**和**监控**该计划。到你工作完成之时，你就确切地知道如何从需求到软件的第一次交付。

客户现在就要他们的软件!

客户想在需要软件时，马上就能得到软件，一刻也不能耽误。采用头脑风暴法，你已经掌握了客户心中的想法，你得到了一组描述客户需要软件去做的每件事所形成的使用情节，并且你对每个使用情节的开发所需要的时间进行了估计，所得到的估计值有助于你决定交付客户所想要的软件需要的时间。但问题是开发客户提到的**每件事**需要**太长**的时间……

我们的估计

489 天 ^{译注1}

把所有时间估计值相加后得到的总数

客户的希望

90 天 ^{译注2}

我们明显地不能在90天内完成客户想要的每件事情。为何不缩减一些功能并按优先顺序进行排序呢？

译注1: 这里所指的是"人天"。"工作量"都是以"人天"为计算单位，代表"一个开发人员在一个工作天所能完成的工作量"。

译注2: 这里所指的是"公历天"。"公历天"扣除周末及假日之后就是"工作日"，代表实际可工作的天数。

Orion's Orbits仍然要使他们的预订系统现代化；他们不能等上几乎两年的时间才使软件开发工作完成。从Orion's Orbits使用情节中，选取下面的使用情节片段和对应的时间估计值，圈出你认为应该完成的一堆开发任务，完成这堆开发任务需要的时间**不会超过90天**。

标题：	预订穿梭航班
估计值：	15 天

标题：	用Visa/MC/PayPal付款
估计值：	15 天

标题：	评论航班
估计值：	13 天

标题：	预订机上餐饮
估计值：	13 天

标题：	预订机上DVD
估计值：	12 天

标题：	预订Segway 译注3
估计值：	15 天

标题：	浏览累计里程账户
估计值：	14 天

标题：	选择座位
估计值：	12 天

标题：	申请多次往返卡
估计值：	14 天

标题：	预订宠物看护
估计值：	12 天

标题：	管理优惠方案
估计值：	13 天

总的估计值： ☐

← 总的估计值为你圈定的使用情节的所有估计值之和

你看到任何问题了吗？请记录下来。

问题？ ....

....

....

....

假设？ ....

....

....

记录下在这里你做的任何假设。

译注3： Segway是由美国发明家Vean Kamen运用动态平衡科技开发出来的一种新型交通工具。请参见*http://www.segway.com/individual/models/index.php*。

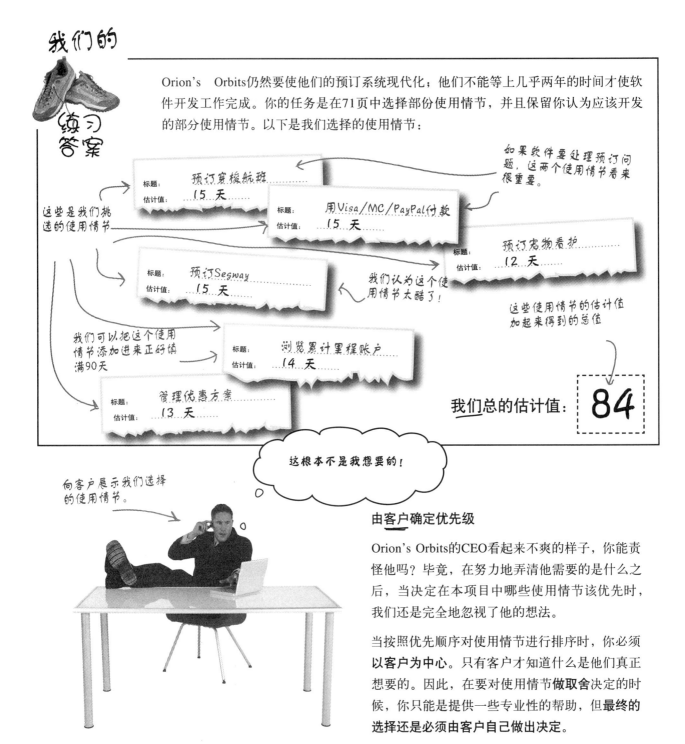

Orion's Orbits仍然要使他们的预订系统现代化；他们不能等上几乎两年的时间才使软件开发工作完成。你的任务是在71页中选择部份使用情节，并且保留你认为应该开发的部分使用情节。以下是我们选择的使用情节：

这根本不是我想要的！

向客户展示我们选择的使用情节。

由客户确定优先级

Orion's Orbits的CEO看起来不爽的样子，你能责怪他吗？毕竟，在努力地弄清他需要的是什么之后，当决定在本项目中哪些使用情节该优先时，我们还是完全地忽视了他的想法。

当按照优先顺序对使用情节进行排序时，你必须**以客户为中心**。只有客户才知道什么是他们真正想要的。因此，在要对使用情节**做取舍**决定的时候，你只能是提供一些专业性的帮助，但**最终的选择还是必须由客户自己做出决定**。

与客户一起确定优先顺序

至于某个使用情节该有何等级别的优先级是**客户的**权利。为了帮助客户
做出决定，把使用情节卡片弄乱后放在桌子上。要求客户按照优先级把
使用情节理顺（最重要的放在第一位），紧接着，把所有需要在软件的
第一版开发的功能选择出来。

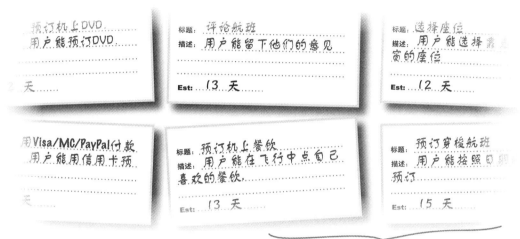

将所有的使用情节卡片摊在桌面上，
要求客户按优先级顺序排列。

什么是 "Milestone 1.0"

Milestone 1.0是你向客户发布的**第一个主要版本**。与在较小的开发循环中不同，
那时你给客户演示软件是要得到客户的反馈意见，而Milestone 1.0实际上是你
第一次交付软件给你的客户（并希望获得报酬）。在规划Milestone 1.0版时，有
些"要"与"不要"的事项要注意：

要‧‧‧‧‧‧ **在系统的功能和客户的渴望中取得平衡**

帮助客户理解在**预定的时间内**哪些功能可以得以完成，不容置疑，不
是所有的功能都要在Milestone 1.0版中完成，有些功能的实现可能要推
迟到Milestone 2.0版或3.0版……中去实现。

不要‧‧‧‧‧‧ **只是避重就轻**

Milestone 1.0交付的哪些需要的功能，也就是所提供的一组功能能满足
客户最重要的需求

不要‧‧‧‧‧‧ **担心时间（暂时还不要）**

此时，你只是要询问客户哪些是最重要的使用情节。**不要关心这些使
用情节要花多长时间开发**。你只是要理解客户的优先顺序。

*别担心，我
们不是在忽
视估计时间，
我们会马上
回到这个问
题上来。*

我们知道什么是Milestone 1.0版 (好吧，可能知道)

根据从客户的想法挖掘出来的所有使用情节，按照其优先顺序排列起来，然后，客户选择那些要在Milestone 1.0版中要完成的使用情节……

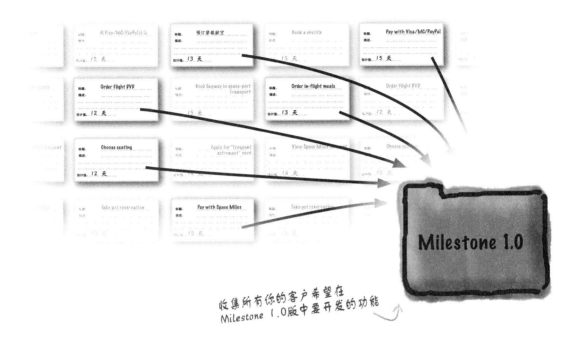

收集所有你的客户希望在Milestone 1.0版中要开发的功能

Milestone 1.0版估计值的稳健性检查

既然你知道了客户希望在Milestone 1.0版中要得到哪些功能，现在是要去检查你是否有一个合理的开发时间，如果要开发和交付全部重要的功能……

这些都是Milestone 1.0版本中要开发的使用情节

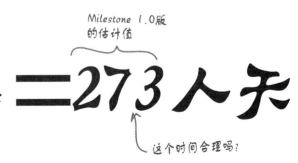

把Milestone 1.0版中所有使用情节的估计值加起来

Milestone 1.0版的估计值

＝273人天

这个时间合理吗？

如果功能太多，*重新*进行优先顺序排序

开发Milestone 1.0版需要273人天，而Orion's Orbits希望能在90天内交付。别着急，这是很常见的。客户想要的总是比你要能交付的要多，你的任务是重新与客户坐下来，对优先顺序进行重新的排序，直到得到一组可工作的功能。

与你的客户一起，对Milestone 1.0版中的使用情节重新按优先顺序排序……

❶ 缩减更多的功能。

为缩短交付Milestone 1.0版的时间，你能做的第一件事情就是砍掉一些功能——去掉对软件的运行没有**绝对必要的**使用情节。

> 一旦你解释时间安排表，多数客户会承认他们并不需要最初提到的每件事情。

❷ 尽早交付里程碑构建版本。

为了能尽早交付软件的里程碑构建版本，这样，使你和你的开发团队盯住不至于太遥远的截止日期，以便保持良好的开发势头。

> 别让你的客户说服你采用较长时间的开发，截止日期越短，你和你的开发团队越能集中在开发上来。

❸ 关注基本功能。

Milestone 1.0版的全部作用**只是**交付软件可工作的版本的功能。其他任何超出这些要求的功能都可安排在以后的里程碑版本中。

没有愚蠢的问题

问： 里程碑（Milestone）和版本（Version）之间有什么差别？

答： 差别不大。事实上，如果你喜欢，你可以把你的第一个里程碑称之为"版本1.0"。里程碑版与版本之间的最大区别是里程碑版表明你开发的软件可以交付并能得到客户给你的款项，而版本是单纯的描述性术语，该术语被用于标明软件的某一次发布。

差别真是很细微，但理解它的简单方法是版本是一标签，没有任何意思，而里程碑表明你交付软件的功能，并且你能得到客户给你的款项。Version 1.0可能与Milestone 1.0是一致的，但Milestone 1.0 可能等于Version 0.1 0.2或其他任何你选择的标号。

问： 那么确切地讲，什么是软件的基本功能？

答： 基本功能是最小的功能集，在功能集中的功能是对客户和用户来讲全是有用的。

想想文字处理的应用，它的核心功能是打开、编辑、保存文本到文件中。任何其他的功能都不在核心功能之列，不管这些功能多么有用。没有打开、编辑和保存的能力，这样的文字处理软件简单地说就是没用的。

从经验上讲，如果没有该功能，你也能通过，这项功能就不是基本功能。然而，该项功能可能是后期的Milestone 版中待开发的功能，如果你没有时间一次完成所有的事情的话。

问： 经过计算，无论我怎样缩减使用情节，我都无法交付客户希望我能交付的软件，我能做什么？

答： 非常不幸，你得坦诚地告诉你的客户。如果你真是不能按时完成所需要的软件，并且当你删掉某些使用情节时，客户又不愿意给钱，你可能就要放弃这个项目，至少客户还认为你是诚实的。

另一个选择是充实新的开发人员到你的团队，使许多工作加快。然而，增加新的人员到团队要大量增加成本，不一定能达到你想象中的效果。

嗨？！我们不能增加更多的人员去缩短我们的时间吗？增加两个开发人员，我们将缩短1/3的时间，对吗？

如果需要273天，你增加两个像你一样的开发人员，整个开发工作量将减少1/3，对吗？

这不仅仅与开发时间有关

虽然增加更多的人员乍一看非常吸引人，但真不是"增员一定增效"那样的简单。

每个新的团队成员都需要时间跟上开发项目的步伐，他们需要去**理解软件、技术上的决定，以及每件事情之间是如何关联的**，而当他们做这些事情时，**他们是不可能达到100%的生产力的。**

然后，你还需要为新的团队成员安装正确的开发工具和设备，使他们与团队其他成员一起工作。这意味着可能要买新的软件许可号和设备，但即使只是下载一些自由或开放源码的软件，**这些工作也都需要花费时间**，而且必须在你重新估计时考虑进来。

最后，你增加到团队中的每个人也会造成你更不容易让每个人保持同一关注点以及知道他们在做什么。使每个人都按同一方向前进并保持同一步调是一项非常耗时的工作，当你的开发团队越来越大时，你就会发现复杂的沟通开始影响你的团队的软件生产力和开发伟大的软件的整体能力。

事实上，存在一个最大的团队成员数，在这个数以下，你的团队仍然有生产力，但这很大的程度上取决于你的项目有多大、你的团队和你增加的人是谁。如果开始看到你的团队实际**生产力下降**时，即便你有**更多的人**，最好的方法是监控你的团队，然后重新评估你要完成的工作量或你需要的工作时间。

在本章末，将向你介绍工作量完成状况趋势图（burn-down rate graph）。这是监控你团队绩效的很好工具。

更多人力有时意味着减损绩效

增加更多的开发人员进入你的团队所产生的绩效并不总是与你期望的一样。如果一个人花273天完成Milestone 1.0版的开发，然而，并**不是**3个开发人员各91天就可以了。事实上，他们实际上花的时间会更长。看下图，绩效并不总是随着团队人员的增加而增加。

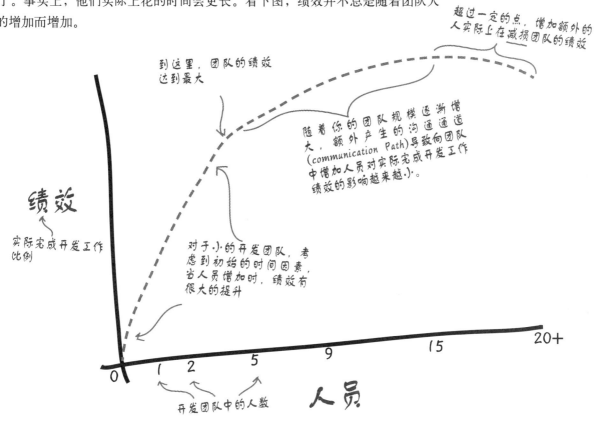

没有愚蠢的问题

问： 存在着我不应该超越的最大团队规模吗？

答： 不全是。取决于你的管理经验，你可能发现自己能轻松地管理由20个人组成的团队，但超过21人时，管理工作就变得困难重重。或者你发现超过3个开发人员组成的团队，都会让你感到生产力在下降。最好的方法是认真监控开发工作的绩效，然后基于你观察到的问题做修改。

你认为项目的规模会影响上面的图吗？如果你把项目分解为若干子项目会怎样呢？

找到合理的 Milestone 1.0

以Orion's Orbits项目为例，增加两个开发人员，开发人员由一人变
成三人能产生正面影响。所以，让我们看看增加人员是如何产生影响
的：

你第一次增加两个新成员到你的开发团队……

增加两个开发人员到你的团队（包括你在内有三人）有帮助，但这并不是魔术般的解决
方案。两个开发人员能增加很多工作时间到你的项目中去，但仍留下其他工作：

273人天的工作量要完成 — (三个开发人员 = 180人天（三个开发人员在90个公历日所能完成的工作量）) = 93人天 剩余的工作量！

……接着，与客户重新排列优先顺序

现在，你已经得到一个好的方法去计算什么已经被去掉了。我们得到180天的工作量和
总共273人天的工作量，因此，我们需要去与客户沟通，通过从Milestone 1.0版中转移
某些使用情节，去掉大约93人天的工作量。

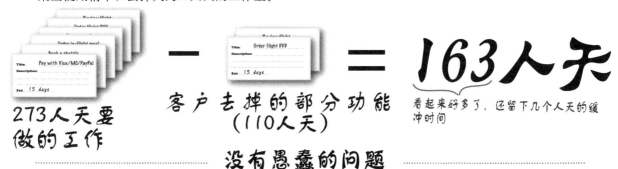

273人天要做的工作 − 客户去掉的部分功能（110人天）= 163人天 看起来好多了，还留下几个人天的缓冲时间

没有愚蠢的问题

问： 但163人天的工作量小于180天工作量（三个开发人员所能贡献的），我们不应该为客户增加些什么功能吗？

答： 总的估计不必刚好是180天。在做时间估计时，极少数的估计能达到100%准确。而且，还可能倾向于有点儿乐观。所以，当163人天已经接近180人天时，可以让你有信心如期交付了。

问： 当你新增两个开发人员时，你是如何得到180人天的？

答： 在这一点上，这个数字是依据推测所做的估计。我们已经预计到增加两个开发人员组成三个人的开发团队意味着我们在90天中可以做180人天的工作。用称之为"团队速度"的依据可以支持这一推测，在本章的后半部分，我们将回到这个问题上来。

扮演客户

回想到基本功能，如果某个功能不是绝对需要的，它的优先等级就不是10。

现在你有机会扮演一次客户。当你打算为Milestone 1.0中开发每个使用情节时，你必须要制订计划，为此，你需要询问客户哪些功能是最重要的，以便你先开发这些功能。你的任务是扮演客户角色，给Milestone 1.0中的每个使用情节分配优先级。对每个使用情节，依据你认为该功能的重要程度，用本页底部所示的优先等级，在每张卡片的方块中设定一个等级。

标题： 用累计里程付款
估计值： 15 天
优先级：

标题： 预订机上餐饮
估计值： 13 天
优先级：

标题： 登录往返账号
估计值： 15 天
优先级：

标题： 评论航班
估计值： 13 天
优先级：

Title: 管理优惠方案
估计值： 13 天
Priority:

标题： 预订穿梭航班
估计值： 15 天
优先级：

标题： 用Visa/MC/PayPal付款
估计值： 15 天
优先级：

标题： 浏览累计里程账户
估计值： 14 天
优先级：

标题： 浏览航班评论
估计值： 12 天
优先级：

标题： 选择座位
估计值： 12 天
优先级：

标题： 申请"多次"卡
估计值： 14 天
优先级：

优先等级

10 - 最重要
20
30
40
50 - 最不重要

标题： 浏览交易情况
估计值： 12 天
优先级：

对每个使用情节，在方框中给出优先级

我们的 ↖ 扮演客户解答

你的任务是扮演客户并且为Milestone 1.0中的每个使用情节给出优先级。以下是我们为每个使用情节给出的优先级，并按照优先级进行了排序。

按照最高优先级到最低优先级排序

标题： 浏览交易情况 估计值：12 天 优先级： 10	标题： 评论航班 估计值：13 天 优先级： 30
标题： 预订穿梭航空 估计值：15 天 优先级： 10	标题： 浏览航空评论 估计值：12 天 优先级： 30
标题： 用Visa/MC/PayPal付款 估计值：15 天 优先级： 10	标题： 申请"多次"卡 估计值：14 天 优先级： 40
标题： 管理优惠方案 估计值：13 天 优先级： 10	标题： 登录"多次"账户 估计值：15 天 优先级： 50
标题： 选择座位 估计值：12 天 优先级： 20	标题： 浏览"累计里程"账户 估计值：14 天 优先级： 50
标题： 预订机上餐食 估计值：13 天 优先级： 20	标题： 用"累计里程"付款 估计值：15 天 优先级： 50

没有愚蠢的问题

问： 为什么优先级分为10，20，30，40和50？

答： 以10为基数，使人想到功能的分组，而不是对每个功能用像8、26或42这样分离的数字给出等级。你正试图让客户决定什么是最重要的，但不是拘泥于具体的数字。当然，以10为基数允许你偶尔为某个特殊的功能指定25，在你稍后需要增加某个功能时，需要在已有功能之间进行插入。

问： 如果优先级为50，该项功能可能被忽略掉，对吗？

答： 不是，优先级为50并不意味着该使用情节是要准备忽略掉的。在这点上，我们正在开发Milestone 1.0版，所以这样的使用情节已经是从用户最重要的功能中过滤出来的。这里的目标是要排列优先顺序，不是要弄清楚是否其中有些功能是不需要的。所以，优先级为50，只说明可以迟一点开发，不是对客户来说不需要。

问： 要是我有些不在Milestone 1.0中的使用情节卡片呢？

答： 先给这些卡片分配60的优先级，这样，你就不会与Milestone中的功能相混清。

问： 这些工作都是由客户完成的吗？

答： 你可以给予帮助和建议，并向客户指出有些使用情节之间存在的关联性。但关于优先顺序的排序还是得由客户自己做决定。

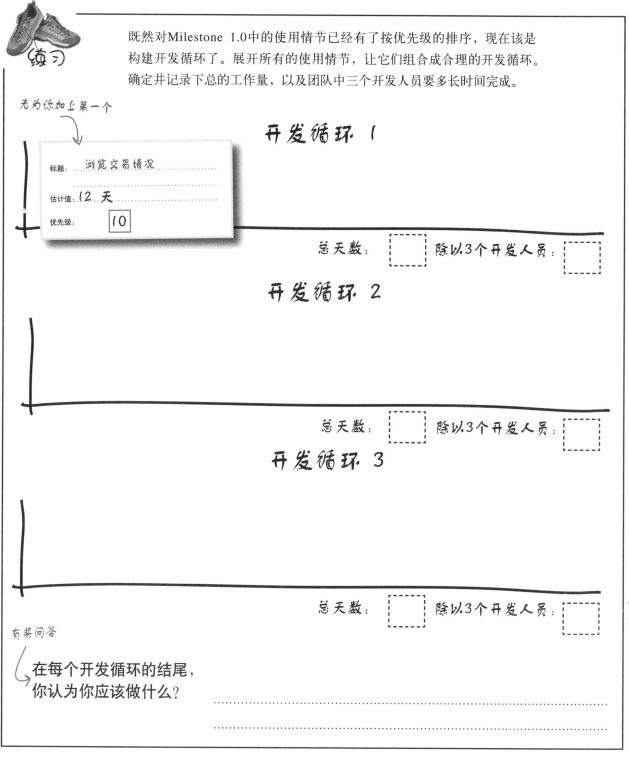

既然对Milestone 1.0中的使用情节已经有了按优先级的排序，现在该是构建开发循环了。展开所有的使用情节，让它们组合成合理的开发循环。确定并记录下总的工作量，以及团队中三个开发人员要多长时间完成。

先为你加上第一个

开发循环 1

标题: 浏览交易情况

估计值: 12 天

优先级: 10

总天数: 　　 除以3个开发人员: 　　

开发循环 2

总天数: 　　 除以3个开发人员: 　　

开发循环 3

总天数: 　　 除以3个开发人员: 　　

有奖问答

在每个开发循环的结尾，你认为你应该做什么?

答案见84页。

今晚话题：**开发循环和里程碑的对话**

里程碑：

喂，开发循环，从上一次见你到现在好像才一个月。

那么，现在项目进展如何？好像你经常出来秀一下，而我只是在一个大的结束点上才会出现。说真的，你的目的到底是什么？

天真？你看看，只因为我与客户唠叨得少就说明我不重要。我的意思是，假如没有我，你根本就没有软件，客户付款也是空话！除此之外，就是因为我偶尔出现一下，客户才一次一次得到惊喜……

我以前也试着这样做。通过向客户解释的方式来平息客户的恼怒，即告诉客户所有的问题都将在下一个版本中得到修正。但是，客户不愿听这样的解释。面对客户很多的抱怨声，我都承受下来，准备在开展一年左右的工作，看看客户下次是否喜欢我。

开发循环：

差不多有一个月。而且，我敢保证下个月你还会见到我。大概需要三次，我们就会完成你交代的事情，里程碑。

当然是为了一切顺利。那是我的真正使命——去确保从开发的第一天到第九十天中的每一步，项目都行进在正确的轨道上。话说回来，你认为你只要在三个月后出现在项目中，到那时，每件事都是客户所希望的那样吗？你太天真了，不是吗？

喔，我很支持你。我也很不喜欢客户不爽。但另一方面是，有很多时间去修正事情。我的意思是，我们一起合作，你知道，我和客户至少一个月见一次面。而且，如果事情没有做好，我只是要让客户知道，下一次会更好的。

不过，现在你的工作时间都比一年短，对吗？

里程碑：

是的，我尝试将这样。但有些时候也得花长一点的时间，虽然我也喜欢经常与客户见面。至少一个季度一次，好与他们的付款周期配合。而不是时间太长，客户都忘记我了，这样是最糟糕的事情。

你在开玩笑？你甚至都不是什么Alpha或Beta版，只是一些代码凑合在一起，或者，只是要每个人穿着牛仔裤去上班并在星期五下午喝啤酒的借口。

嘿!我会如何？我还是我，准备去给客户做演示……

……软件。嘿，等等。希望？我倒是给你一些希望，你这个小……

忘恩负义的小骗子……交付软件给我。

开发循环：

是呀，没有人忘记我。大约每个月我都出现一次，在客户面前表演一番，取悦取悦客户。说真的，我不能想象，没有我，你会怎样。

喂，你不认为不只是这样吗？假如没有我在前面开山铺路，确保我们在正确的轨道上，处理变更和新的功能，甚至去掉一些永不需要的功能，你会如何呢？

……**希望**能运行？

啊，你只有一小部分是正确的。你为什么不再拖延30天左右，当所有的工作完成后，我们再见面。当那时，我倒看看谁在星期五喝啤酒，好吗？

那时当然的，从开始干活开始，我相信我会干得很好。我走了，还有很多工作等着我去做呢……

你的任务是展开所有的使用情节，让它们组合成开发循环。下面是我们得到的结果……注意，所有开发循环的时间周期都在一个月内，大约20个工作日（或更少）。

你的答案可能与我们不同，但要确定是按照优先顺序排放。

练习答案

标题：管理优惠方案	标题：预订穿梭航空	标题：用Visa/MC/PayPal付款	标题：浏览业务
估计值：[3 天	估计值：[5 天	估计值：[5 天	估计值：[2 天
优先级：10	优先级：10	优先级：10	优先级：10

开发循环 1　……确定开发循环时间短　　总天数：57　除以3个开发人员：19

标题：选择座位	标题：预订机上餐食	标题：评论航班	标题：浏览航班评论
估计值：[2 天	估计值：[3 天	估计值：[3 天	估计值：[2 天
优先级：20	优先级：20	优先级：30	优先级：30

开发循环 2　　　　总天数：50　除以3个开发人员：17

标题：申请"多次"卡	标题：登录"多次"账户	标题：浏览"累计"里程	标题：用"累计里程"付款
估计值：[4 天	估计值：[5 天	估计值：[4 天	估计值：[5 天
优先级：40	优先级：50	优先级：50	优先级：50

开发循环 3　　　　总天数：58　除以3个开发人员：20

你认为在每个开发循环结束时，你应该做些什么？

演示给客户看并从客户那里得到反馈意见。

没有愚蠢的问题

问：要是到了开发循环结束时，我没有任何东西向客户做演示，该怎么办呢？

答：在开发循环结束时，没有任何东西可向客户做演示的唯一可能性是没有任何使用情节在该开发循环中完成。如果你常要设法去处理这样的事情，这样项目一定是失去了控制，你必须使项目开发尽快回到正确的轨道上来。

保持你的软件连续不断地构建并且可运行，这样，在每个开发循环结束时，你总是可以从客户那里得到反馈意见。

开发循环应该简短和易行

到现在，Orion's Orbits项目是以*30天作为开发循环*周期，在90天的项目中采用3次循环。你可以采用不同时间长短的开发循环，但记住以下基本原则：

保持开发循环简短

开发循环的间隔时间越短，你就越有机会去发现和处理新出现的变更和意想不到的*细节问题*。简短的开发循环将使你尽快得到客户的反馈意见，并且使变更和额外的细节立刻浮上水面。这样，你可以调整你的计划，甚至在发布不完善的Milestone 1.0之前，变更在下一次开发循环中你的工作内容。

保持开发循环均衡

每次开发循环应该是在处理需求变更、增加新的功能、发现软件漏洞和了解开发人员的真实工作情况之间取得平衡。如果你每月进行一次开发循环，那就不是真正30天的工作时间。开发人员周末要休息（至少偶尔会是这样），并且你必须考虑公众假期，软件漏洞和其他随时在开发过程中可能出现的事情。20工作日（30天，1月）是一个安全的、能掌控的时间长度。

← 30天的开发循环基本上是指30个公历日

← ……你可以假设为20工作日

时间__简短__的开发循环能有助于你处理需求__变更__，并且让你和你的团队精力集中及充满活力。

猜猜我是谁?

以下是使用情节、开发循环、里程碑……或许其中的两个,甚至是三个都有的特点! 你的任务是在方框中打"×",对应到该特点对应的术语。

	使用情节	开发循环	里程碑
我产生一段可构建、可运行的代码。	☐	☐	☐
我是最小的、可构建的软件片段。	☐	☐	☐
在整整一年当中,你应该最多交付我四次。	☐	☐	☐
我包含由你的团队做出的一组估计值。	☐	☐	☐
我包含由客户做出的一组优先级。	☐	☐	☐
当我完成时,你交付软件给你的客户并获得报酬。	☐	☐	☐
我应该在30天内完成。	☐	☐	☐

⟶ 答案见88页。

将你的计划与真实情况作比较

看起来，只要我们满负荷地工作五天，我们的计划就会执行得相当好。

Bob：哦，你是知道的，Nick今天11点钟才到，他去看医生了……

Laura：什么？

Bob：还有，我们讨论时，IT部门的同事今天下午正在我的机器上安装Oracle 9，因此，你也应该记住这点……

Laura：好极了，还有哪些烦人的事情是我要知道的？

Bob：好的，本月我们有一个周的假期，然后劳动节需要考虑进去……

Laura：天啦，我们如何制订一个考虑了这些乱七八糟因素的计划，以便当我们与Orion's Orbits的CEO签署该计划时，我们知道这是一个可兑现的计划？

你认为目前采用的20个工作日的开发循环有将这类问题包含其中吗？

准备练习

看看是否你能帮助Bob解决这些问题。当计划开发循环时，哪些是需要考虑的事项。

☐ 文字工作　　☐ 设备损坏　　☐ 假期

☐ 生病　　☐ 软件升级　　☐ Frank 中彩

猜猜我是谁？

以下是使用情节、开发循环、里程碑……或许其中的两个，甚至是三个都有的特点！你的任务是在方框中打"×"，对应到该特点对应的术语。

	使用情节	开发循环	里程碑
我产生一段可构建、可运行的代码。	☐	☒	☒
我是最小的、可构建的软件片段。	☐	☒	☐
在整整一年当中，你应该最多交付我四次。	☐	☐	☒
我包含由你的团队做出的一组估计值。	☒	☒	☒
我包含由客户做出的一组优先级。	☒	☐	☐
当我完成时，你交付软件给你的客户并获得报酬。	☐	☐	☒
我应该在30天内完成。	☐	☒	☐

准备练习

看看是否你能帮助Bob解决这些问题。当计划开发循环时，哪些是需要考虑的事项。

像这样的事情经常发生，因此，我们必须把它们计划在内。

☒ 文字工作	☐ 设备损坏	☒ 假期
☒ 生病	☒ 软件升级	☐ Frank 中彩

这些完全是意外的事情

时间效率值是在作估计时需要考虑的时间开销

现在是该把现实因素纳入到你的计划中去的时候了。通过评估你和你的团队实际上开发软件能够有多快，你需要把所有这些烦人的时间开销因素考虑进来。这正是开发速度加进来的时候。时间效率值是一个比例：给定X天，其中有多长时间是在从事生产性工作（译注4）。

但我怎么知道我的开发团队的绩效有多高？我们才刚刚开始。

以0.7的时间效率值开始

对于一个新的团队开发软件，在第一次开发循环时，假设你的团队的开发时间大约是总工作时间的70%是合理的。这就意味着你团队的时间效率值为0.7。换句话说，每10天的工作时间会有三天时间被假日、软件安装、文字工作、电话和其他非开发任务所占用。

0.7的时间效率值是一个保守的估计，你可能发现，团队的实际的时间效率值比估计的还要高。假若情况是这样，在你当前的开发循环结束后，你要调整你的时间效率值，采用新的数字去确定要多少工作日能进入到下一次的开发循环。

另外一个采用时间简短的开发循环的理由是：你可以不断调整时间效率值。

当然，最好是你能将时间可用率应用于你的工作量，得到要工作多长时间的真实估计。

工作天数可以是开发使用情节、开发循环或甚至是整个里程碑需要的时间……

结果总是比原初的工作天数大，考虑到假日、管理等。

$$\frac{工作天数}{时间效率值} = 完成工作需要的天数$$

除以你的时间效率值，时间效率值的值应该在0和1.0之间，新项目采用0.7是一个好的保守估计。

看到趋势没：公历月的30天其实只有20个工作日，20个工作日大约只有15天的开发时间。

译注4：　英文原著中，作者采用了速度（Velocity）一词来表述开发工作的快慢。但是，根据原书中给出的定义，其只是一种比例，是一个无纲量，而物理学中的速度是有纲量。因此，我们将其翻译为"时间效率值"来表达原书中速度一词的含义。

理想国里的程序员……

你问一个程序员，完成类似写PHP到MySQL数据库的接口程序，或从espn.com抓屏程序需要多长时间，他们往往会给你一个天花乱坠的时间估计。

这是程序员的<u>说法</u>……

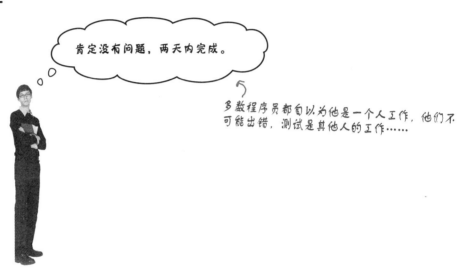

肯定没有问题，两天内完成。

多数程序员都自以为他是一个人工作，他们不可能出错，测试是其他人的工作……

……但这是程序员真实的<u>想法</u>

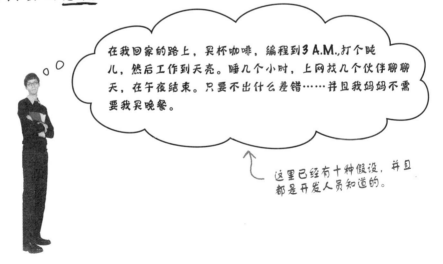

在我回家的路上，买杯咖啡，编程到3 A.M.,打个盹儿，然后工作到天亮。睡几个小时，上网找几个伙伴聊聊天，在午夜结束。只要不出什么差错……并且我妈妈不需要我买晚餐。

这里已经有十种假设，并且都是开发人员知道的。

现实世界里的开发人员……

然而，作为一名软件开发人员，你必须面对现实。你可能已经有一个由程序员组成的开发团队，并且你有一个不按时完成就不付钱的客户。最要命的是还有其他开发人员依赖于你。因此，你的估计值就会更加保守，并考虑现实状况。

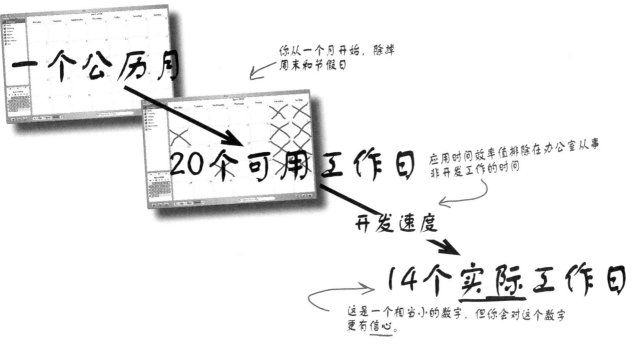

一个公历月

你从一个月开始，除掉周末和节假日

20个可用工作日

应用时间效率值排除在办公室从事非开发工作的时间

开发速度

14个实际工作日

这是一个相当小的数字，但你会对这个数字更有信心。

准备练习

从第84页的答案中取得每个循环的最初的估计值并应用0.7的时间效率值，这样你可以得出开发整个Milestone 1.0的更有信心的时间估计值。

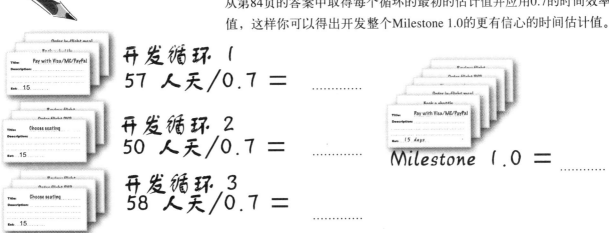

开发循环 1
57 人天／0.7 ＝ ....

开发循环 2
50 人天／0.7 ＝ ....

开发循环 3
58 人天／0.7 ＝ ....

Milestone 1.0 ＝ ....

你的开发循环何时算太长？

假设团队中有三个开发人员，他们的时间效率值都是0.7。这就表示，要计算出**你的开发团队某个开发循环的时间要多长**，你要把时间效率值应用于你的开发循环的估计当中：

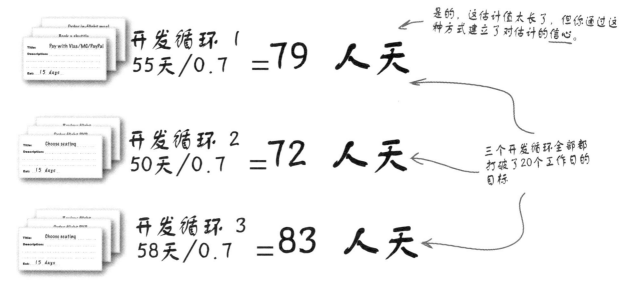

开发循环 1
$55天/0.7 = 79$ 人天

是的，这估计值太长了，但你通过这种方式建立了对估计的信心。

开发循环 2
$50天/0.7 = 72$ 人天

开发循环 3
$58天/0.7 = 83$ 人天

三个开发循环全部都打破了20个工作日的目标

$= 234$ 人天

因此，如果你有**3**个开发人员，在**3**个月内，他们每人都要工作**79**天……但三个月只有**60**个工作日。

即使用三个开发人员，我们仍然不能按时交付 Milestone 1.0。

 **动脑筋**

你如何将估计值带回20个工作日的开发循环，以便你既能按时交付Milestone 1.0,又不需要周末加班。

在你着手开发循环之前，先处理时间效率值

如果在项目的**开始**，你就将时间效率值应用于开发循环所需时间的估计当中，很多痛苦实际上是可以避免的。一开始就应用时间效率值，你可以计算对于每次开发循环，你和你的开发团队需要工作多少天。然后，你就**确切地**知道在Milestone 1.0中你将交付什么。

首先，把团队时间效率值应用于每次开发循环

用你开发团队中的人数乘以在你的开发循环中实际工作的天数，再乘以你团队的时间效率值，你可以计算出在一个开发循环中你的团队**实际在开发的天数**：

把所有开发循环相加得到总的开发MILESTONE的时间估计

现在你应该要估计为了开发Milestone所需要的开发循环的数量。用每个开发循环的工作天数乘以开发循环的数量，你就能得到为了开发Milestone中的使用情节实际贡献的工作量（以人天为单位）：

------ 没有愚蠢的问题 ------

问： 真让人失望！如果时间效率值以0.7来计算，每个开发循环只有14人天的产出？

答： 0.7的时间效率值是一个保守的估计，该估计值适合于开发团队中有新成员和在时间上有其他开销的情况。当你和你的团队完成了某个开发循环时，你可以回头衡量该值，并用更新后的时间效率值反映你的真实的生产力。

问： 考虑了时间效率值后，Milestone 1.0的开发将需要78个工作日，那就是111天。比Orion's Orbits设定的截止期（90天/3个月）要长得多，这时间不是更长了吗？

答： 是的。Orion's Orbits要求在90天内完成Milestone 1.0的开发，所以考虑了时间效率值之后，有很多工作需要去做以至于在截止期内无法完成开发任务。你需要重新评估你的计划，看看在这段时间内，以你团队的状况真正能完成什么任务。

大练习

在你的开发循环中包含太多的工作需要团队的成员来做时，没有其他的好办法，只好调整工作安排，直至你的开发循环可以管理。用Orion's Orbits Milestone 1.0中的使用情节，把它们编排到开发循环之中，其中每个开发循环的工作量不超过42人天。

考虑到时间效率值的因素后，团队在20个工作日的开发循环中的最大工作量

标题：浏览交易情况	标题：预订穿梭航空	标题：用Visa/MC/PayPal付款	标题：管理优惠方案
估计值：12 天	估计值：15 天	估计值：15 天	估计值：13 天
优先级：10	优先级：10	优先级：10	优先级：10

记住，在开发循环中，要尊重客户原来的优先顺序。

标题：选择座位	标题：预订机上餐食	标题：评论航班	标题：浏览航班评论
估计值：12 天	估计值：13 天	估计值：13 天	估计值：12 天
优先级：20	优先级：20	优先级：30	优先级：30

标题：申请"多次"卡	标题：登录"多次"账户	标题：浏览"累计里程"账户	标题：用"累计里程"付款
估计值：14 天	估计值：15 天	估计值：14 天	估计值：15 天
优先级：40	Priority：50	优先级：50	优先级：50

为每个开发循环安排大约能在42个
人天能开发完成的使用情节

开发循环 1

总的工作天数（人天）：□

开发循环 2

总的工作天数（人天）：□

开发循环 3

把那些不适合放在Milestone 1.0
的三个开发循环的使用情节放在
这里。

不适合放在上面三个开发循环中的使用情节

大练习答案

你的任务是用Orion's Orbits的使用情节，目标是每个开发循环中所包含的使用情节不需要超过42个人天的开发工作量。

标题：浏览业务情况	标题：预订穿梭航空	标题：用Visa/MC/PayPal付款
估计值：12 天	估计值：15 天	估计值：15 天
优先级：10	优先级：10	优先级：10

开发循环 1　　　　　　　　总的工作天数：42

标题：管理优惠方案	标题：选择座位	标题：预订机上餐饮
估计值：13 天	估计值：12 天	估计值：13 天
优先级：10	优先级：20	优先级：20

开发循环 2　　　　　　　　总的工作天数：38

标题：评论航班	标题：浏览航空评论	标题：申请贵宾卡
估计值：13 天	估计值：12 天	估计值：14 天
优先级：30	优先级：30	优先级：40

开发循环 3　　　　　　　　总的工作天数：39

这些使用情节都不在Milestone 1.0中开发

标题：登陆"多次"账户	标题：浏览"累计里程账户"	标题：用"累计里程"付款
估计值：15 天	估计值：14 天	估计值：15 天
优先级：50	优先级：50	优先级：50

不适合放在上面三个开发循环中的使用情节

该进行评估了

那么，接下来呢？可能还有很多使用情节在Milestone 1.0中，但有一些可能不在了。那是因为在做开发循环的计划之前我们没有估算出时间效率值。

没有时间效率值的估计值真会使你碰到麻烦。

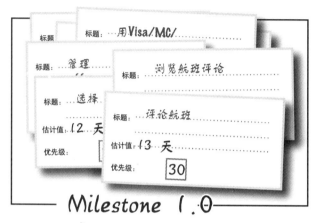

所有要在 Milestone 1.0中 要完成的工作

没有包含在 Milestone 1.0中 的使用情节

告诉客户坏消息

此刻，是每个软件开发人员都感到害怕的时候。你已经计划好了开发循环并还考虑到了你团队的时间效率值，但是你还是不能在客户设定的截止期内按时完成客户所要求的全部事情。没有其他办法，只好向客户坦率地承认。

太失望了！除在线"Space Miles"功能，其他你都可以完成。嗯嗯……让我考虑一下。

这时，没有什么伎俩，你必须告诉你的客户事情的真相，看看客户想怎么办。

从人力资源那里得到：我们宁愿用"没有同情心"这个词。

管理爱发脾气的客户

当你告诉客户不能按时完成其要求的全部任务时，客户常常是不会高兴的。

但是，坦率地讲，你为Milestone 1.0制定了一个切实可行的计划，但该计划中的有些内容也不一定是客户所想要的。

......然后就像烟火过后，只剩下灰烬！

发生了这种情况，你该怎么办?

几乎是不可避免地你完不成所有的工作，所以，当你不得不告诉客户坏的消息时，你准备一些可供客户做挑选的选项将有助于你与客户的沟通。

❶ 为Milestone 1.0再增加一个开发循环。

向客户做解释，如果增加额外的开发循环到计划中，就可完成额外的工作。那就是要有一个长时间的开发进度表，但在Milestone 1.0中，客户能得到他想要的全部功能。

$$42 \times 3\!\!\!\!\diagup^4 = \cancel{126}\,168$$

多一个开发循环，使你的团队有更多的时间开发客户的全部使用情节，但也延迟了Milestone 1.0 的交付时间。

❷ 解释没有容纳下的工作并没有被丢弃，只是时间上有推迟。

有时，向客户指出在Milestone 1.0 中没有容纳进来的使用情节并没有被丢弃，而只是把它们放进了下一个Milestone中，常常是有帮助的。

Milestone 1.0

Milestone .Next

这些额外的使用情节不是垃圾，它们只是被放入Milestone 2.0中。Space Miles 这么重要，值得用新的开发团队去开发吗?

❸ 明明白白地告诉客户，数字是怎么得来的。

听起来有点儿怪，你的客户只记得你给他讲过的，在截止期内不能按时完成任务的话。因此，向客户解释你如何估算的时间常常是有帮助的。如果可能的话，向客户推演你的计算过程，解释你选择的时间效率值，并说明如何能满足他们的要求。同时，告诉你的客户，你*想*交付成功的软件给他们，这就是为什么你必须牺牲某些功能去制定一个你有信心实施的计划的原因。

没有愚蠢的问题

问： 假如估计值已接近截止期，我能挤一点儿时间，补充一点东西进来吗？

答： 我们真不建议你这样做。记住，这时你的估计值只是理论上的推测与估算，实际上，它很可能比原初想像的时间要长一些，而不是更短。

还是为估计值留一点儿余地会更好一些，那样的话，你真地会对你制定的一组成功的开发循环有信心。

问： 在开发Milestone 1.0时，我还节省了几天。我能增加一个使用情节，然后延长一点点开发时间吗？

答： 再重申一次，这可能不是一个好想法。在开发循环结束时，假如你的所有使用情节让你一天或两天的富余时间，没有什么关系。（在第9章中，我们将围绕这个主题告诉你应该如何处理。）

问： 好的，假如不把最后的使用情节挤进来，我就因工作时间的限制结束了。在Milestone 1.0结束前，我就有15天的空余时间，我还能做点什么吗？

答： 为了用一个使用情节来填补时间，试图找两个简单一点的使用情节，将其中的一个安排进Milestone 1.0。

问： 0.7的时间效率值看起来增加了非开发的时间，能安排什么样的活动占据这些时间？

答： 0.7是对团队时间效率值的安全的、初始估计。一个例子是你在安装一个新的软件，像IDE或数据库这样的软件（当然，这里没有特别提到厂商的名字）。像这样的情况，当你中断两个小时的工作意味着损失的时间是4个小时，当你把一个开发人员需要多长时间回到状态并有生产力的时间因素考虑在内的话。

值得记住的是每个开发循环的结尾都要重新计算团队的时间效率值。所以即使0.7对你的团队而言现在比较低，但一旦你有有力的数据，你就可以修改时间可用率的值。在第9章中，我们将基于在第一次开发循环中你团队的表现，重新校正你的团队时间效率值。

对于达成你所许诺的工作要有信心，你应该谨慎承诺并成功交付而不是过度承诺且导致失败。

> 好的，在Milestone 1.0中没有开发Space Miles功能，但能使工作顺利进行是值得的。继续吧！

墙上的大白板

一旦你确切知道你要构建什么样的系统，你就该为开发的第一个开发循环建立**软件开发进度表**（Software Development Dashboard）。软件开发进度表就在你办公室墙上的一块大白板上，你可以记录什么工作在准备之中，什么工作在进行中，什么工作已经完成。

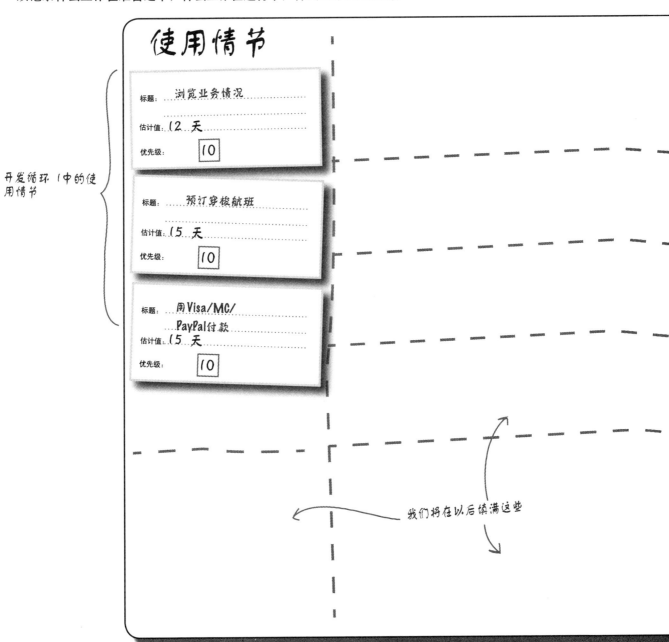

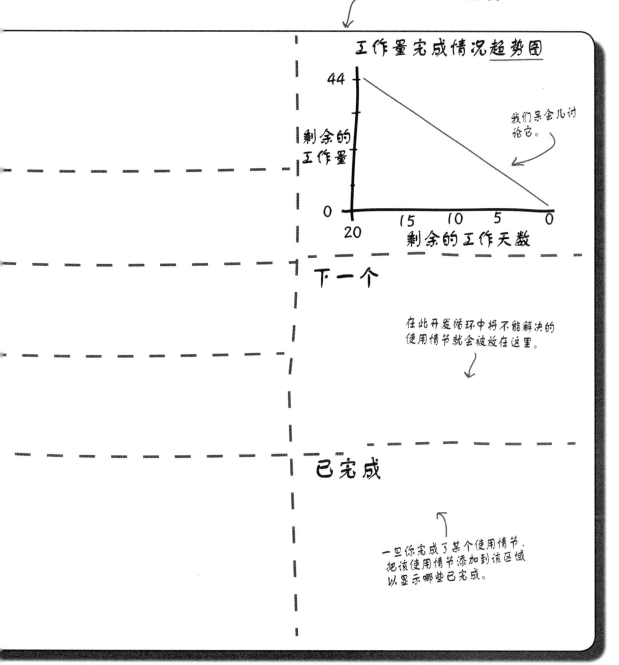

通常你的项目看板是一块大白板，因此你能在开发循环和项目之间反复使用它。

工作量完成情况<u>趋势图</u>

44

剩余的工作量

0

20　15　10　5　0

剩余的工作天数

我们呆会儿讨论它。

下一个

在此开发循环中将不能解决的使用情节就会被放在这里。

已完成

一旦你完成了某个使用情节，把该使用情节添加到该区域以显示哪些已完成。

快乐是一个可实现的问题

你可能已经注意到在你的软件开发进度表的右上角有一幅图，但它是什么呢？花几分钟的时间浏览一下下面的工作量完成情况趋势图，并且写下你认为的各部分的含义是什么和它如何是监控软件开发进程和保障你按时交付的关键工具之一。

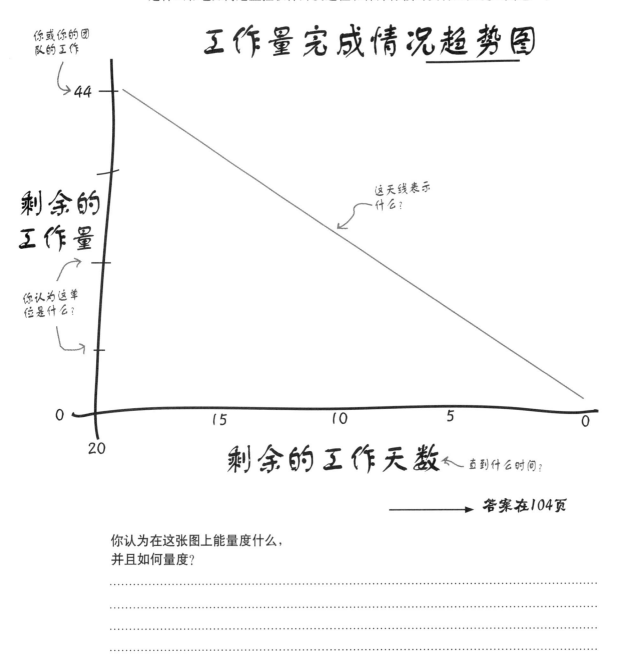

你认为在这张图上能量度什么，
并且如何量度？

....
....
....
....

如何毁了团队的生活

看看这些漫长的开发计划、不断增长的估计值和缩短的开发循环周期，很容易让你得到这样的想法，**"我的团队能延长工作时间"**。如果你的团队同意这样的工作安排，那么，你可能正使你彻底地陷于困境。

个人生活很重要

漫长的工作时间逐渐会影响到你个人和团队中开发人员的生活。以下听起来有点儿老套，但越快乐的团队越有生产力。

疲劳影响生产力

累坏了的开发人员是没有生产力的。大量的研究表明，开发人员每天只有三小时有惊人的生产力，剩余的时间虽不是浪费，但开发人员已筋疲力尽，这样就越不可能达到真正有生产力的三小时。

相信你应用了时间效率值的计划，不要让你和你的团队超负荷工作

本章要点

- 筹划你的开发工作的第一步是要求你的客户对**他们的需求按照优先顺序进行排队**。

- Milestone 1.0应该尽可能早地交付。

- 在开发Milestone 1.0期间，尝试做到**开发循环一个月一次**，以使你的开发工作在正确的轨道上。

- 当你没有足够的时间去开发每个功能时，要求客户**重新**对**需求按优先顺序排队**。

- 从一**开始**在计划开发循环时，就考虑到团队的**时间效率值**。

- 如果真是无法在允许的时间内完成所需完成的任务，**坦诚地**向客户解释为什么。

- 一旦你为Milestone 1.0确定了大家同意的并且可实现的使用情节时，就该设定**开发计划表**并按进度进行开发。

要求你花几分钟的时间浏览一下下面的工作量完成状况趋势图，并且写下你认为的各部分的含义是什么和它如何是监控软件开发进程和保障你按时交付的关键工具之一。

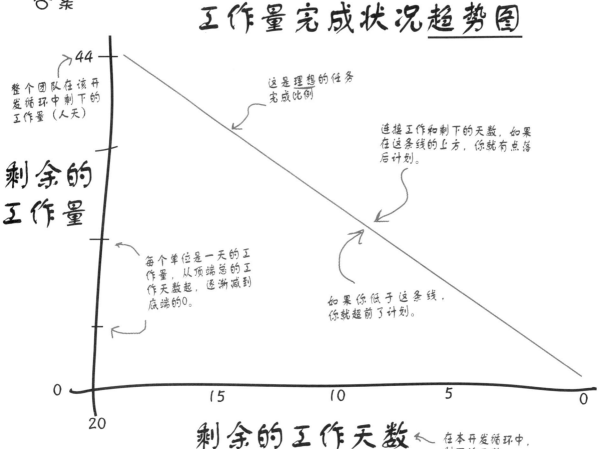

工作量完成状况趋势图

44 — 整个团队在该开发循环中剩下的工作量（人天）

这是理想的任务完成比例

连接工作和剩下的天数，如果在这条线的上方，你就有点落后计划。

剩余的工作量

每个单位是一天的工作量，从顶端总的工作天数起，逐渐减到底端的0。

如果你低于这条线，你就超前了计划。

0 ... 15 ... 10 ... 5 ... 0
20

剩余的工作天数 ← 在本开发循环中，剩下的天数。

你认为在这张图上能量度什么，并且如何量度？

这张图监控了你和你的团队完成工作任务的速度有多快，纵轴代表工作量（以人天为单位），横轴代表剩下的时间（以工作日为单位）。接着，斜线表示的是在开发循环中，以剩余的工作与剩下的时间相比，你工作的有多快。

轻松片刻

在以后的几章中，我们将更多地讨论项目完成比例。

如果你对项目完成比例是如何表示的还有一点模糊，不用担心如何去跟上它。在第4章中，你将开始画一张你自己的工作量完成状况趋势图，跟踪你项目的进展。

软件开发计划填字游戏

填入你已学会使用的词汇，活动一下大脑。以下所有的词汇都在本章中可以找到：祝你好运！

横排提示

3. At the end of an iteration you should get .... from the customer.

5. Velocity does not account for .... events.

6. Ideally you apply velocity .... you break your Version 1.0 into iterations.

11. You should have one .... per calendar month.

13. Every 3 iterations you should have a complete and running and releasable .... of your software.

14. Velocity is a measuer of your ....'s work rate.

15. 0.7 is your first pass .... for a new team.

16. At the end of an iteration your software should be ....

17. When priotitizing, the highest priority (the most important to the customer) is set to a value of ....

18. Any more than .... people in a team and you run the risk of slowing your team down.

竖排提示

1. Your customer can remove some less important user stories when .... them.

2. Every 90 days you should .... a complete version of your software.

4. The .... sets the priority of each user stor.

7. The rate that you complete user stories across your entire project.

8. You should always try be .... with the customer.

9. The set of features that must be present to have any working software at all is called the .... functionality.

10. At the end of an iteration your software should be ....

12. You should assume .... working days in a calendar month.

软件开发工具箱

软件开发的宗旨就是开发和交付伟大的软件。在本章中，
在你的工具箱中，你又增加了几项新的技术……本书完整的
工具列表，见附录ii。

开发技术

开发循环理想的时间是不要超过一个
月。那就是在每个开发循环中，你有
20个工作日。

把时间效率值应用于你的开发计划
之中，使你对给客户的开发承诺感
到更有信心。

用一个大的、挂在墙上的白板，计划
和监控你目前的开发循环工作。

选择哪些使用情节在Milestone 1.0中去
完成，以及哪个使用情节要安排在哪个
开发循环之中，都要征求客户的意见。

开发原则

保持开发循环简短并且可管理

最终由客户决定使用情节放进
Milestone 1.0，哪些不放进去

谨慎承诺，成功交付

对客户，诚信至上。

本章要点

- 有**客户**按**优先顺序**决定哪
些放进Milestone 1.0，哪
些不放进。

- 构建大约一个月的**短开发
循环**，即20个工作日。

- 整个开发循环，你的软件
都应该是**可构建的**和**可运
行的**。

- 把团队的**时间效率值**应用
于估计中，以准确地计算
出在第一个开发循环中，
你**实际管理**的工作量是多
少。

- 规划切实可行的Milestone
1.0，让客户满意，**你也有
信心交付**并得到报酬。这
样，你交付得越多，客户
就越满意。

 软件开发计划填字游戏答案

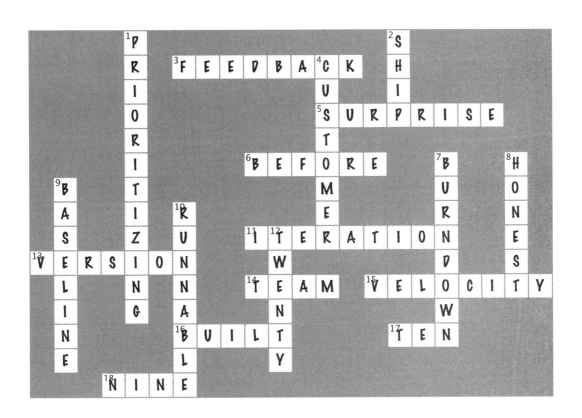

4 使用情节和任务

开始你实际的工作

我相信给车打八层腊是很重要的，但我们是不是能走了？我们应该早到那里了……

开始去工作。 使用情节抓住了你需要为客户开发什么，但现在是认真开始工作并**分派所需要完成的工作**的时候了，这样你才能使使用情节成为现实。在这一章里，你将学会如何将**使用情节分解成任务，任务估计**（Task Estimates）如何帮助你从头到尾跟踪项目。你将学会如何更新你的白板，使进行中的任务得以完成，最终**完成整个使用情节**。沿着这条道路，你将处理和按优先顺序排列你的客户**不可避免地增加给你的工作**。

iSwoon简介

欢迎来到iSwoon，iSwoon很快成为世界上最好的桌上台历！这里是一块大白板，上面已经有了使用情节，并将使用情节分解成需要20个工作日的开发循环。

包括日期权限管理（DRM）

第3章所述的大白板的一部分

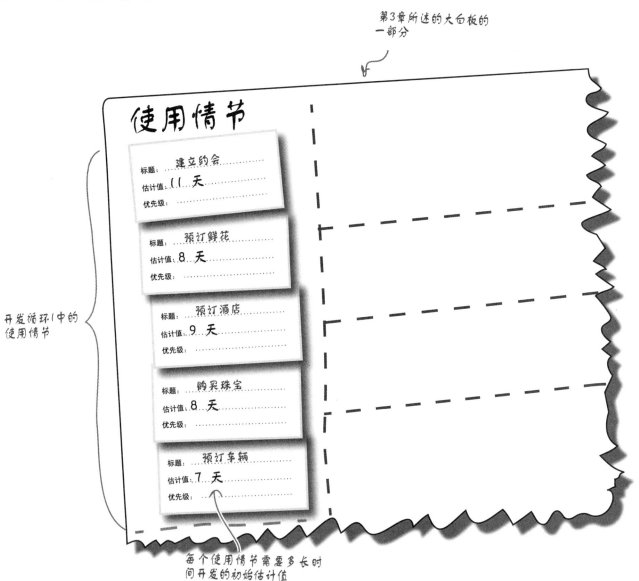

开发循环1中的使用情节

每个使用情节需要多长时间开发的初始估计值

现在是让你和你的团队中的开发人员工作的时候了。用开发循环
1 中的每一个使用情节，并且从使用情节到你所选的开发人员之
间画一条连线，把每个使用情节分配给开发人员……

标题：……预订鲜花……………
估计值：8 天……………
优先级：……………

标题：……预订酒店……………
估计值：9 天……………
优先级：……………

标题：……建立约会……………
估计值：11 天……………
优先级：……………

标题：……购买珠宝……………
估计值：8 天……………
优先级：……………

标题：……预订车辆……………
估计值：7 天……………
优先级：……………

Mark，数据库专家与SQL高手

Laura，UI大师

Bob，初级开发人员

……我们还不能将使用情节分派给开发人员；事情没有那么简单！有些使用情节必须发生在其他使用情节之前，如果我希望多个开发人员负责同一使用情节，怎么办？

实际工作比你的使用情节更细致

你的使用情节是**你给用户看的**，它们帮助你站在用户的角度，准确地描述你的软件需要去做什么。但现在是要开始编程的时候了，你可能要用不同的观点看待这些使用情节。每个使用情节其实是收集了一些特定**任务**，任务是能够组合成使用情节的小功能代码。

一项**任务**指需要一个开发人员去实施的部分开发工作，以便去构建使用情节的一部分。每项任务都有一个以便你能容易地查阅它的标题，包含有开发任务应如何去做的**粗略描述**（Rough Description）和**估计值**（Estimate）。每项任务有它自己的估计值，得到这些估计值的最好的方式是与你的开发团队玩计划扑克（Planning Poker）游戏。

我们已经在第2章用过它为使用情节做估计，现在，它也适合为任务做时间估计。

准备练习

现在该轮到你了。用建立约会的使用情节，把它分解为你和你的团队需要去执行的任务。在每个便利贴上记下要做的任务，不要忘记给每项任务添加一个时间估计值。

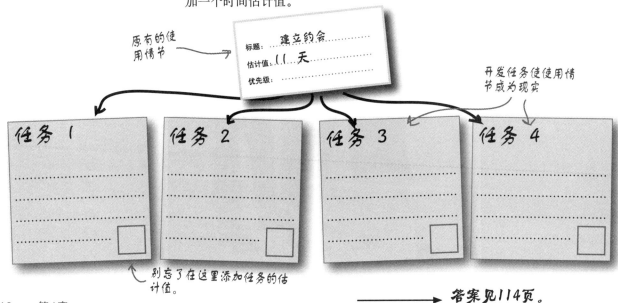

原有的使用情节

标题：建立约会
估计值：11 天
优先级：

开发任务使使用情节成为现实

任务 1

任务 2

任务 3

任务 4

别忘了在这里添加任务的估计值。

答案见114页。

你的任务汇总了吗？

你注意到你的估计可能带来的问题吗？我们已得到了有时间估计值的使用情节，但我们现在增加*新*的估计值到我们的任务中。当两组估计值不一样时，怎么办？

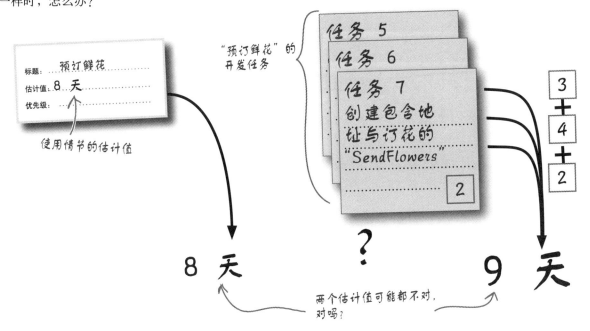

标题：预订鲜花
估计值：8 天
优先级：

使用情节的估计值

"预订鲜花"的开发任务

任务 5
任务 6
任务 7
创建包含地址与订花的
"SendFlowers"
2

$\dfrac{\begin{array}{c}3\\+\\4\\+\\2\end{array}}{}$

8 天   ？   9 天

两个估计值可能都不对，对吗？

任务估计为使用情节估计增加信心

当你在计划你的开发循环时，使用情节估计使你在大致正确的方向上。然而，任务实际上为针对使用情节的实际编码工作增加了另外一个层次的细节。

事实上，如果你有时间，在**估计过程的开始**，就把使用情节分解为任务常常是最好的办法。这种方法，能使你给客户的计划增添更多的信心。**可信的任务估计是最可靠的**。任务描述了实际的软件开发需要去做的工作，并且与粗略的使用情节估计相比，更少了一些推测的含义。

把使用情节分解为若干任务能为你的估计和计划增添信心。

你越早这样做就越好。

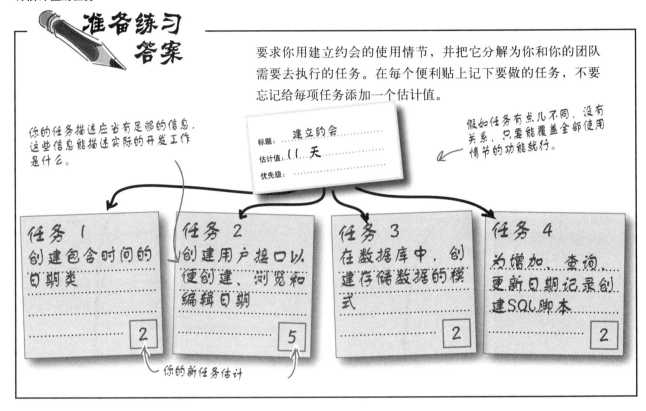

准备练习
答案

要求你用建立约会的使用情节，并把它分解为你和你的团队需要去执行的任务。在每个便利贴上记下要做的任务，不要忘记给每项任务添加一个估计值。

你的任务描述应当有足够的信息，这些信息能描述实际的开发工作是什么。

标题：建立约会
估计值：11 天
优先级：

假如任务有点儿不同，没有关系，只要能覆盖全部使用情节的功能就行。

任务 1
创建包含时间的日期类
2

任务 2
创建用户接口以便创建、浏览和编辑日期
5

任务 3
在数据库中，创建存储数据的模式
2

任务 4
为增加、查询、更新日期记录创建SQL脚本
2

你的新任务估计

没有愚蠢的问题

问： 把全部任务的估计值相加得到了一个新的使用情节的估计值，所以我最初的使用情节估计值是错误的？

答： 嗯，不全是这样。在刚开始时，你的使用情节估计是十分精确的，并让你组织了开发循环。现在，通过任务估计，你得到了一组更为精确的数据，这组数据或是支持你的使用情节估计或是与你的使用情节估计相矛盾。

你总是希望能依赖于你信任的数据，估计值是你感到最精确的。然而，在这种情况下，最精确的是你对任务估计。

问： 任务估计值应该多大？

答： 以时间长度论，你的任务估计值理想地应该在1/2到5天之间。用小时衡量的任务是太小的任务了。超过5个工作日的任务会跨越超过一周的时间，这给为其开发的人员太长的时间，以至于注意力不那么集中。

问： 当我发现遗漏了一项大的任务时，怎么办?

答： 有时候，希望不要经常是这样，你会碰到一项完全打乱了你的使用情节估计值的任务。当首次得到使用情节估计值时，你可能忘记了某件重要的事情，突然间，"细节里的恶魔"露出了它狰狞的面目，然后，你得到了更精确的、基于任务的估计值，该估计值完全盖过了使用情节的估计值。

当发生这种事情时，只有一件事可做，就是调整你的开发循环。为保持你的开发循环在20个工作日内，你可以把大的任务推迟到下一个开发循环，相应地重新调整其余的开发循环。

为了避免这些问题，你可以提前就将使用情节分解为若干任务。例如，当你开始计划你的开发循环时，你就可以将使用情节分解为若干任务。当你将开发循环调整为20个工作日时，让你对使用情节的估计总是依赖你对任务的估计。

标注剩余的工作

还记得第3章中的工作量完成情况趋势图（burn-down rate）吗？下面是工作量完成情况趋势图帮助我们跟踪项目进展的地方。每次我们做任何工作或重审估计值时，在工作量完成情况趋势图上，我们更新估计值和剩下的时间。

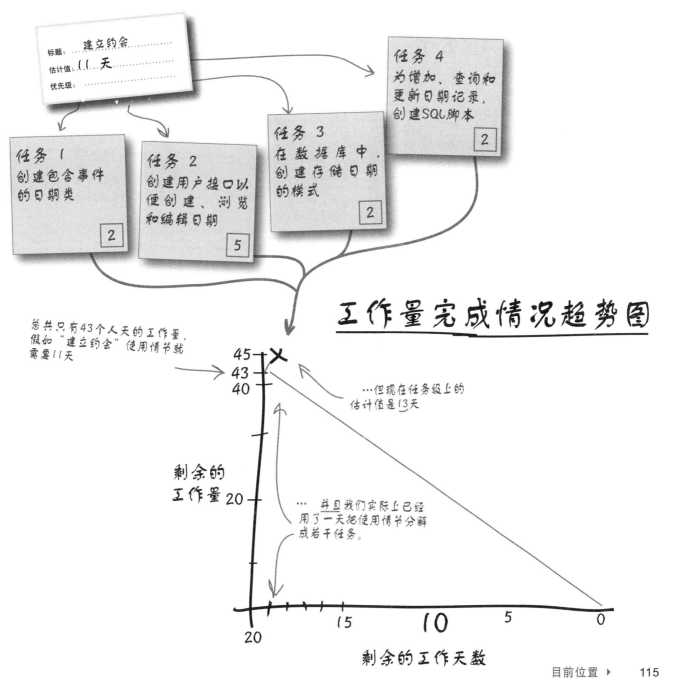

标题：建立约会
估计值：11 天
优先级：

任务 1
创建包含事件的日期类
2

任务 2
创建用户接口以便创建、浏览和编辑日期
5

任务 3
在数据库中，创建存储日期的模式
2

任务 4
为增加、查询和更新日期记录，创建SQL脚本
2

工作量完成情况趋势图

总共只有43个人天的工作量，假如"建立约会"使用情节就需要11天

45
43
40

…但现在任务级上的估计值是13天

剩余的工作量
20

… 并且我们实际上已经用了一天把使用情节分解成若干任务。

20   15   10   5   0

剩余的工作天数

把任务写在白板上

现在，你和你的团队就几乎准备开始工作了，但你首先需要的是去更新墙上的大白板。
把任务便利签（Task Sticky Notes）贴到使用情节上，同时增加"正在进行中"和"已完成"栏目来跟踪任务和使用情节的开发状态：

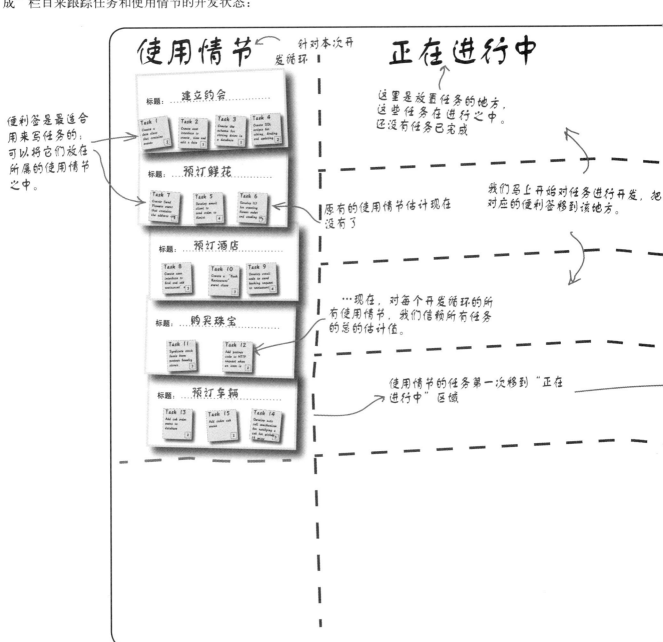

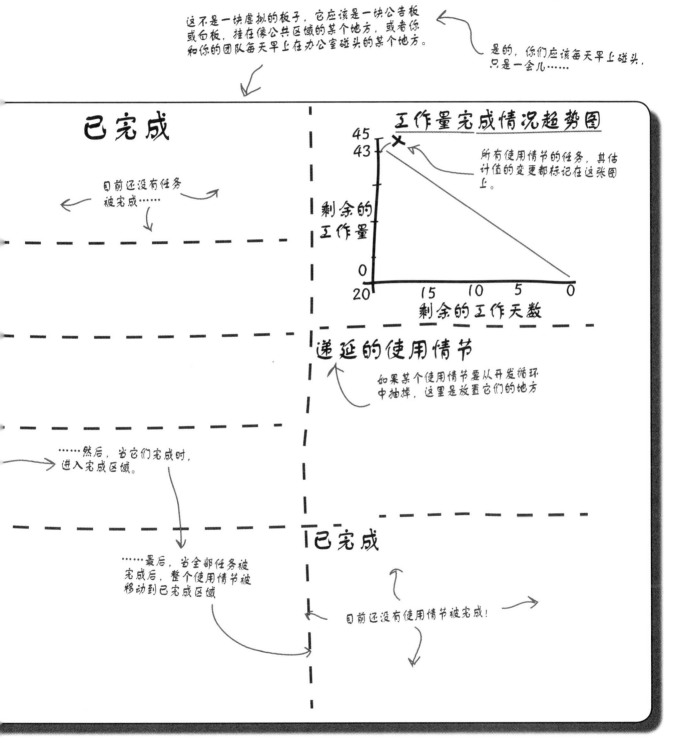

这不是一块虚拟的板子，它应该是一块公告板或白板，挂在像公共区域的某个地方，或者你和你的团队每天早上在办公室碰头的某个地方。

是的，你们应该每天早上碰头，只是一会儿……

已完成

目前还没有任务被完成……

工作量完成情况趋势图

所有使用情节的任务，其估计值的变更都标记在这张图上。

剩余的工作量

剩余的工作天数

递延的使用情节

如果某个使用情节要从开发循环中抽掉，这里是放置它们的地方

……然后，当它们完成时，进入完成区域。

……最后，当全部任务被完成后，整个使用情节被移动到已完成区域

已完成

目前还没有使用情节被完成！

开始为任务工作

现在，让我们开始开发第一个使用情节，重新控制好工作量完成比例。通过若干小的任务，你可用灵活的、可跟踪的方式，向你的团队成员分派任务。

标题: 建立约会
估计值: 11 天
优先级:

在便利签上写下预定的开发人员的名字

任务1   BJD
创建包含事件的日期类
2

任务2   LUG
创建用户接口以便创建、浏览和编辑日期
5

任务3   MDE
在数据库，创建数据存储的模式
2

任务4   MDE
为增加、查询和更新日期记录创建SQL查询
2

所有的任务都来自第一个使用情节

首先要把该使用情节完成得最好，因为多数其他的使用情节依赖于"建立约会"使用情节。

没有愚蠢的问题

问： 我如何判断将任务分派给谁?

答： 关于如何判断把任务分派给谁，其实没有千古不变的规则，但最好是应用一些常识。如果你有时间，弄清楚谁的生产力可能是最大的，或通过他的经历，谁是从特定的任务中学习最快的。然后，将任务分派给最合适的开发人员，或给动手最快的人，但他不是已经很忙的人。

问： 为何分派任务要从第一个使用情节开始，而不是从每个使用情节中选择一项任务?

答： 一个好的理由是不要让五个使用情节都处在半完成的状态，相反，是完成一个使用情节，再进行下一个使用情节。如果你选择的使用情节还依赖于其他使用情节的话，你可能立刻想完成第一个使用情节中的所有任务的开发。然而，如果你的使用情节之间是相互独立的，你可以同时开发来自不同使用情节中的任务。

问： 我还是很担心工作量完成比例的，现在我能采用什么办法立即修正它?

答： 工作量完成情况趋势上升始终是一个关心的因素，但由于你刚开始，让我们等等看，再看看我们能否赶得上?

"正在进行中"表示任务正在进行

现在，每个人都有开发工作要做，这时可以将使用情节卡片上的任务便利签拿掉，贴到大白板上的"正在进行中"的区域。但你只能将正在**被开发的**任务放在"正在进行中"之列，即便你已经知道谁负责的开发任务尚未被解决。

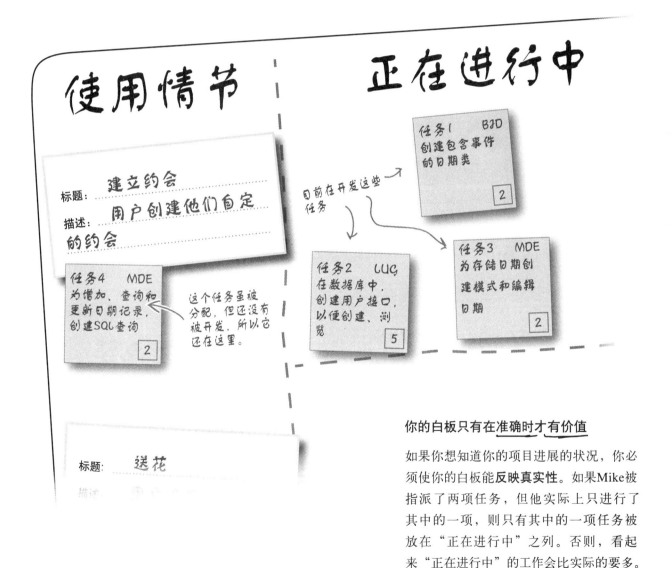

你的白板只有在准确时才有价值

如果你想知道你的项目进展的状况，你必须使你的白板能**反映真实性**。如果Mike被指派了两项任务，但他实际上只进行了其中的一项，则只有其中的一项任务被放在"正在进行中"之列。否则，看起来"正在进行中"的工作会比实际的要多。

万一我同时做两件事呢？

并不是所有的任务都最好是在独立的状态下进行。因为有太多的重叠关系，有时两项任务是相关的，实际上，更多的工作是交织在一起，其他的是独立的。在这种情况下，最有生产力的方式是**同时进行**这些任务。

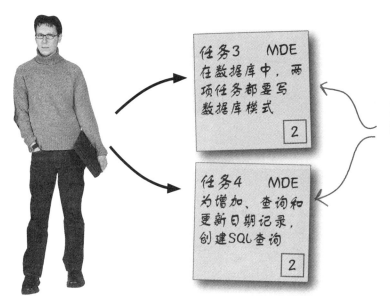

任务3　　MDE
在数据库中，两项任务都要写数据库模式
2

任务4　　MDE
为增加、查询和更新日期记录，创建SQL查询
2

为存储日期创建脚本，因此，在这种情况下，给Mark同时分配这两项任务可能更有意义。

有时候，同时工作在两项任务上是最佳选择

当你有两项紧密相关的任务时，同时进行这两项任务真不是一个问题。

特别是在某项任务的完成会为另外一项任务的开展提供**决策依据**，而不是完成一项任务，再开始下一项任务，接着，你发现第一项任务中还有一些工作要做，同时做两项任务会更为有效率。

 经验之谈

- 尝试相互有关联的任务，或至少关注软件中相同的部分。越缺乏对一个任务到另外一个任务转移上的考虑，就越快碰到要更改的事情。

- 不要尝试有关联而且估计值较大的任务。对大任务保持关注不仅困难，而且也会让你对你的估计失去信心。

某人篡改了白板上的内容，事情变得一团糟。看看下面的项目，并注解你圈点出来的问题。

使用情节 | 正在进行中

标题： 建立约会
用户建立他们的自

描述：

定约会

任务2
创建用户接口以
便创建、浏览
和编辑日期
5

任务3　　MDE
为在数据库中存
储日期，创建
模式
2

任务1　　BJD
创建包含事件
的日期类
2

任务4　　MDE
为增加、查询和
更新日期记录，
创建SQL查询
12

任务7　　BJD
发电子邮件给华
商

标题： 送鲜花

描述： 用户选择通过网站
选择花束并送花。

Mark (MDE)

Laura (LUG)

Bob (BJD)

你的任务是看看下面的项目，并注解你圈点出来的问题……

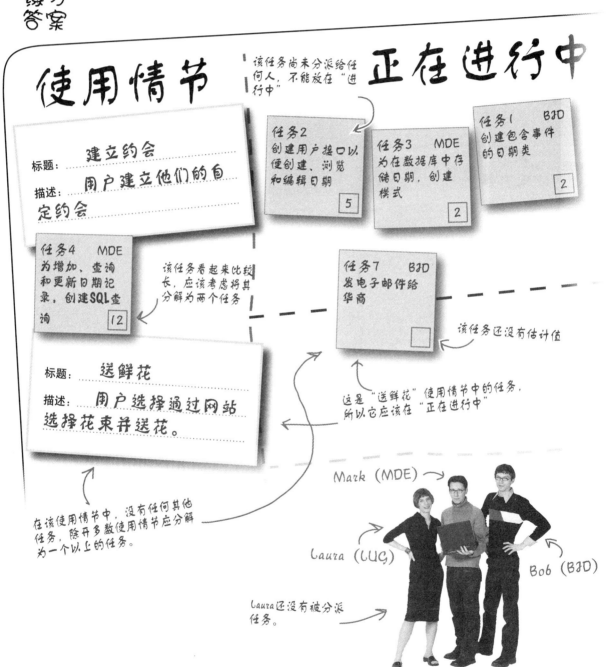

很快结束的会议，你甚至没有时间坐下来。

你的第一次碰头会……

现在，部分任务已经在"正在进行中"了，因此，要保持每个人能身临其境，但又不能占用他们太多的时间，你可以每天召开一次碰头会。

大家早上好，这是开发循环的第一天，我想开个短会，所以我们能更新一下白板上的内容以明确今天的开发任务。

Mark：那么，我们现在都干了一天的活了。情况如何？

Bob：好的，我还未碰到任何大的问题，所以没有新的事情需要通告。

Mark：太好了。我有点儿进展，并且已完成了在数据库中创建表的脚本……

Laura：关于用户接口的事还在进行当中。

Mark：好的，看上去不错。我将更新白板上的内容并将我的任务移动到"已完成"区。我们也要更新工作量完成情况；可能我们能弥补之前我们损失掉的时间。还有其他成功的或议题需要报告吗？

Bob：好的，我想我可能应该提一下，我发现，创建正确的日期类有一个奇怪的地方……

Mark：好的。我真地很高兴你能提出来。那是两天的工作量，并且我们需要在明天完成，所以我要尽快地获得你的帮助。好的，已经有几分钟了，我想今天的碰头会就先到这里吧……

你每天的碰头会应该：

- **跟踪任务** 让每个人告诉你事情的进展。

- **更新工作量完成情况** 在新的一天，你需要更新工作量完成情况趋势图，看看事情的进展情况。

- **更新任务** 如果某项任务已经完成，你就该把该任务移到完成区，然后检查这些天的工作量完成情况。

- **通告昨天的情况和今天的任务** 告知昨天碰头会之后所有成功完成的任务，确认每个人都知道今天要做什么。

- **提出议题** 碰头会不是一个让人害羞的地方，所以应鼓励每个人提出任何他面临的问题，以便你们作为一个团队去着手解决这些问题。

- **时间5到15分钟** 让议程保持简短，致力于手头上短期的事情。

每日的碰头会议应该激发每一个人，让白板保持最新状态，__提前指出问题__。

任务1：创建Date类

Bob正忙着创建类，把"建立约会"使用情节付诸实施，但他需要帮助。
下面是UML类图，描述他目前得到的设计。UML类图在软件中表示类和
类之间的相互关系。

UML类图显示软件中的类别，
以及彼此如何相关联。

Date类被分为三个子类，每一个日期类代表一个约会类型……

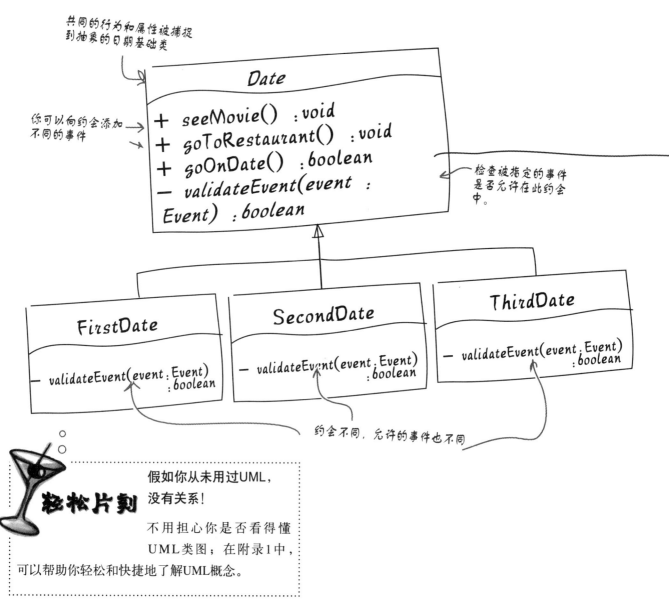

共同的行为和属性被捕捉
到抽象的日期基础类

你可以向约会添加
不同的事件

检查被指定的事件
是否允许在此约会
中。

约会不同，允许的事件也不同

轻松片刻

假如你从未用过UML，
没有关系！

不用担心你是否看得懂
UML类图；在附录1中，
可以帮助你轻松和快捷地了解UML概念。

在白板上，该任务
正在进行中

正在进行中

任务1　　BJD
创建包含时间
的约会类

2

每个**Date**都有几个事件添加进来……

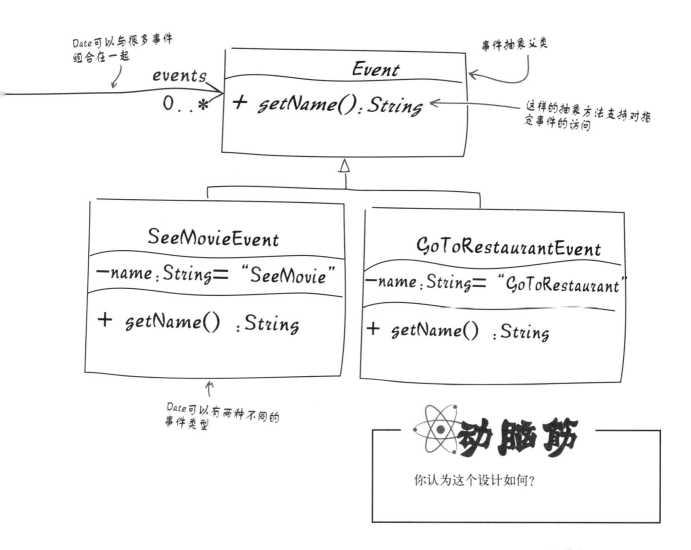

Date可以与很多事件
组合在一起

events

0..*

事件抽象父类

Event

+ getName(): String

这样的抽象方法支持对指
定事件的访问

SeeMovieEvent

−name: String = "SeeMovie"

+ getName() : String

GoToRestaurantEvent

−name: String = "GoToRestaurant"

+ getName() : String

Date可以有两种不同的
事件类型

劲脑筋

你认为这个设计如何?

(练习)

任务 1：建立约会

让我们通过UML的序列图，测试一下Date和Event类。通过把正确的方法名称增加到对象之间的互动，完成下面的序列图，以便你创建和校正含有两个事件（吃大餐和看电影）的第一次约会。

序列图使对象附有生命，显示它们如何共同工作使交互发生。

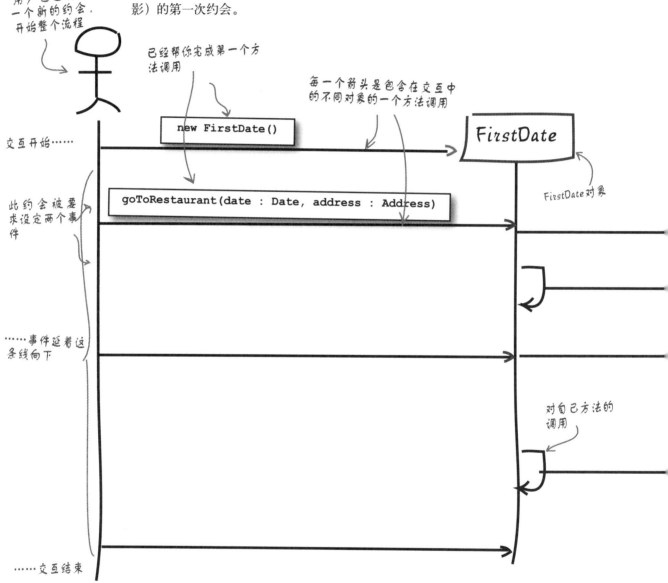

用户通过创建一个新的约会，开始整个流程

已经帮你完成第一个方法调用

每一个箭头是包含在交互中的不同对象的一个方法调用

new FirstDate()

交互开始……

FirstDate

FirstDate对象

goToRestaurant(date : Date, address : Address)

此约会被要求设定两个事件

……事件延着这条线向下

对自己方法的调用

……交互结束

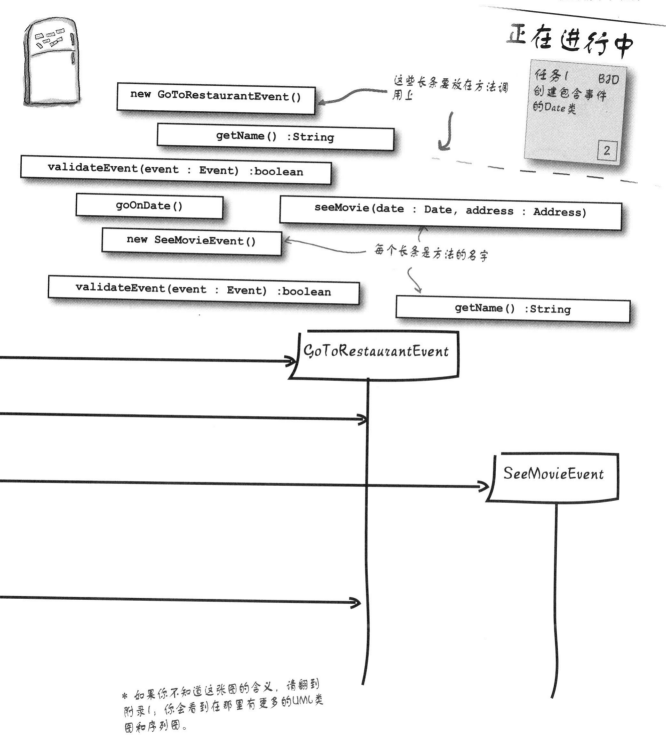

你的任务是通过UML的序列图，测试Date类和Event类。你应该已经
完成了序列图，以便你建立和验证含有两个事件（吃大餐和看电影）
的第一次约会。

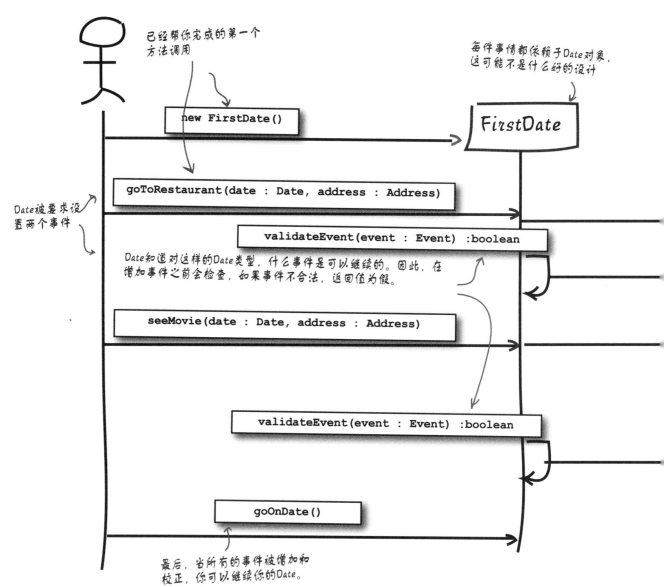

已经帮你完成的第一个
方法调用

new FirstDate()

每件事情都依赖于Date对象，
这可能不是什么好的设计

FirstDate

Date被要求设
置两个事件

goToRestaurant(date : Date, address : Address)

validateEvent(event : Event) :boolean

Date知道对这样的Date类型，什么事件是可以继续的。因此，在
增加事件之前会检查，如果事件不合法，返回值为假。

seeMovie(date : Date, address : Address)

validateEvent(event : Event) :boolean

goOnDate()

最后，当所有的事件被增加和
校正，你可以继续你的Date。

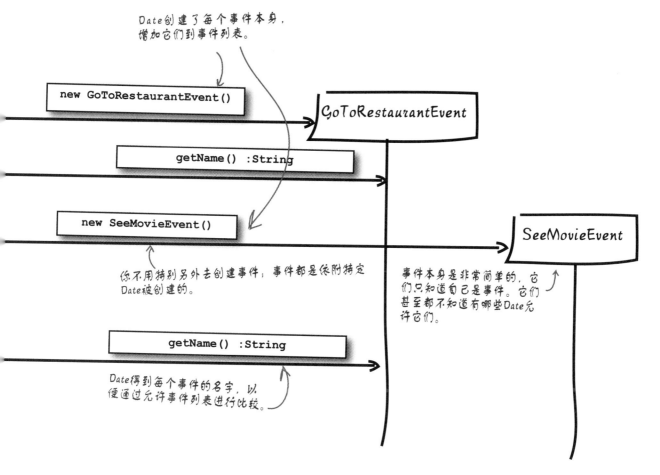

Date创建了每个事件本身,
增加它们到事件列表。

new GoToRestaurantEvent()

GoToRestaurantEvent

getName() :String

new SeeMovieEvent()

SeeMovieEvent

你不用特别另外去创建事件;事件都是依附特定
Date被创建的。

事件本身是非常简单的,它
们只知道自己是事件。它们
甚至都不知道有哪些Date允
许它们。

getName() :String

Date得到每个事件的名字,以
便通过允许事件列表进行比较。

碰头会：第五天，第一周的最后一天……

那么，第一周剩下最后一天了，看看白板，我们都已经做了些什么？

Bob：好的，借着一点帮助，我最后完成了Date类，不过还是迟了一天……

Laura：太好了。时间上差不多。我们有希望在以后能弥补一些时间。

Mark：所有关于数据库的工作已完成。我准备安排下一组任务。

Laura：好的，我已经完成了用户接口的任务，所以，我们实际上可以让一些事情运行起来了。

Bob：当你出门上班，知道事情有所进展，总是愉快的一周……

Laura：太对了。好的，现在该是更新白板和工作量完成情况趋势图，安排好下周工作的时候了。

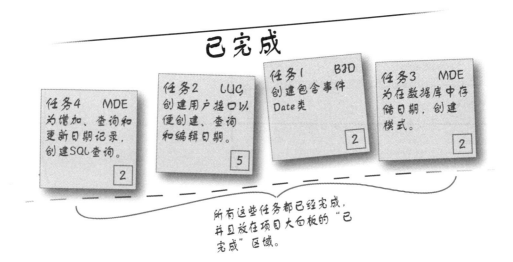

已完成

任务4　MDE
为增加、查询和更新日期记录，创建SQL查询。
2

任务2　LUG
创建用户接口以便创建、查询和编辑日期。
5

任务1　BJD
创建包含事件Date类
2

任务3　MDE
为在数据库中存储日期，创建模式。
2

所有这些任务都已经完成，并且放在项目大白板的"已完成"区域。

没有愚蠢的问题

问： 在碰头会议期间，我真地要求每个参加人员都站着吗？

答： 不，不是这样。碰头会议之所以叫 "standup" 是因为它的意思是会议的持续时间最长只有15分钟的短会。理想上，你可以5分钟为会议时间。

我们都会对毫无结果的、无休止的会议生气，因此，碰头会议的想法是使会议非常的简短，你甚至都没有时间去找椅子坐下。这样能保持注意力的集中，并且只有两项议程：

• 有任何议题吗？

• 哪些事情我们已经完成了？

通过这些要强调的议题，你能更新项目白板，并继续实际的开发工作。

问： 在碰头会议上，某个议题被提出来，并且需要进行一些讨论才能解决它，可以延长碰头会议至一小时，去解决更大的问题吗？

答： 始终坚持碰头会议的时间不要超过15分钟，如果某个议题需要进一步讨论，安排另外的会议讨论该议题。碰头会议已经明确了该议题，所以会议的任务已经完成。

问： 碰头会议需要天天开吗？

答： 天天开碰头会议一定是有帮助的。与现代软件开发的步伐一致，议题几乎天天都会产生。因此，与召集你的团队开15分钟的短会是你了解项目进展情况的基础。

问： 碰头会议是在早上开，还是在下午开最好？

答： 理想一点讲，碰头会议应该是早上的第一件事情，会议会让每个人准备好一天的工作，并有时间给你去解决问题。

然而，可能会有这样的情况，在早上，你召集不了所有的人，尤其当你的员工在外地工作时。在这样的情形下，如你团队的多数成员在场时，会议还是要召开。当然，这不是对每个人都理想，但至少多数人能从会议上因得到尽早的反馈而收益。

极少数的情况，你要将碰头会议分两次召开。如果你团队中的部分成员工作在不同的时区，你就可能要这样做。如果你采取这种方式，保持更新你的白板上的内容甚至是重要的，因为它是每个人能够看到所有人的进展情况的地方。

碰头会议让你的同事、下属与经理们掌握开发工作的最新情况，并且让你充分掌握开发工作的进展。

本章要点

- 组织每天的**碰头会议**，确保能提早抓住问题。

- 坚持碰头会议的时间小于15分钟。

- 碰头会议的宗旨是**进展**、**麻烦议题**和**更新大白板**。

- 尝试把碰头会安排在**早上**，以便人人都知道一天的工作要从哪里开始。

第一周结束时，你和你的团队刚刚结束了碰头会议。现在是更新你的白板上的内
的时候了。看看以下白板上的内容并写下你认为需要变更和更新的地方，为第二
的工作做准备。

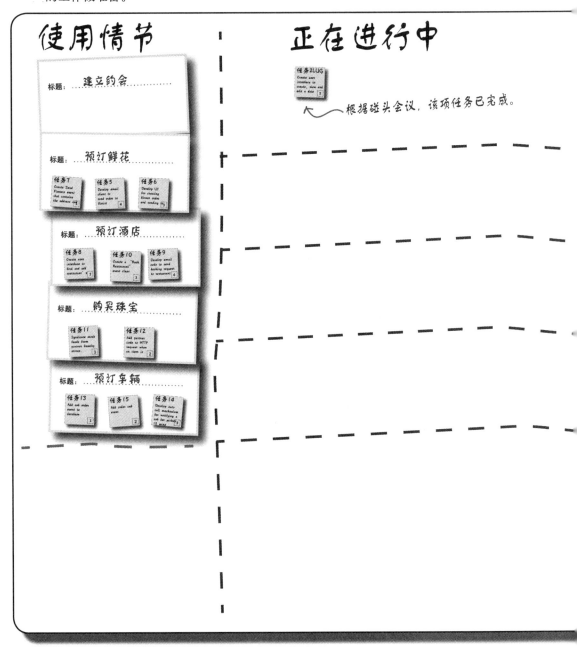

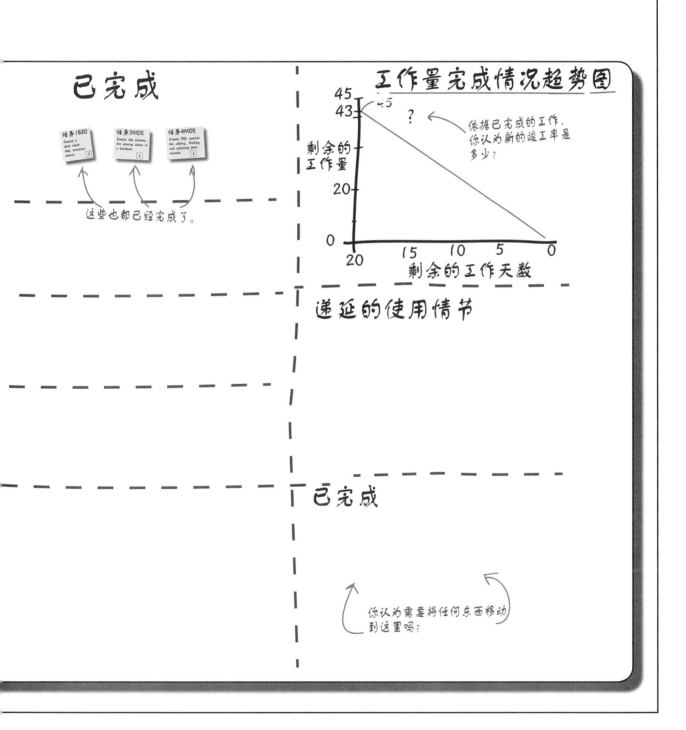

已完成

这些也都已经完成了。

工作量完成情况超势图

剩余的工作量

依据已完成的工作，你认为新的返工率是多少？

剩余的工作天数

递延的使用情节

已完成

你认为需要将任何东西移动到这里吗？

大练习答案

你的任务是更新白板和写下你认为需要修改的地方，以便为第二周的工作做准备。

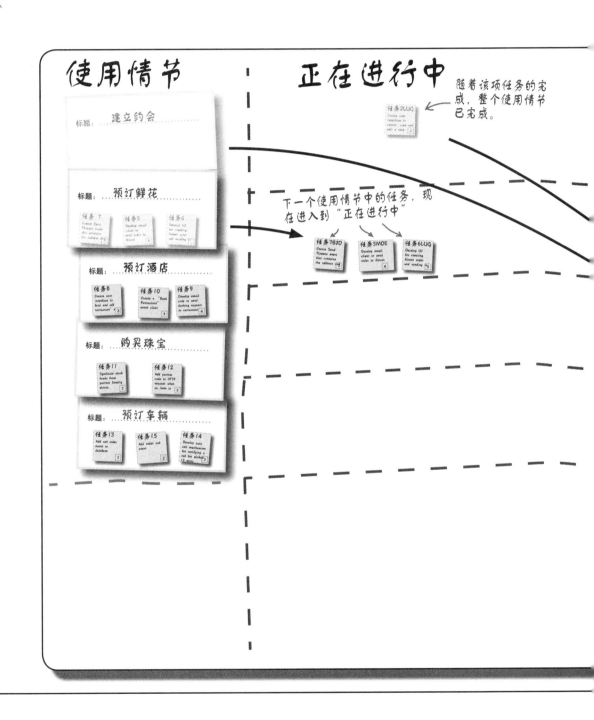

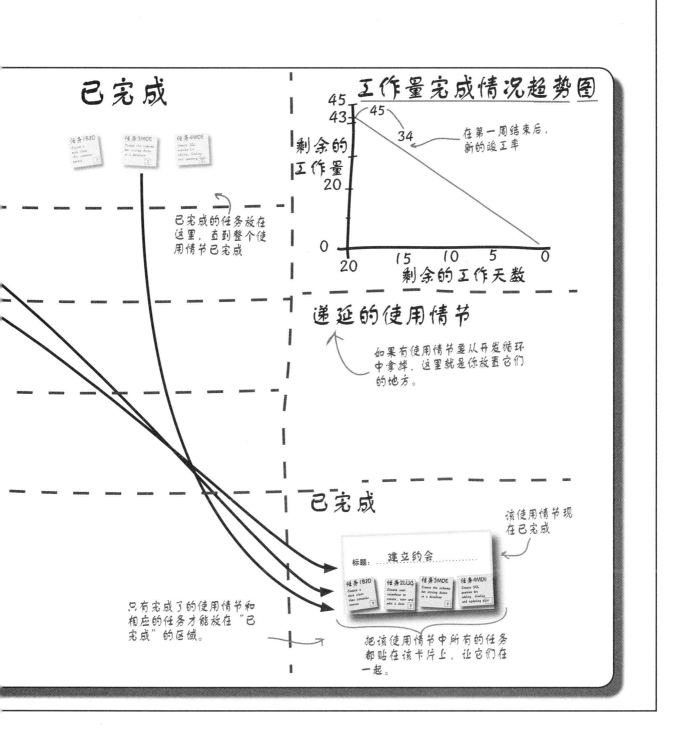

已完成

已完成的任务放在这里，直到整个使用情节已完成

工作量完成情况趋势图

45
43
45
34

剩余的工作量

20

0

20 15 10 5 0

剩余的工作天数

在第一周结束后，新的返工率

递延的使用情节

如果有使用情节要从开发循环中拿掉，这里就是你放置它们的地方。

已完成

只有完成了的使用情节和相应的任务才能放在"已完成"的区域。

该使用情节现在已完成

标题： 建立约会

把该使用情节中所有的任务都贴在该卡片上，让它们在一起。

碰头会：第二周的第二天……

正在进行中

白板上，在"正在进行中"的任务之一

> 任务7　　BJD
> 创建包含地址和订单的送花事件
>
> 3

Laura充当着团队领导者的角色，至少在本开发循环是这样。

> 喂，伙伴们，我一直在忙于我的任务，并且注意到通过扩展一点我们的设计，可以节省我们一些时间和精力。

Laura：你打算怎样做？

Bob：好的，如果你把某个人的订花看作为另一种类型的事件，这样，我们可以把它直接加入到现在的类树中，从长远的角度看，应该能节省我们一些时间。

Laura：看起来不错，你认为怎样，Mark？

Mark：我还没有发现任何问题……

Bob：除开可能马上要加一天班去做变更外，但从长远来看，这应该能为我们节省一点时间。

Laura：嗯嗯嗯。我们还落后一点点，但我们在进度上要损失一天的时间，如果它能在以后的开发循环中为我们节省一点时间。好的，同意，就这么办吧……

```
Event
+ validate(Date):boolean
```

Bob建议的变更

```
SeeMovie
+validate(Date): boolean
```

```
GoToRestaurant
+validate(Date):boolean
```

```
OrderFlowers
+ validate(Date):boolean
```

多考虑一下整体情况是很好的，甚至当你进行细微的任务时。

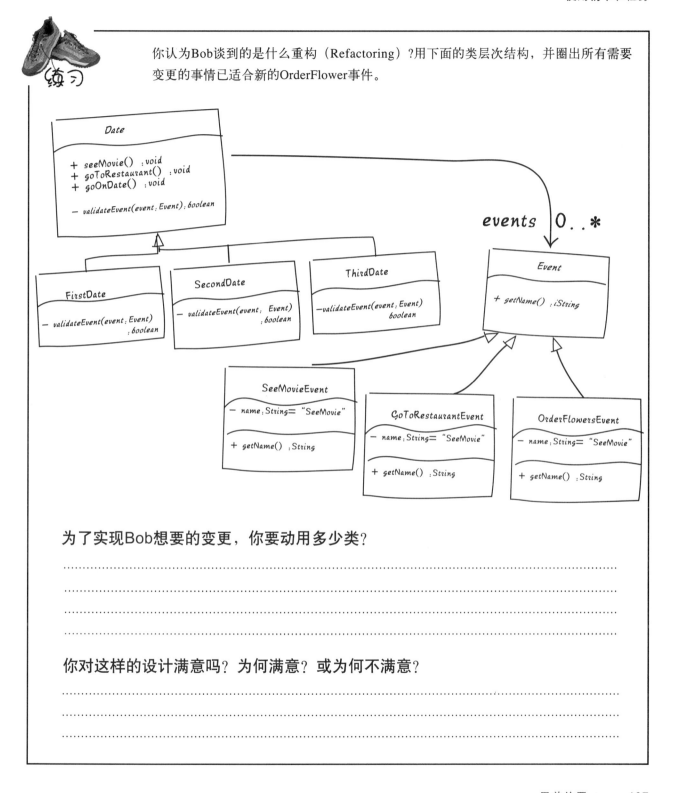

你认为Bob谈到的是什么重构（Refactoring）?用下面的类层次结构，并圈出所有需要变更的事情已适合新的OrderFlower事件。

为了实现Bob想要的变更，你要动用多少类?

....

....

....

....

你对这样的设计满意吗? 为何满意? 或为何不满意?

....

....

....

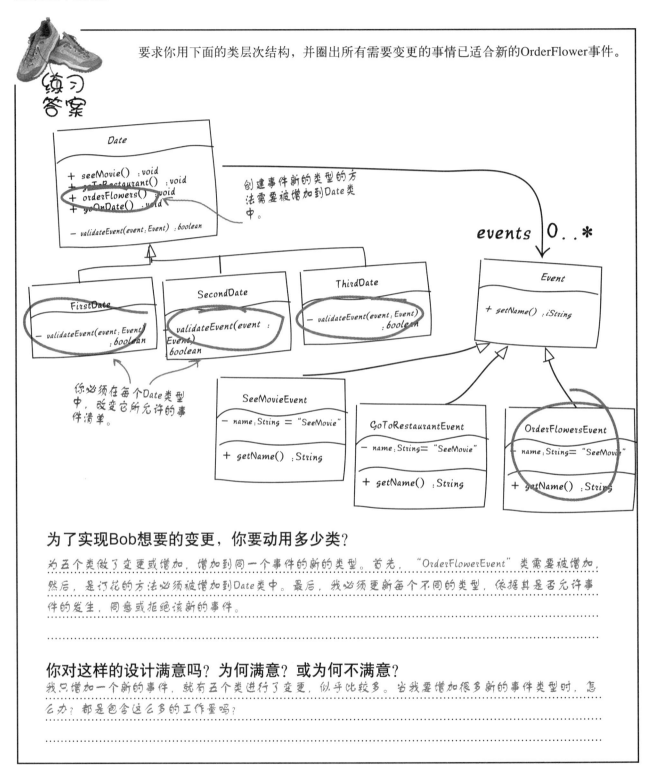

要求你用下面的类层次结构，并圈出所有需要变更的事情已适合新的OrderFlower事件。

创建事件新的类型的方法需要被增加到Date类中。

Date

+ seeMovie() : void
+ goToRestaurant() : void
+ orderFlowers() : void
+ goOnDate() : void

– validateEvent(event : Event) : boolean

events 0..*

Event

+ setName() : String

FirstDate

– validateEvent(event : Event) : boolean

SecondDate

– validateEvent(event : Event) : boolean

ThirdDate

– validateEvent(event : Event) : boolean

你必须在每个Date类型中，改变它所允许的事件清单。

SeeMovieEvent

– name : String = "SeeMovie"

+ getName() : String

GoToRestaurantEvent

– name : String = "SeeMovie"

+ getName() : String

OrderFlowersEvent

– name : String = "SeeMovie"

+ getName() : String

为了实现Bob想要的变更，你要动用多少类？

为五个类做了变更或增加，增加到同一个事件的新的类型。首先，"OrderFlowerEvent"类需要被增加，然后，是订花的方法必须被增加到Date类中。最后，我必须更新每个不同的类型，依据其是否允许事件的发生，同意或拒绝该新的事件。

你对这样的设计满意吗？为何满意？或为何不满意？

我只增加一个新的事件，就有五个类进行了变更，似乎比较多。当我要增加很多新的事件类型时，怎么办？都是包含这么多的工作量吗？

都搞定了，虽然花了一点点精力，但现在我们有一个你可以加入到约会中 Send Flowers 事件。

Laura：嗨，"购买珠宝"完成了吗？这也是另外一个事件，对吗？

Bob：是的，但我们需要增加一点时间去对所有的类都做变更。

Mark：我们能不能想一个更为灵活的设计，以便我们在每次增加新的事件时能避免这些痛苦和努力?

Bob：这正是我所想的。

Laura：但这样甚至会花出更多的时间，对吗？　不过，假如我们投入一点时间和精力，在以后会帮我们节省时间，我希望是这样⋯⋯

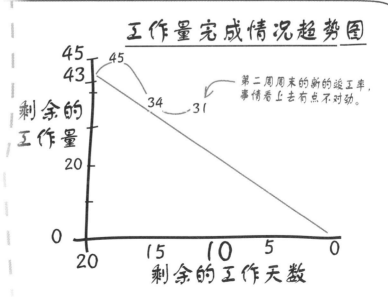

在此先打断一下……

我们已经误工期了，接着，不可避免的事情又发生了：客户来电提出最后一项需求……

嘿！刚才Starbuzz的CEO来电话，他想看作为约会的一部分的预订咖啡的Demo，你能明天演示给我看吗？

你的客户，iSwoon 的CEO

你**必须**跟踪计划外的任务

现在，你的白板一直跟踪着你的项目中每件事情的进展。但假如计划外的事情发生时，该怎么办？你必须去跟踪它，正如其他计划内的事情一样。这会影响你的工作量完成状况，你正在开发的使用情节的工作，等等……

让我们来看看白板中还没有使用的一部分：

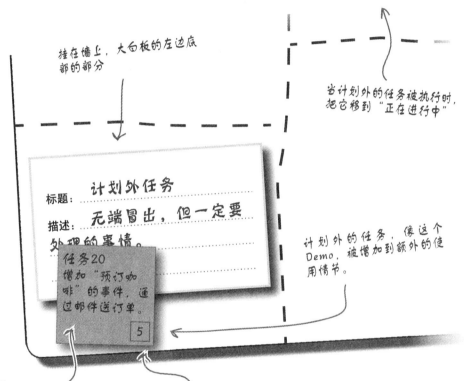

挂在墙上，大白板的左边底部的部分

当计划外的任务被执行时，把它移到"正在进行中"

标题： 计划外任务

描述： 无端冒出，但一定要处理的事情。

任务20
增加"预订咖啡"的事件，通过邮件送订单。

5

计划外的任务，像这个Demo，被增加到额外的使用情节。

用一个红颜色的卡片记录计划外的任务，这样你能够把它与其他正常的任务分开。

计划外的任务得到的号码和描述与其他任务一样。

计划外的任务仍然是一项任务，它必须要跟踪，要放置在"正在进行中"和"已完成"区域，还包括工作量完成状况，<u>正如其他的任务一样</u>。

······你刚才说我们必须为客户做一个演示？如果导致了项目的逾期了怎么办？

与客户沟通

是的，之前你也听说过要多与客户沟通，但与客户沟通是大多数问题的答案，如时间安排、截止期及相关的问题。

你碰到了意想不到的任务，但那正是软件开发的一部分。你无法做每件事情，然而，就是优先顺序你也做不了决定。记住，**客户确定优先顺序**，不是你。

你必须去处理新的任务（像向客户做演示），最好的办法就是询问客户其优先顺序。给客户一个机会，通过估计新的任务所需要的工作量，让客户做一个深思熟虑的决定，并向客户说明其如何影响目前的进度安排。最大不了的，采用客户至上的原则，只要客户有了做决定的详实的信息，这时，你需要去准备的是依据客户的决定，调整当前的任务和使用情节进度安排，并留出时间处理意外的事件。

最后，你需要让客户了解开发蓝图，知道输入的是什么和输出的是什么。增加新的计划外的工作不是世界的末日到了，但你的客户要理解该工作是有影响的，然后他们能选择接受的影响是什么。

该任务暂停

留出余地给意想不到的任务

如果你的客户要看Demo，你要再次更新

标题：送鲜花

任务5 开发email客户端，传送订单到花商

任务7B2D 创建包含地址和订单的"SendFlower"事件

任务5MDE 开发email客户端，传送订单到花商

任务6LUG 为创建预订鲜花并送到花商，开发

任务20MDE 增加预订咖啡事件，通过邮件把订单送到

标题：预订酒店

任务8 任务10 任务9

你可能要把使用情节移到下一个开发循环，这是可以的，只要客户能理解对他们的决定所产生的影响。

意料之外的任务让你的工作量完成情况呈上升趋势

意想不到的任务意味着额外的工作。如果该项意外的任务不
能纳入下一个开发循环，这时，你就需要重构你的白板。所
有这些就意味着工作量完成情况的趋势要受到影响，并且不
是以一个好的方式……

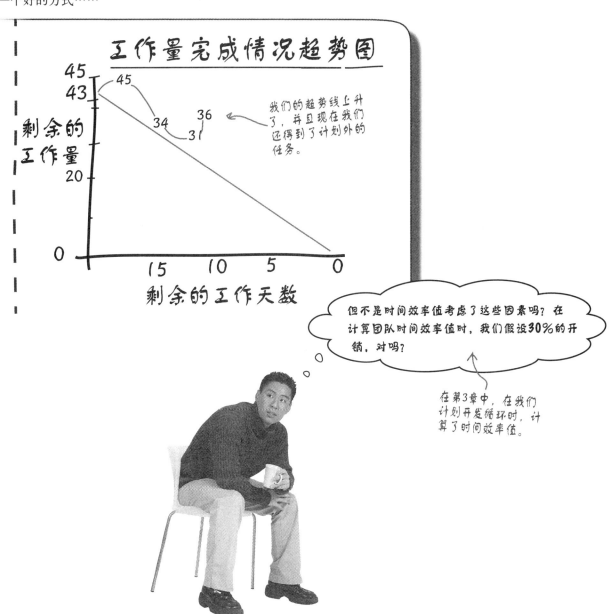

时间效率值有帮助，但……

因为客户提出了一些意想不到的需求，你有更多的工作要做，但当你计算团队时间效率值时，你考虑过了这些因素吗？不幸的是，时间效率值只是估计你的团队表现的快慢，但不能用来处理计划外的任务。

最初按照以下方式计算时间可用率……

记住了第3章中的公式了吗？

$$3 \times 20 \times 0.7 = 42$$

你团队中的人数

首选的团队开发速度，实际上是一个估计值。

以人天为单位计算的工作量，该工作量是团队在一个开发循环中处理的工作量。

因此，我们有这么多"机动"时间……

$$3 \times 20 - 42 = 18$$

如果每个人的时间效率值都能达到100%，这可能是我们拥有的机动时间……

……但它有可能不够！

机动——时间安排中的"额外"日子——消失得非常快

一个员工的小车坏了，又有人要去看牙医，你每天的碰头会议……那些"额外"的日子很快就消失了。记住，*机动时间在工作时间之内，不是实际时间*。因此，如果你的公司因为你们的出色工作，允许你们在星期五额外的休息一天，那就会有三个人天的机动时间的损失，因为在一天内，你损失了三个开发人员。

因此，当计划外的任务出现时，你可能要吸纳一些额外的时间，但时间效率值可能不起作用。

> 那么，我们该怎么办？真伤脑筋，我们会赶不上截止期的……

没有愚蠢的问题

问： 你说过，把计划外的任务用红颜色便利签。我必须用彩色的便利签吗？为什么是红颜色？

答： 我们选择红颜色是因为正常的任务常常是用黄颜色的便利签，并且因为红颜色代表紧急颜色。这种办法使你能快速看到哪一部分是计划内的使用情节（正常的便利签），哪一部分是计划外的使用情节。并且红颜色是合适的"警示"颜色，由于大多数计划外的任务具有高的优先级（如客户要求的Demo）。

在开发循环结束时，重要的是你知道目前正在进行什么样的工作。标注为红颜色的任务，使你能容易看到你处理的哪些是计划外的任务，所以，当你重新计算时间效率值和看你的估计值有多准确时，你知道什么是计划内的，什么是计划外的。

问： 因此，之后我们要重新计算时间效率值吗？

答： 绝对的。团队的时间效率值在每个开发循环的开始都要重新计算。用这样的方式，你能得到你的团队的生产力的真实估计。当你还没有以前的开发循环作参考时，0.7是一个合适的、保守的初始值。

问： 所以，时间效率值的全部含义是我和我的团队在上一个开发循环中表现如何？

答： 回答正确。时间效率值是你和你的团队开发有多快的量度。唯一的你能信任该数字的方法是通过检查在上一个开发循环中你们表现的程度如何。

问： 我真地不认为0.7能作为我的团队的时间效率值。可以选择更快的或更慢的数字开始吗？比如0.65或0.8？

答： 你可以选择不同的初始时间效率值，但你必须为你的选择负责。假如你知道你的团队已经在进行某个项目，这时最完美的方式是挑选一个时间效率值，该时间效率值与你的团队在其他项目上的表现是相吻合的，虽然你还是应该考虑在任何项目开始时，时间效率值都会有一点减慢的因素。你总是需要一点额外的时间，让你检查在一个新的项目中要开发些什么。

记住，时间效率值的全部含义是你和你的团队在正常的状态下，开发快慢的量度。所以，你选取可信的时间效率值时，在新项目开始时，较好的方式是稍保守一点，然后在每一个后续的开发循环中，通过坚实的数据再重新定义。

> 时间效率值不是良好的估计值的替代品；它是考量你和你的团队**真实**表现的一个方法。

我们有很多事情要做……

你现在的工作很艰难。重构的工作要花费你的时间，但从长远的角度看，希望是该工作能为你节省时间。除此之外，你还要为iSwoon的CEO准备新的Demo……

你有更多的工作要做……

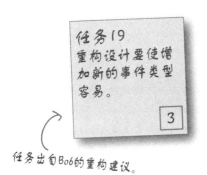

任务19
重构设计要使增加新的事件类型容易。

3

任务出自Bob的重构建议。

任务20
增加"预订咖啡"事件，通过邮件预订。

5

必须准备Demo，iSwoon的CEO准备给Starbuzz的CEO看，多大的压力呀！

…… 你的趋势线将偏向错误的方向

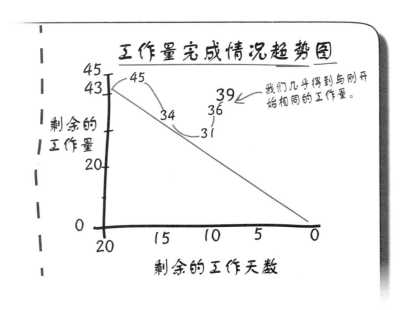

工作量完成情况趋势图

45
43
45
34
31
39
36
我们几乎得到与刚开始相同的工作量。

剩余的工作量

20

0

20 15 10 5 0

剩余的工作天数

…… 但是，我们确切地知道我们身在何处

 ## 客户知道你的工作到哪儿了

每一步你都使客户融入进来，这样客户就能确切地知道他们都增加了什么样的工作给你，并且你能向他们准确地说明这些变更所带来的影响。

 ## 你知道你的工作到哪儿了

感谢你的白板和工作量完成情况趋势图，你和你的开发团队同样能确切地知道工作完成到哪儿了。这就意味着虽然事情看起来有点希望渺茫，但至少没有人只是埋头干活。挑战就在这里。

现在，你知道挑战就在面前。

因为你能通过白板来监控你的项目，你就能马上知道在你面前的挑战是什么，如果你打算跟踪事情的进度的话。将其与大霹雳开发方法相比较，第一章中大霹雳方法是"再见，我将在三个月内交付你要的东西"。

采用大霹雳方法，直到30天或甚至90天，你才知道碰到问题了。采用白板和工作量完成情况趋势图，你立刻就知道你将面临的是什么，提供给你优势（edge），使你的开发工作迈向成功之路。

有时，你会听到该方法被称之为**瀑布方法**。

成功的软件开发的全部含义是要**及时了解状况**。

通过了解进度和挑战，你能使客户一直在身临其境，并且当需要时交付软件。

一切还远没有失控！当我们深入探讨良好的类与应用设计，并处理好客户想要的Demo时，我们将在第五章中处理这些问题。

Velocity的心声

本周对话节目：
Velocity访谈录

Head First：欢迎你，Velocity。非常高兴你能在百忙之中来与我们交流。

Velocity：非常荣幸，来这里非常高兴。

Head First：有些人说你能拯救陷于困境中的项目，这些陷于困境的项目或许是因为出其不意的变更，或许是因为有额外工作打击计划。你想对这些人说什么？

Velocity：好的，坦率地讲，我真不是超级英雄。我更像是安全网和给人信心的人。

Head First：你所谓的"信心"是什么意思？

Velocity：当你试图得到一份真实的计划时，我是最有用的，但不能处理意外的事情。

Head First：因此，在项目开始时，你是唯一最有用的？

Velocity：是这样的，我在那个时候是有用处的，通常被设置为默认值0.7。当从开发循环1到开发循环 2，不断进行开发循环时，我会使事情更为有趣。

Head First：你为每个开发循环提供什么，是信心吗？

Velocity：当然。当你从一个开发循环到下一个开发循环时，你可以重新计算我，去保证你能成功地完成你需要完成的工作。

Head First：所以你更像一个回首展望的高手？

Velocity：一点不错！我告诉你在上一个开发循环中你团队的表现有多快。然后，你可以用这个值，在下一个开发循环中实现一块任务时，这会更能确信你能完成。

Head First：但当意想不到的事情出现了……

Velocity：嗯，对这个问题我真不是太有帮助，除非你能提升你团队的时间效率值，你才可能适应更多的工作任务。但这是有风险的方法……

Head First：风险？只因为你真实地代表你团队的工作有多快？

Velocity：这正是我的要点！我代表你的团队工作得有多快。如果我说你和你的团队，总共3个开发人员，在一个开发循环中（20个工作日），能完成40人天的工作量，但那不意味着你有20个人天可以利用，如果你努力工作的话。你的团队像你一样工作非常努力，我只是努力程度的一个衡量。当人们把我当做可能的机动时间是，危险随之而来……

Head First：因此，如果你能用一句话来做总结，它是什么？

Velocity：我就是那个告诉你在上一个开发循环中，你团队的时间效率值有多高的人。在你上一次表现的基础上，我是你真实表现的衡量，并且我帮助你务实地计划好你的开发循环。

Head First：嗯，实际上是两句话，开玩笑啦。谢谢你挤时间来到这里，Velocity。

Velocity：非常荣幸，很高兴能将心里话一吐为快。

5 足够好的设计

以良好的设计完成工作

嗯，虽然不是十分完美，但他就在眼前，有时这样就够好了……

良好的设计有助于你交付软件。在第4章中，事情看起来很是不理想。不良的设计正使**每个人**感到软件开发的**艰辛**，事情越来越糟糕，**意想不到的任务**又产生出来了。在本章中，你将看到如何**重构**你的设计要素，以使你和你的团队更有生产力。你将应用良好设计的原则，同时警防陷于为"**完美设计**"而奋斗的承诺。最后，你会利用墙上的项目大白板，采用处理所有其他任务的完全相同的方式处理计划外的任务。

iSwoon 项目陷于困境……

在第四章中，iSwoon的项目看起来很糟糕。你有一些重构（Refactoring）的工作要去做以改进你的设计，这些工作又影响到项目的截止期。并且，客户还增加了一项出人意料的任务，该项任务就是要为Starbuzz的CEO开发Demo。然而，这一切都没有失控。首先，让我们完成系统重构的工作，以便你能够回到正轨，加快你的开发工作。当前的设计只要是增加一个新的事件，就要做很多变更：

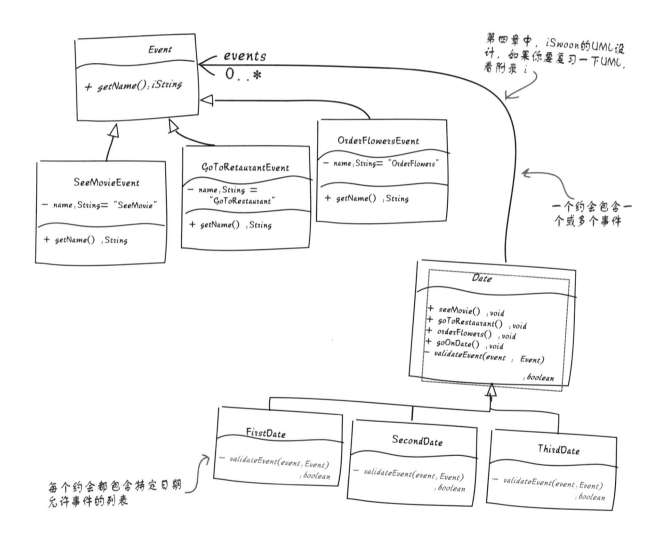

第四章中，iSwoon的UML设计，如果你要复习一下UML，看附录 i

一个约会包含一个或多个事件

每个约会都包含特定日期允许事件的列表

准备练习

如果按照下面的要求，写下你认为需要做的变更……

要做这些变更，你要对软件做什么？

……你需要增加三个新的事件类型？

....
....
....
....
....
....

……你需要增加一个称之为"Sleeping over"（睡过多）的新的事件类型，但该事件只被"ThirdDate"允许。

....
....
....
....
....
....

validateEvent()方法在此当然会帮上忙

……你要将OrderFlowersEvent类中的name名称属性的值更改为"SendFlowers"？

....
....
....
....
....
....

揪出坏的设计

如果按照下面的要求，要求你写下你认为需要做的变更……

……你需要增加三个新的事件类型？

我们必须为每个新的类型增加一个新的事件类。三种新的方法（一种针对事件的一个类型）需要被增加到抽象的Date父类。然后，date类中的每个子类（不管它们有多少）都必须被更新，以便判断是否允许这三种新类型的事件，根据该事件是否为此约会所允许。

……你需要增加一个称之为"Sleeping over"（睡过头）的新的事件类型，但该事件只被"ThirdDate"允许。

新的事件类需要被增加，被称之为"SleepingOverEvent"类。接着，一个称之为"SleepOver"的新方法被增加到Date类中，因此，新的事件可以被增加到约会中。最后，三个现有的Date类需要被更新，以便指明SleepingOverEvent只会被ThirdDate所允许。

……你要将OrderFlowersEvent类中的name（名称）属性的值更改为"SendFlowers"？

Date的三个具体的子类需要被更新，以便判断特定的事件是否被允许的逻辑能够使用与OrderFlowerEvent相关联的新名字。另外，OrderFlowerEvents的name属性值也需要从"OrderFlowers"变更为"SendFlowers"。最后，类名需要改变成为"SendFlowersEvent"，以便遵循目前使用的命名约定。

> 哦，这样不是太好……一项变更就意味着我们必须动一堆类。我们不能在设计时就做好这些事情吗？

设计良好的类是极度聚焦的

这里的问题是针对任何特定的行为，比如送花的行为，这种行为的逻辑被分散在很多不同的类。所以，看起来是简单的改变，将变成多个类的修改，比如像OrderFlowersEvent中的名字改为"SendFlowers"。

这种设计打破了 "单一责任原则"

因为iSwoon项目打破了良好的面向对象设计中的一条基本原则，即**单一责任原则**（Single Responsibility Principle（SRP）），所以，更新便是一个头痛的问题。

单一责任原则

在你的设计系统中，每个对象应该有一个单一的责任，并且所有对象的服务应该集中在实现单一责任上。

当每个对象只有一个理由去改变时，你已经正确地实施了单一责任原则

Date和Event类都打破了单一责任原则

当要增加事件的新的类型时，单一责任原则指明：你所要做的全部工作是增加新的事件类，别无其他。然而，采用现在的设计，增加新的事件同样需要在Date类和其全部子类中做变更。

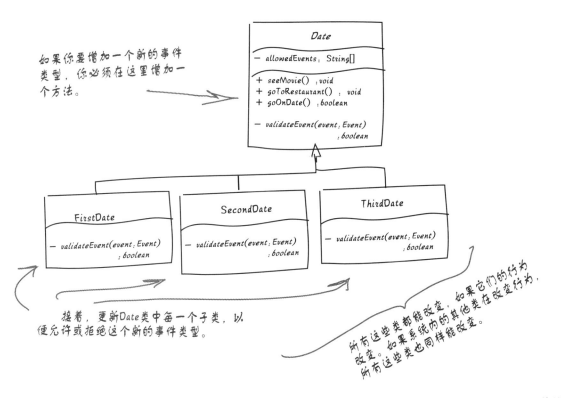

如果你要增加一个新的事件类型，你必须在这里增加一个方法。

接着，更新Date类中每一个子类，以便允许或拒绝这个新的事件类型。

所有这些类都能改变，如果它们的行为改变。如果系统内的其他类在改变行为，所有这些类也同样能改变。

设计重构

大练习 ————————————————————

你当前的设计使得增加事件、变更事件名，甚至处理额外的约会成为一项困难的任务。看看当前的设计，标出你会做什么改变，以便把单一责任原则应用到iSwoon项目的设计当中（使增加新的事件和约会变得更容易）。

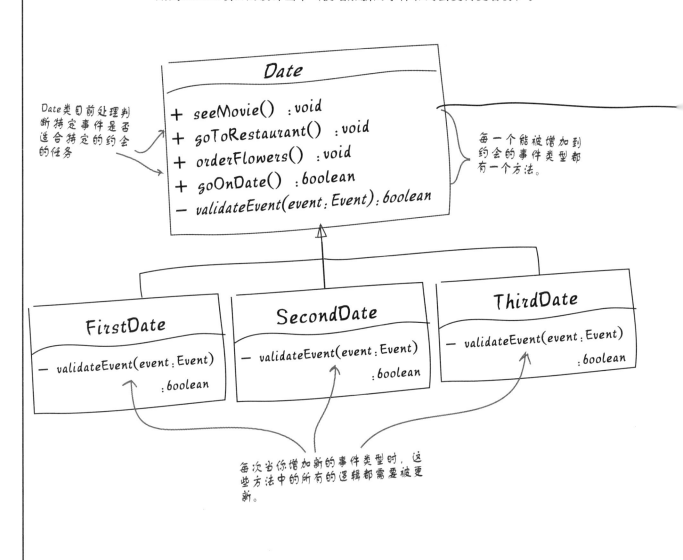

Date类目前处理判断特定事件是否适合特定的约会的任务

Date

+ seeMovie() : void
+ goToRestaurant() : void
+ orderFlowers() : void
+ goOnDate() : boolean
− validateEvent(event : Event) : boolean

每一个能被增加到约会的事件类型都有一个方法。

FirstDate

− validateEvent(event : Event) : boolean

SecondDate

− validateEvent(event : Event) : boolean

ThirdDate

− validateEvent(event : Event) : boolean

每次当你增加新的事件类型时，这些方法中的所有的逻辑都需要被更新。

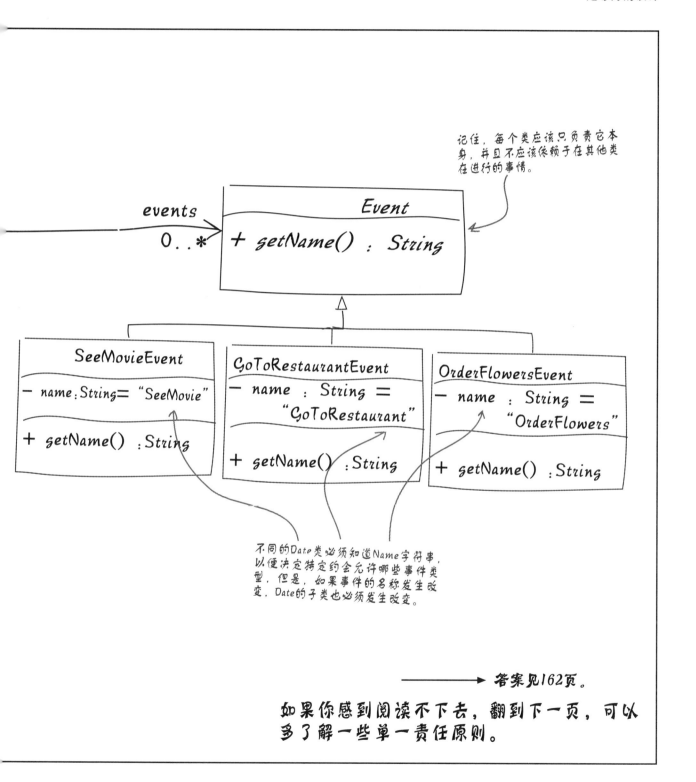

记住,每个类应该只负责它本身,并且不应该依赖于在其他类在进行的事情。

events 0..*

Event
+ getName() : String

SeeMovieEvent
- name:String= "SeeMovie"
+ getName() :String

GoToRestaurantEvent
- name : String = "GoToRestaurant"
+ getName() :String

OrderFlowersEvent
- name : String = "OrderFlowers"
+ getName() :String

不同的Date类必须知道Name字符串,以便决定特定约会允许哪些事件类型,但是,如果事件的名称发生改变,Date的子类也必须发生改变。

答案见162页。

如果你感到阅读不下去,翻到下一页,可以多了解一些单一责任原则。

辨别设计中的多重责任

大多数的时间里，通过简单测试，你能辨别没有采用SRP的类：

1 在一张纸上，像这样记录下许多行：The [空格][空格]itself。针对你正采用SRP测试的类中每一种方法，你应该有一行像这样的东西。

2 在每一行的第一个空格处，记录下类的名字。在第二个空白处，记录下类中的一个方法。对类中的每个方法都这样做。

3 大声地把每一行念出来（你可能需要去增加一个字母或一个单词，使其能正常阅读）。你刚才念出来的东西合理吗？你的类真的有该方法指明的责任吗？

> 如果你刚才念出来的东西**不合理**，你可能正在违反SRP的原则。这个方法可能属于其他的类……考虑除掉该方法。

这里是SRP分析单应该有的样子

SRP分析： _____

在空格的地方写类的名字，一直写到底。

在这些空格里写下该类别的每一个方法，每行一个。

The _____ _____ itself.
The _____ _____ itself.
The _____ _____ itself.

一行一个方法，方法多时，需要增加几行。

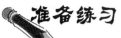

将SRP应用到Automobile类

Automobile类的SRP分析显示如下。按照我们在上一页描述的那样，为下表填入Automobile类中的类名与方法。然后，判断Automobile类具有的每个方法是否合理，勾选右边的方框。

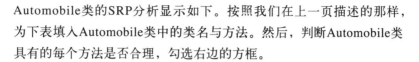

```
                Automobile

+  start()    : void
+  stop()     : void
+  changeTires(tires : Tire[]) : void
+  drive()    : void
+  wash()     : void
+  checkOil() : void
+  getOil()   : int
```

SRP分析：   Automobile

			遵循SRP 原则	违背SRP 原则
The	_____	_____ itself.	☐	☐
The	_____	_____ itself.	☐	☐
The	_____	_____ itself.	☐	☐
The	_____	_____ itself.	☐	☐
The	_____	_____ itself.	☐	☐
The	_____	_____ itself.	☐	☐
The	_____	_____ itself.	☐	☐

如果你读的内容没有意义，这条线上的方法可能就违背了SRP原则。

将SRP应用到Automobile类

你的任务是对Automobile类做SRP分析（如下图所示）。你应该用Automobile类中的类名和方法填入到表中，并且判断Automobile类具有的每一个方法是否合理。

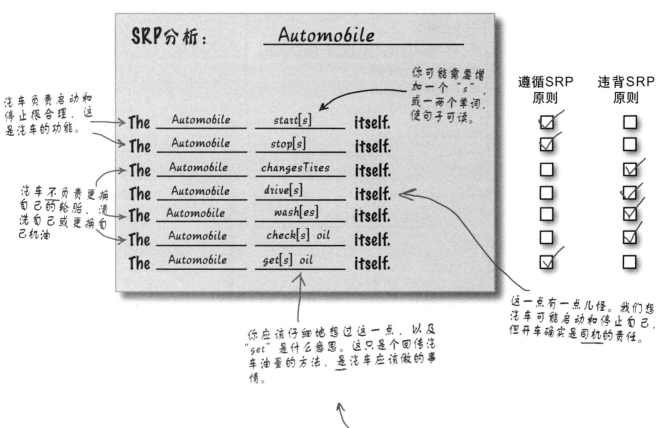

SRP分析:　　　　　　Automobile

				遵循SRP 原则	违背SRP 原则
The	Automobile	start[s]	itself.	☑	☐
The	Automobile	stop[s]	itself.	☑	☐
The	Automobile	changesTires	itself.	☐	☑
The	Automobile	drive[s]	itself.	☐	☑
The	Automobile	wash[es]	itself.	☐	☑
The	Automobile	check[s] oil	itself.	☐	☑
The	Automobile	get[s] oil	itself.	☑	☐

汽车负责启动和停止很合理，这是汽车的功能。

汽车不负责更换自己的轮胎、清洗自己或更换自己机油

你可能需要增加一个"s"或一两个单词，使句子可读。

这一点有一点儿怪。我们想汽车可能启动和停止自己，但开车确实是司机的责任。

你应该仔细地想过这一点，以及"get"是什么意思。这只是个回传汽车油量的方法，是汽车应该做的事情。

像这样的例子就说明为什么SRP分析只是一个指导，你还需要用常识和经验进行判断。

从多重责任到单一责任

一旦你完成分析，你可以将不应该存在于某个类的方法去掉，
并移动到会担负起特定责任的类中。

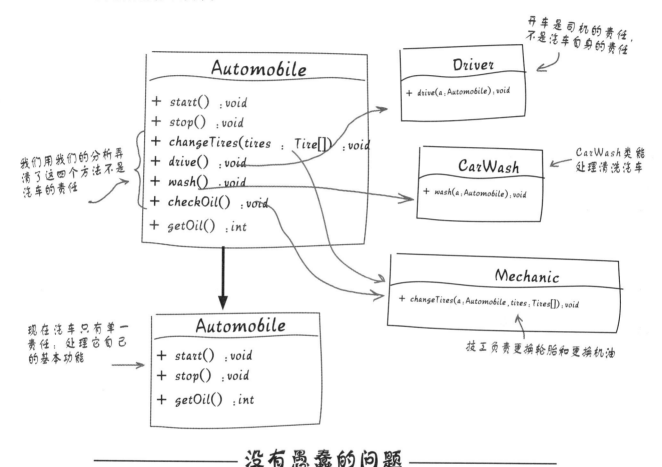

没有愚蠢的问题

问： 当某个方法带了参数，像CarWash类中的 wash（Automobile）一样，如何做SRP分析工作？

答： 好问题！为了使SRP分析合情合理，你要在方法的空白处包含方法的参数。所以你可以写"The CarWash washes [an]automobile itself"。这个方法合理（带有**Automobile**参数），因此，它会留在**CarWash**类。

问： 但万一CarWash把Automobile参数作为构造符（constructor）的一部分，并且方法只是wash()呢？，SRP分析不会给你错误的结果吗？

答： 有可能。假设某个参数让方法合理，如**CarWash**类中**wash()**方法的**Automobile**，该参数就被传进类的构造符，SRP分析可能误导你。但这就是为什么你除开要学习SRP分析外，你总是需要应用大量你对系统的常识和知识的原因。

你的设计应该遵循SRP, 但也不能违背DRY……

SRP的全部含义是关于责任（Responsibility），以及在你的系统中哪一对象承担该做什么事。你希望你设计的每个对象都**只聚焦到其单一责任上**，当该责任有些变化时，你将能准确地知道在你的代码的什么地方去进行修改。最为重要的是你将避免所谓的**涟漪效应**（ripple effect），就是软件系统的微小变更能引起整个代码的一连串的变更。

但有一个原则与SRP是如影随形，那就是DRY（Don't Repeat Yourself）：

不自我重复原则

避免通过把共同事物抽取或分离DRY出来，以及把它们置于同一地方来复制代码

不同的Date类不符合DRY

不同Date类（`FirstDate,SecondDate,ThirdDate`）中的每个类，在`ValidateEvent()`方法中几乎都有相同的行为（Behavior）。这不仅打破了SRP原则，而且也意味着逻辑上的一项变更可能导致三个类的逻辑上的变更，例如，像要改成让SecondDate允许SleepingOverEvent一样。这很快地转变为维护恶梦。

这很快就会变成维护工作的噩梦。

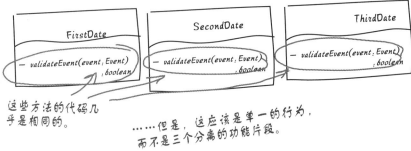

这些方法的代码几乎是相同的。

……但是，这应该是单一的行为，而不是三个分离的功能片段。

DRY把系统中的每个片段的信息和行为放在单一且合理的地方。

没有愚蠢的问题

问：在我看来，SRP很多地方像DRY，这两个原则都是关于单一个类做一件它应该做的事吗？

答：它们是相关的，经常成对出现。DRY把一段功能放在单一的地方，比如说，类；SRP是确定一个类只做一件事，并且能做好一件事情。在设计优良的应用系统中，一个类只做一件事情，而且做得好，而其他的类不分担这些行为。

问：让每个类只做一件事情是不是缩手缩脚？

答：不是，当你发现一个类做的事情可以是一件*相当大的事情*时，你就可以理解这一点。例如，在iSwoon中，Event类和它的子类只存储和管理一件事：特殊事件的细节。目前，那些细节只是事件的名字，但那些类也可以储存任何关于事件的细节，如时间、日期、通知和警示、甚至地址。然而，所有这些额外的信息只仅关于**一件事**，就是描述事件。不同的Event子类都会那件事，而且它们只做那件事，所以它们是SRP的极好例子。

问：因为类只做一件事情，使用SRP有助于保持类较小，是吗？

答：实际上，SRP经常会使你的类变大。由于你不把功能性分散在很多类里——很多不熟悉SRP的程序员会把分散功能性到过多的类里，反之，你常常将很多事情放在一个类中。

但使用SRP通常导致较少的类，并且一般地能使你的全部应用易于管理和维护。

问：我以前听过内聚性（Cohesion）一词，很多特性与SRP一样，内聚性和SRP是一回事吗？

答：实际上，内聚性是SRP的另外一个名字。如果你正在编写高度内聚的软件系统（Highly Cohesive Software），这时，你就在正确地应用SRP。在目前iSwoon的设计中，Date做两件事情：一是创建事件，二是储存在特定的约会发生的事件。当一个类具有内聚性时，它只有一个主任务。所以，在Date类的例子中，对一个类重点在储存事件，放弃创建事件的责任。

想知道更多的设计原则吗？请参阅《Head First Object-Oriented Analysis & Design》

你已经接受了有关如何做好iSwoon的设计的提示，现在，在你翻到下一页之前，看看你能否完成154页和155页的练习。

补充一点，试着应用DRY和SRP得到真正伟大的设计

大练习答案

要求你看看目前的设计，标记出你在iSwoon的设计中，应用单一责任原则后做的变更，使更新你的软件犹如微风拂面。

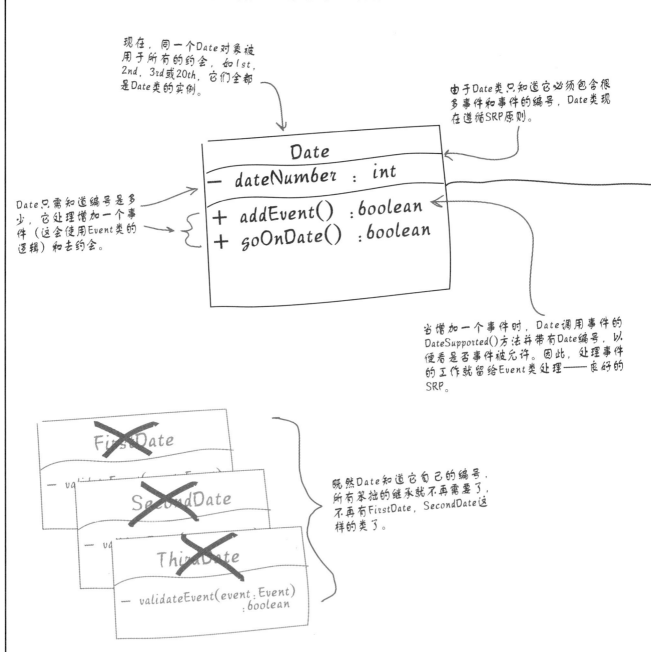

现在，同一个Date对象被用于所有的约会，如1st，2nd，3rd或20th，它们全都是Date类的实例。

由于Date类只知道它必须包含很多事件和事件的编号，Date类现在遵循SRP原则。

Date只需知道编号是多少，它处理增加一个事件（这会使用Event类的逻辑）和去约会。

当增加一个事件时，Date调用事件的DateSupported()方法并带有Date编号，以便看是否事件被允许。因此，处理事件的工作就留给Event类处理——良好的SRP。

既然Date知道它自己的编号，所有笨拙的继承就不再需要了，不再有FirstDate，SecondDate这样的类了。

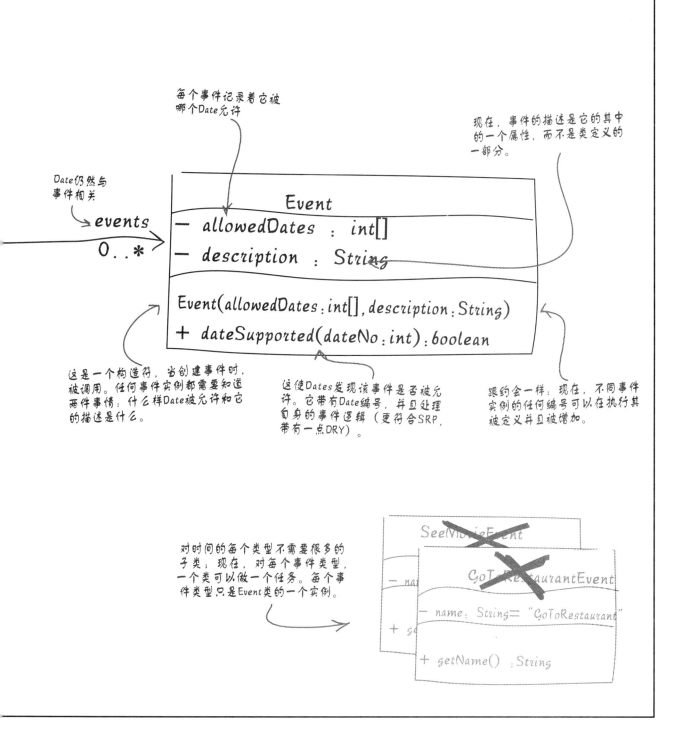

每个事件记录着它被
哪个Date允许

现在,事件的描述是它的其中
的一个属性,而不是类定义的
一部分。

Date仍然与
事件相关

events
0..*

Event

— allowedDates : int[]

— description : String

Event(allowedDates : int[], description : String)

+ dateSupported(dateNo : int) : boolean

这是一个构造符,当创建事件时,
被调用。任何事件实例都需要知道
两件事情:什么样Date被允许和它
的描述是什么。

这使Dates发现该事件是否被允
许。它带有Date编号,并且处理
自身的事件逻辑(更符合SRP,
带有一点DRY)。

跟约会一样:现在,不同事件
实例的任何编号可以在执行其
被定义并且被增加。

对时间的每个类型不需要很多的
子类;现在,对每个事件类型,
一个类可以做一个任务。每个事
件类型只是Event类的一个实例。

SeeMovieEvent

GoToRestaurantEvent

— name : String = "GoToRestaurant"

+ getName() : String

重构之后的碰头会议……

现在是第三周的中间，情况如何？

Bob：全都完成了，现在，我们还真有了一段灵活的代码，它能支持任何数量的不同类型的日期和事件。

Laura：太好了！看起来多一份付出，就多一份收获，我们有很多很多新的事件需要添加……

Bob：哦，是的。添加新的事件变得很容易。现在我们只需要写一行或二行代码，新的事件就在新的系统之中。我们原本对每个事件预备了两到五天，现在，最多只需要一天时间。

Mark：你们别开玩笑。我已经添加了所有新的事件，并且我相信我还能进一步完善它们。

Laura：等等，只一会儿。因为现在软件实际上比"够好"还要好。但不要因为我们容易做变更，就开始做太多的变更。

Mark：下一步是什么？

Bob：好的，现在我们已经完成了重构（refactoring），看起来我们有时间，集中精力完成Starbuzz的CEO想要的Demo上……

没有愚蠢的问题

问：当Laura说，代码已经够好了，那是什么意思？

答：问得好！我们在第七章和第八章中将讨论很多测试方面的内容，以及如何对软件有信心的问题，并且证明你开发的软件能做到它应该做的事情。

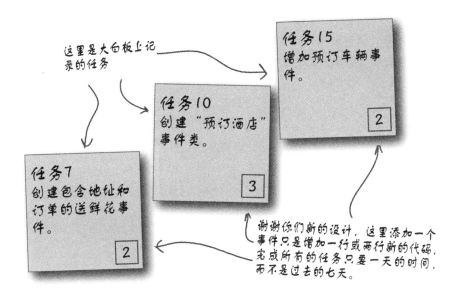

这里是大白板上记录的任务

任务15
增加预订车辆事件。
2

任务10
创建"预订酒店"事件类。
3

任务7
创建包含地址和订单的送鲜花事件。
2

谢谢你们新的设计，这里添加一个事件只是增加一行或两行新的代码，完成所有的任务只要一天的时间，而不是过去的七天。

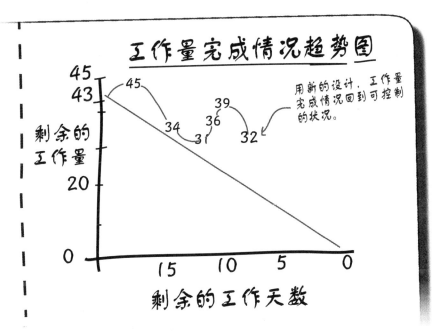

良好的设计有助于你更有生产力，并且使你的软件系统更灵活。

计划外的任务仍然是任务

Starbuzz的CEO需要的Demo是一项计划外的任务，但你要像处理大白板上
的其他任务一样来对待它。你估计完成该项任务需要的时间，把它放在白
板上"正在进行之中"的区域，然后开始去工作。

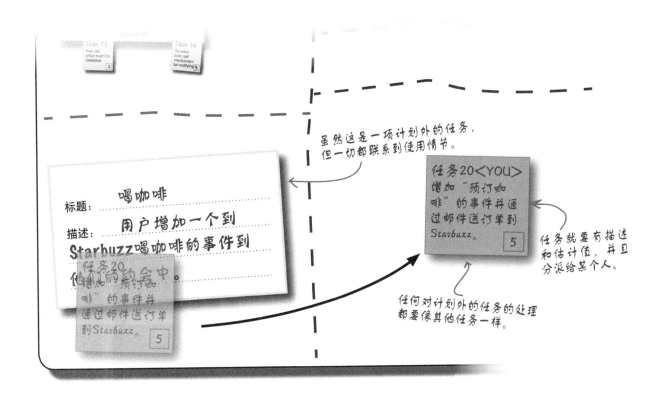

使大白板上计划外的任务成为有计划的

计划外的任务以不同的方式产生，但一旦该项任务出现在你
的白板上，对该项任务的处理就要像计划内的任务一样。实
际上，一旦你分配了任务，并给出了完成任务的时间估计，
该项任务就再也不是计划外的了。该项任务就成为需要完成
的另外一项任务了，与你项目中的其他任务一样。

那么，如何从头到尾地处理计划外的任务：就像其他任务一
样。你估计完成它所需要的时间，将其移到白板中的"正在
进行中"的区域，开始实施直至完成。完成该项任务后，将
其移至"已完成"区域，再继续其他工作。

不管任务是如何产生的。一旦该任务出现在大白板上，你就要<u>分配</u>该项任务，<u>估计完成</u>该项任务的时间，<u>逐步实施</u>直到完成。

你的任务一部分是Demo本身

除开要花时间准备demo外，你还必须思考向客户演示demo所需要的时间。如果你和你的主要web程序员一起花了一天的时间到Starbuzz，演示iSwoon，这些时间就要包含在你的时间估计之中。

你的估计应该是<u>完整的</u>

当你估计完成任务所需要的时间时，你应该得到完成该项任务需要的总的时间——有时不仅仅是完成代码的时间。如果你要写demo的代码或会见对项目有影响的人，你的时间估计也应该包含这些活动。

任务20<YOU>
增加"预订咖啡"事件，并通过电子邮件传送订单给Starbuzz。
5

需要四天开发，另外一天做演示和处理后续的问题。

很好……你能够email给我最小的系统需求吗？它也能同时工作在Safari和Firefox上吗？我想立刻告诉这一消息给我的客户。

看看，计划外的任务又来了。

Starbuzz的CEO，现在是iSwoon的伙伴。

今夜话题：完美设计和"够好"设计的对话

"够好"设计：

嗨！你就是完美设计？伙计，我总是在梦中见到你。

为什么？

是啊，我想也是。只要我能帮助每个人提高生产力、符合项目的截止时间，并且客户能得到他们需要的软件，那么这就是我的工作。

啊，我从未想到事情会是这样。我以为当你出现时，所有的人都热情拥抱你，轻吻你……

你是什么意思？经过一番艰苦努力后，你的团队应该能，呃……更完美？

完美设计：

谢谢。像我这样的设计是非常罕见的。事实上，我可能是你唯一碰到的设计。

嗯，问题是很难做出一个设计是人人都认为是完美的。总是有人跳出来批评你的设计。并且通过重构，我在持续地变更。但你要知道，你本身是很有价值的。

是的，这正是问题的所在。人们花了很多时间在我的身上，但还是没有按时完成软件的开发、没有交付出软件，并且也从未得到报酬。那让我变得不受欢迎，实在有点糟糕。

一点也不是那样。通常在我出场的时候，团队就会进度落伍，而且我也不能像他们期望的那样帮上什么忙。接着，总是有些危险，毕竟我不是十分完美。

不幸的是，你看，完美是一个移动的目标。有时候，我只是希望能够像你一样并且能被实际交付。可能不是那么"完美"，但——

"够好"设计：

嗨，等等。听起来相当委屈。

是啊，当我帮助他们交付伟大软件时，每个人都非常兴奋。但我总是在想我只是"二流的"，他们喜爱的是你。

因此，你所说的真是你想成为这种设计，按照该设计开发的软件它是能交付的。

因此，我想我算是"够好"，能完成使命，能符合客户的需要并且也够简单，让开发人员能按时完成编码工作，这是问题所在。

完美设计：

是的，确实如此。因为你明确地界定了交付给客户的是什么东西，当客户得到了他们所想要的东西时，你就被完成了。即使你交付时，并不十分完美。而且，交付伟大软件的开发人员，不管其设计是否完美，都是一个快乐的开发人员。

就喜爱而言，如果你指"永远追求不到"，那你是对的。

太对了！在很多方面，我很渴望能成为你。人们期望项目的进度能符合项目截止期并且交付客户能认可的软件。这不是一种妥协，而是成为一个好的开发人员并能得到报酬。你知道开发人员的，这些家伙为了得到报酬而交付，对吧？这样说吧，当他们考虑我，但交付不出软件，那也是白搭……

是的，要看重自己，不要贬低自己。在这个世界上，完美固然好。但符合客户所需，并能按时交付也不错。

当每件事情得到完成时，开发循环就结束

一旦你完成所有的任务，包括计划外的Demo，你应该完成了所有的使用情节，并且把他们都放到了大白板上的"已完成"区域。当你完成这些时，你的活就全干完啦！没有什么神秘的，当工作完成，开发循环也完成。

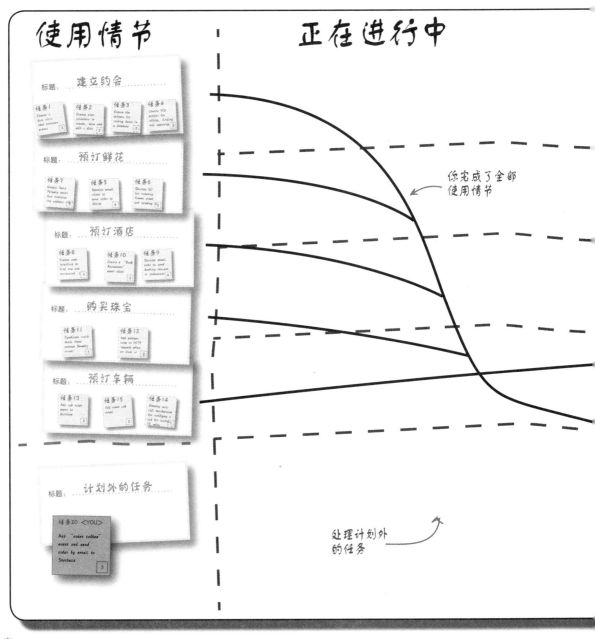

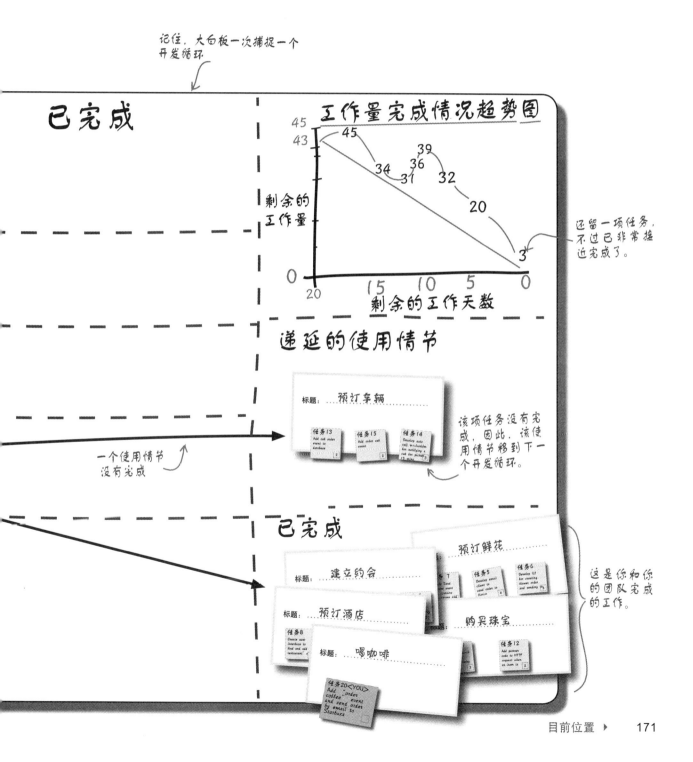

记住，大白板一次捕捉一个
开发循环

已完成

工作量完成情况趋势图

45
43
45
39
36
34
31 32
20
剩余的工作量
3
0
20 15 10 5 0
剩余的工作天数

还留一项任务，
不过已非常接
近完成了。

递延的使用情节

标题：预订车辆

任务13
Add cab order
event to
database

任务15
Add order cab
event

任务14
Develop auto
call w/solution
for notifying a
cab for pickup,
<5 min

一个使用情节
没有完成

该项任务没有完
成，因此，该使
用情节移到下一
个开发循环。

已完成

预订鲜花

标题：建立约会

任务7
Send
more event
contains
licenses and

任务5
Develop email
client and order
to send order

任务6
Develop UI
for creating
flower order
and sending

标题：预订酒店

购买珠宝

任务8
Create user
interface to
find and add
restaurant

标题：喝咖啡

标题：
任务12
Add partner
code to HTTP
request when
on item is

这是你和你
的团队完成
的工作。

任务20<YOU>
Add coffee order
event
and send order
by email to
Starbuzz

从本章中，选择其中一项技术与概念，将左边的名词与右边相一致的内容连起来。

计划外的任务和使用情节　　　　　我有助于你确认一个萝卜一个坑。

完美设计　　　　　借助于我，通过改善代码，设计会变得更好。

SRP　　　　　我确保意想不到的工作成为有计划而且是可管理的。

重构　　　　　我的格言是"完美虽伟大，但如期交付"价"更高。

DRY　　　　　我确保软件的所有部分都有一个定义清晰的责任。

足够好的设计　　　　　我是你奋斗的目标，但最后可能交付不了。

软件开发设计填字游戏

请填入你已经学会的词汇，活动一下你的左脑。以下所有的词汇都能在本章中找到。祝你好运！

横排提示

1. Great developers ....
3. When an unplanned task is finished it is moved into the .... column.
4. Your burn down rate should show .... the work on your board, including any new unplanned tasks.
6. When a task is finished it goes in the .... column.
7. An unplanned user story and its tasks are moved into the .... bin on your project board when they are all finished.
9. If you find you are cutting and pasting large blocks of your design and code then there's a good chance that you're breaking the .... principle.
12. .... is the only constant in software development.
13. When a design helps you meet your deadlines, it is said to be a .... design.
14. If a user story is not quite finished at the end of an iteration, it is moved to the .... bin on your project board.
15. A good enough design helps you ....

竖排提示

1. Unplanned tasks are treated the .... as unplanned tasks once they are on your board.
2. When you improve a design to make it more flexible and easier to maintain you are .... the design.
5. You should always be .... with your customer.
6. When all the tasks in a user story are finished, the user story is transferred to the .... bin
8. Striving for a .... design can mean that you never actually cut any code.
10. When a class does one job and it's the only class that does that job it is said to obey the .... responsibility principle.
11. An unplanned task is going to happen in your current iteration once you have added it to your ....

从本章中，选择其中一项技术与概念，将左边的名词与右边相一致的内容连起来。

计划外的任务和使用情节

我有助于你确认一个萝卜一个坑。

完美设计

借助于我，通过改善代码，设计会变得更好。

SRP

我确保意想不到的工作成为有计划而且是可管理的。

重构

我的格言是"完美虽伟大，但如期交付"价"更高。

DRY

我确保软件的所有部分都有一个定义清晰的责任。

足够好的设计

我是你奋斗的目标，但最后可能交付不了。

 软件开发设计填字游戏答案

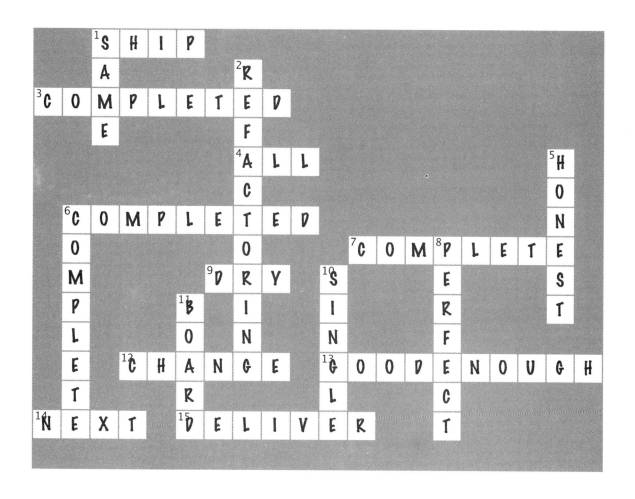

6 版本控制

防御性开发

当谈到编写伟大软件时，安全第一！

编写伟大的软件不是件容易的事……尤其当你要确保开发的代码能运行，并且**是一直能运行时**。只要一个打字错误，一个来自同伴的错误决定，一个坏掉的硬盘驱动器，就会突然间让你的工作付诸东流。 但是，通过**版本控制**（Version control），你就能确保你开发的代码，在代码存储库中（Code repository）中**一直是安全的**，你能**取消错误**（Undo mistakes）动作，并且你能对你的软件的新旧版本进行补丁的**修补**（Bug fixes）。

你拿到了新的合同—BeatBox Pro

恭喜你！你已经得到了来自iSwoon的热情赞扬，并且你得到了一份新的合同。雇用你为*Head First Java* BeatBox项目增加两个新的功能。BeatBox是一部多人共用的电子鼓编辑器（a multi-player drum machine），该机器能让你传送消息，并且在网络上能传送鼓音循环节奏。

像其他软件开发项目一样，客户希望项目能尽快地完成。他们甚至允许你带Bob去帮忙，Bob是一个初级程序员。由于使用情节不是太大，在同一时间不需要一个以上的人去开发，你将开发一个使用情节，Bob将开发另外一个使用情节。以下是要你增加新的功能的使用情节：

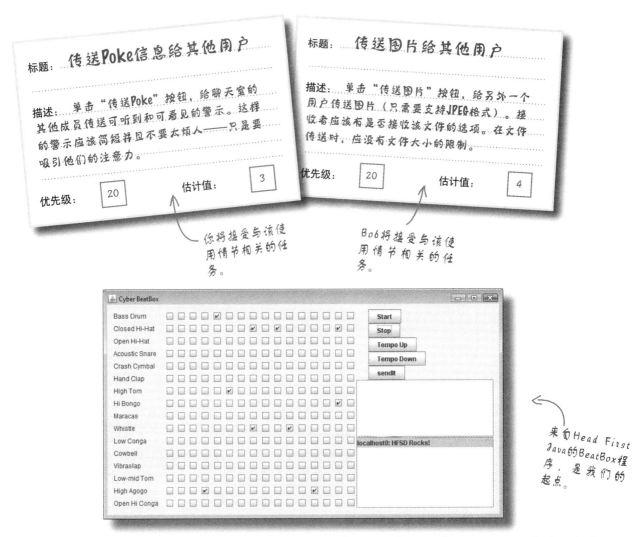

标题： **传送Poke信息给其他用户**

描述： 单击"传送Poke"按钮，给聊天室的其他成员传送可听到和可看见的警示。这样的警示应该简短并且不要太烦人——只是要吸引他们的注意力。

优先级： 20   估计值： 3

你将接受与该使用情节相关的任务。

标题： **传送图片给其他用户**

描述： 单击"传送图片"按钮，给另外一个用户传送图片（只需要支持JPEG格式）。接收者应该有是否接收该文件的选项。在文件传送时，应没有文件大小的限制。

优先级： 20   估计值： 4

Bob将接受与该使用情节相关的任务。

来自*Head First Java*的BeatBox程序，是我们的起点。

*你可以在http://www.headfirstlabs.com/books/hfsd/站点上下载相关代码。

任务便利贴

让我们马上来看看新的功能。下面是BeatBox客户端的一段代码，你的任务是把这些任务贴对应到实施"传送Poke"的那段代码。我们很快就开展GUI的工作。

```java
// ... more BeatBox.java code above this

public class RemoteReader implements Runnable {
  boolean[] checkboxState = null;
  String nameToShow = null;
  Object obj = null;

  public void run() {
    try {
      while((obj=in.readObject()) != null) {
        System.out.println("got an object from server");
        System.out.println(obj.getClass());
        String nameToShow = (String) obj;
        checkboxState = (boolean[]) in.readObject();

        if (nameToShow.equals(POKE_START_SEQUENCE)) {
          playPoke();
          nameToShow = "Hey! Pay attention.";
        }

        otherSeqsMap.put(nameToShow, checkboxState);
        listVector.add(nameToShow);
        incomingList.setListData(listVector);
      } // close while
    } catch (Exception ex) { ex.printStackTrace(); }
  } // close run

  private void playPoke() {
    Toolkit.getDefaultToolkit().beep();
  }
} // close inner class
```

任务1 MDE
当接收到Poke消息时，发出可听的警示（不能太烦人）。 .5

任务2 LUG
增加对Poke命令和创建消息的检查支持。 .5

任务4 BJD
把Poke的可视警示合并到消息显示系统。 .5

任务3 MDE
实施接收端代码，去读网络上的数据。 1

任务贴答案

我们不再在*Head First Java*之中了。下面是BeatBox客户端的一段代码，你的任务是把这些任务贴对应到实施"传送Poke"的那段代码。

这些代码都在
BeatBox.java中。

```
// ... more BeatBox.java code above this

public class RemoteReader implements Runnable {
  boolean[] checkboxState = null;
  String nameToShow = null;
  Object obj = null;

  public void run() {
    try {
      while((obj=in.readObject()) != null) {
        System.out.println("got an object from server");
        System.out.println(obj.getClass());
        String nameToShow = (String) obj;
        checkboxState = (boolean[]) in.readObject();

        if (nameToShow.equals(POKE_START_SEQUENCE)) {
          playPoke();
          nameToShow = "Hey! Pay attention.";
        }

        otherSeqsMap.put(nameToShow, checkboxState);
        listVector.add(nameToShow);
        incomingList.setListData(listVector);
      } // close while
    } catch (Exception ex) { ex.printStackTrace(); }
  } // close run

  private void playPoke() {
    Toolkit.getDefaultToolkit().beep();
  }
} // close inner class
```

这是内部类（Inner class），该类从服务器上接收数据。

这是原始代码，它读取从服务器传送来的数据。

这里的代码会运行在新的线程中

任务3 MDE
实施接收端代码，去读网络上的数据

| 1 |

如果得到POKE_START_SEQUENCE，我们发出Poke声，并用警示文本替换消息。

任务2 LUG
增加为检查Poke命令和创建消息的支持。

| .5 |

任务4 BJD
把可视警示合并到显示系统中。

| .5 |

任务1 MDE
当接收到Poke消息后，发出可听的警示声（不要烦人）

| .5 |

这里是新的playPoke()方法，现在只发出哔哔声，如果你想提高挑战性，增加MP3的Poke声支持。

没有愚蠢的问题

问： 这不是一本Java编程的书，为什么我们要浪费时间阅读全部代码。

答： 软件开发技术涵盖与项目相关的每一件事情，从项目的组织到估计开发全部代码所需要的时间。之前，我们谈到项目的计划和实施部分，这时，我们开始有点接近代码并谈到设计。现在，我们需要进一步向前发展，谈到你能够使用的**代码本身**的一些工具和技术。软件开发不仅是优先级排序和开发时间的估计；我们还要编写良好的、可工作的和可靠的代码。

问： 我并不用Java开发程序，我不能确定有些代码是做什么的，我要做什么？

答： 没关系，最好能理解代码在做什么工作，没有必要关心Java的一些特别的细节。重要的是要在具体的软件开发过程中，得到如何处理和思考代码的思路。我们在以后谈到的工具和技术是有意义的，不论你是否懂得Java线程（thread）。

问： 我没有看过《Head First Java》，整个BeatBox是关于什么的？

答： BeatBox是一个程序，首次讨论是在书名叫《Head First Java》中。它有一个MusicServer末端（Backend）和基于Java Swing的客户端（Java的图形化工具组）。客户端利用Java sound API去产生声音序列（Sound sequences），而你能通过主页上的检查方块（Checkbox）对其进行控制。当你输入一条消息并单击"发送"时，你的消息和BeatBox的设置被送到连接在MusicServer上的其他BeatBox的备份。如果你单击接收消息，你就能听到刚刚发送的新的序列。

问： 那么，POKE_START_SEQUENCE是怎么回事？

答： 使用情节要求我们将一条Poke消息发送到连接在Music-Server上的其他BeatBox客户端。一般而言，当一条消息被发送，显示给用户看的只是一串字符。通过一串独特的字符串（应该没有人会有意输入这样的字符串），在原有的BeatBox上面，增加Poke的功能。利用此字符串，我们能通知其他的BeatBox客户端，"Poke"被发送。该序列被存储在POKE _ START _ SEQUENECE常数之中。（实际的字符串的值在BeatBox.java文件中，你可以从http://www.headfirstlabs.com/books/hfsd/上下载）。当其他的BeatBox实例看到POKE _ START _ SEQUENCE通过时，它们用我们可视的警示消息替代它，并且，收到它的用户实际上从未看到代码序列。

问： 执行线程与Runnable是做什么的？

答： BeatBox 总是试图从网络上抓取数据，以便它能显示送进来的信息。然而，如果在网络上没有任何信息，它可能因等待数据而"卡"在那里。这就说明屏幕不能重画，用户不能输入新的、要发送的信息。为了将这两件事情分开，BeatBox采用线程（threads）。它创建线程去处理网络访问，然后使用主要的线程去处理GUI的工作。可运行的接口（Runnable interface）是Java把某些应该运行另外一个线程上的代码包裹起来的机制。

Bob在他负责的部分也取得了很大的进展。此时此刻，你能想到任何其他的你需要担心的事情吗？

现在着手GUI的工作……

我们需要另外一段代码，以便将这使用情节一起完成。我们需要为GUI增加一个按钮，该GUI能使用户发送Poke消息。以下是执行该项任务的代码：

> **任务5<YOU>**
> 为GUI增加按钮，以
> 便传送Poke序列给
> 其他的BeatBox实例。
>
> .5

```java
// 以下代码来自BeatBox.java,
//    in the buildGUI() method
JButton sendIt = new JButton("sendIt");
sendIt.addActionListener(new MySendListener());
buttonBox.add(sendIt);

JButton sendPoke = new JButton("Send Poke");
sendPoke.addActionListener(new MyPokeListener());
buttonBox.add(sendPoke);

userMessage = new JTextField();
buttonBox.add(userMessage);
```

首先，我们需要为Poke功能，创建一个新的按钮。

这时我们设置一个侦听器，以便当有鼠标单击时，我们有反应。

最后，将这个按钮增加到放置其他按钮的方框中。

```java
// 以下是我们需要增加的代码，也是在BeatBox.java中
public class MyPokeListener implements ActionListener {

  public void actionPerformed(ActionEvent a) {
    // 在此，我们建立一个空的状态队列
    boolean[] checkboxState = new boolean[255];

    try {
      out.writeObject(POKE_START_SEQUENCE);
      out.writeObject(checkboxState);
    } catch (Exception ex) {
      System.out.println("Failed to poke!");
    }
  }
}
```

在此，我们创建一个布尔队列，存放我们的状态。我们可以先它们的值设置为假，因为当接收端收到Poke命令时，会忽略它们。

这里是巧妙所在：为了传送Poke，我们把POKE_START_SEQUENCE和我们队列传送给服务器。服务器将中继我们的序列到其他的客户端，并且客户端会向用户发出哔哔的声音，这是因为前面我们编写的代码。

做一个快速测试……

现在客户端和服务端都已实施完成，现在是确保开发的程序能工作的时候了。没有软件在没有测试就可以交付的，所以……

1 首先编译和启动MusicServer。

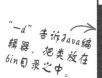

"-d" 告诉java编辑器，把类放在bin目录之中。

```
File Edit Window Help Buildin'
hfsd> mkdir bin
hfsd> javac -d bin src\headfirst\sd\chapter6\*.java
hfsd> java -cp bin headfirst.sd.chapter6.MusicServer
```

MusicServer将侦听连接并且每次打印一行文字。

2 然后启动新的BeatBox—我们将需要两个例程运行，这样，我们能测试Poke。

我们这里用不同名字，这样，我们知道哪个是哪个。

```
File Edit Window Help Ouch
hfsd> java -cp bin headfirst.sd.chapter6.BeatBox PokeReceiver
```
```
File Edit Window Help Hah
hfsd> java -cp bin headfirst.sd.chapter6.BeatBox PokeSender
```

3 在命名为PokeSender例程上，单击"Send Poke"按钮，发送一个Poke。

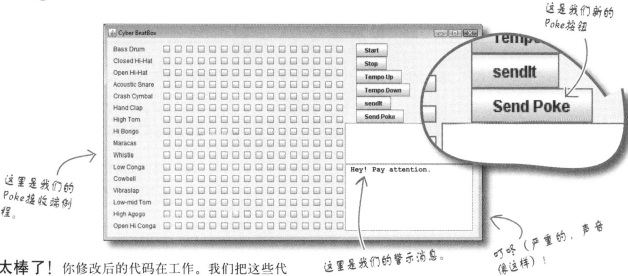

这是我们新的Poke按钮

这里是我们的Poke接收端例程。

这里是我们的警示消息。

叮咚（严重的，声音像这样）！

太棒了！ 你修改后的代码在工作。我们把这些代码复制到demo服务器上，剩下的就是Bob把他的东西合并进来。夜深了，该休息了。

Bob也做了相同的工作……

Bob完成了与他的使用情节相关的任务，并且做了快速测试。他编写的代码是可以运行的，所以，他把他的代码复制到服务器上。为了做最后的构建，他把他编写的代码与我们编写的代码合并了，并进行了编译和重新测试了图片的传送。每件事情看上去都不错。明天的demo应该没有问题……

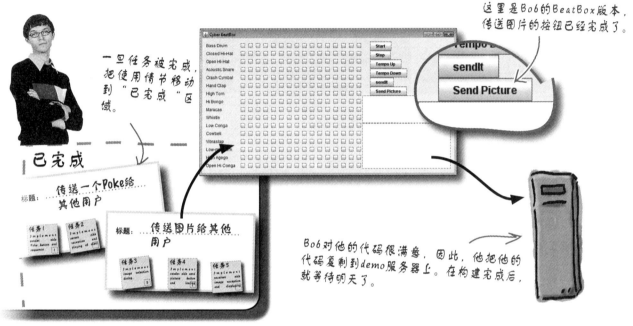

这里是Bob的BeatBox版本，传送图片的按钮已经完成了。

一旦任务被完成，把使用情节移动到"已完成"区域。

已完成

标题：传送一个Poke给其他用户

任务1 · 任务2

标题：传送图片给其他用户

任务3 · 任务4 · 任务5

Bob对他的代码很满意，因此，他把他的代码复制到demo服务器上。在构建完成后，就等待明天了。

没有愚蠢的问题

问： 我不熟悉网络代码，刚才增加这些网络代码做了什么事？

答： 在发送端，我们把序列设置（sequence settings）表示为核查方框（checkboxes）构成的阵列。我们并不真正关心它们的设置是什么，因为在接收方，我们并不使用它们。然而，我们还需要发送一些数据，这样，已有的代码就可以工作。我们采用Java的对象序列化（object serialization）机制，把核查方块构成的阵列和秘密的消息作为数据流去传送。秘密消息会触发另外一端的警示。在接收端，我们阻止秘密消息和核查方块构成的阵列。所有的序列化和去序列化（deserialization）都由Java处理。

问： 在我们编译代码前，我们为何要创建bin目录？

答： 我们在下一章将更详细地谈论这一问题，但是，一般来讲，把编译过的代码和源代码分开是一个好的想法。这样的话，当你做修改时，清理和构建的工作都会简单得多。"bin"这个名字并没有什么特别之处，只是为了方便，它是"binaries"的缩写，即编译代码。

问： 等等，Bob刚才把代码合并到demo服务器上吗？

答： 啊，是的……

向客户演示新的BeatBox

我们准备开始。代码已经写好了，测试工作也完成了，并且都
被复制到demo服务器上了。Bob完成了最后一项构建，因此，
我们把客户召集起来，准备让大家伙高兴高兴。

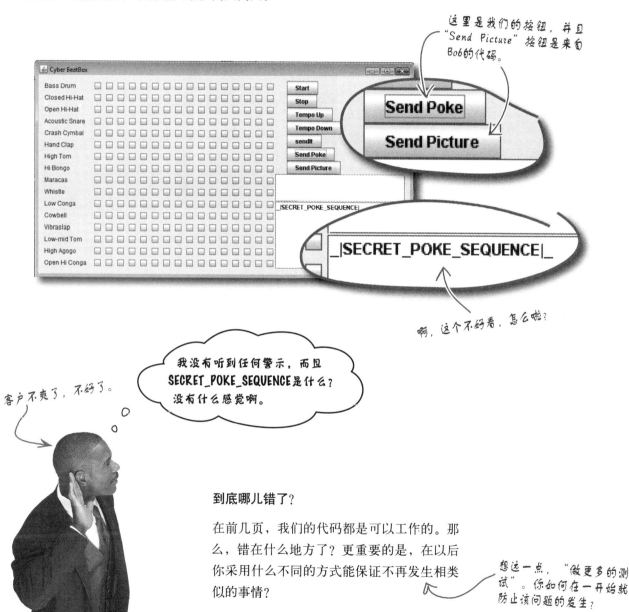

这里是我们的按钮，并且
"Send Picture"按钮是来自
Bob的代码。

啊，这个不好看，怎么啦？

我没有听到任何警示，而且
SECRET_POKE_SEQUENCE是什么？
没有什么感觉啊。

客户不爽了，不好了。

到底哪儿错了？

在前几页，我们的代码都是可以工作的。那
么，错在什么地方了？更重要的是，在以后
你采用什么不同的方式能保证不再发生相类
似的事情？

想这一点，"做更多的测
试"。你如何在一开始就
防止该问题的发生？

有些事情明显的是错了。下面是在我们的机器上编译的部分代码，并且来自demo机器上的同一段代码。看看你能否弄清楚是怎么回事？

这里的代码来自我们的机器——当我们运行它时，它工作得很好。

```
public class RemoteReader implements Runnable {
  boolean[] checkboxState = null;
  String nameToShow = null;
  Object obj = null;

  public void run() {
    try {
      while((obj=in.readObject()) != null) {
        System.out.println("got an object from server");
        System.out.println(obj.getClass());
        String nameToShow = (String) obj;
        checkboxState = (boolean[]) in.readObject();
        if (nameToShow.equals(POKE_START_SEQUENCE)) {
          playPoke();
          nameToShow = "Hey! Pay attention.";

        otherSeqsMap.put(nameToShow, c
        listVector.add(nameToShow);
        incomingList.setListData(list\
      } // close while
    } catch (Exception ex) { ex.print
  } // close run
```

这里是demo服务器上的代码——这些代码是失败的。

```
public class RemoteReader implements Runnable {
  boolean[] checkboxState = null;
  String nameToShow = null;
  Object obj = null;

  public void run() {
  try {
    while ((obj = in.readObject()) != null) {
      System.out.println("got an object from server");
      System.out.println(obj.getClass());
      String nameToShow = (String) obj;
      checkboxState = (boolean[]) in.readObject();
      if (nameToShow.equals(PICTURE_START_SEQUENCE)) {
          receiveJPEG();
        }
      else {
        otherSeqsMap.put(nameToShow, checkboxState);
        listVector.add(nameToShow);
        incomingList.setListData(listVector);
      }
    } // close while
  } catch (Exception ex) {
    ex.printStackTrace();
  }
} // close run
```

错在哪儿？...

....

....

这是怎么发生的？.................................

....

....

你能做什么？...

....

....

碰头会议

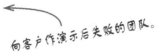

向客户作演示后失败的团队。

Mark：哇！Bob，你真的把demo搞砸了。

Bob：你在说什么呀？我的代码在工作！

Laura：但是，你弄坏了我们准备去做演示的使用情节！在你之前，它工作得很好。

Bob：等等，怎么怪我？你要求我复制我的代码到demo服务器上以便构建它。当我这么做的时候，我看到你们已做了很多修改。这就乱了。

Mark：所以，你就直接复制过去了吗？

Bob：没有——我花了大把时间去比较两个文件，想弄清楚你们和我都修改了些什么。更糟的是，你们在代码中把一些变量都重新命名了。因此，我还得把它们清理出来。我把按钮的部分弄对了，但我想接收端的代码是不是弄错了。

Laura：那么，我们还有可以运行的Poke代码吗？

Bob：我想没有了。我用新的名字复制了我的代码，并将其合并到你们构建的文件中了。我没有提前做一份拷贝。

Mark：不好了。在我的机器上可能有一个备份，但我不知道是否是最新的。Laura，你有吗？

Laura：我可能有，但我已经开始做新的东西了，因此，我以后要备份全部的修改。看来，我们真地需要想个比较好的方法去处理这些问题。这会花我们太多的时间去搜索和查询了，并且可能会增加一些错误……

更不用说，我们的工作量完成状况又走到<u>错误方向</u>上去了。

从版本控制开始

你会知道这是指配置管理，一个稍微正式一点的术语。

在整个项目中，一直跟踪源代码（或任何种类的文件）是非常困难的工作。你有很多人工作在这些文件上，有时是同一个文件，有时是不同的文件。任何重要的软件项目都需要**版本控制**，通常也叫做**配置管理**（Configuration management），或缩写为CM。

版本控制是一个工具（通常是一个软件），它能跟踪你的文件的变化，以及帮助你去协调在同一时间，不同的开发人员工作在系统的不同部分。以下是概要地讲述版本控制是如何工作的。

❷ Bob对代码做了一些修改，同时对代码进行测试。

Bob的机器

❶ Bob从服务器上**调出**BeatBox.java做检查。

"调出"指你复制一份BeatBox.java的副本，并对副本做检查。

> 我需要BeatBox.java文件

版本控制服务器检查文件并且回送最新的版本给开发人员。

找到了，给你……

> 我也需要BeatBox.java文件

1.5 当Bob工作在该版本上时，团队中剩下的人可以**检查**BeatBox.java的1.0版本。

当Bob在他的机器上做修改时，其他的人可以得到一份原文件的副本。

Found it, here ya go...

运行版本控制软件的服务器

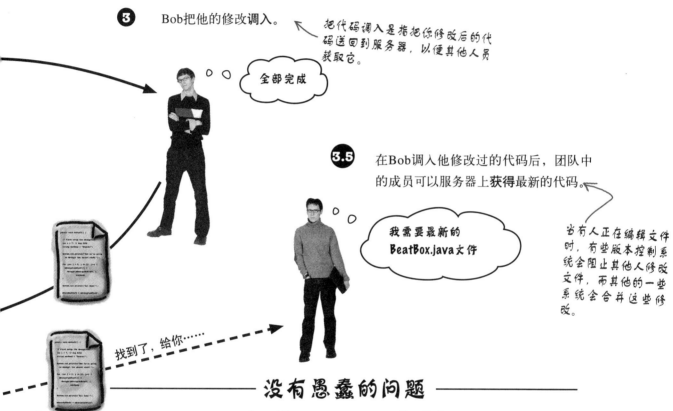

3 Bob把他的修改调入。

把代码调入是指把你修改后的代码送回到服务器，以便其他人员获取它。

全部完成

3.5 在Bob调入他修改过的代码后，团队中的成员可以服务器上**获得**最新的代码。

我需要最新的
BeatBox.java文件

当有人正在编辑文件时，有些版本控制系统会阻止其他人修改文件，而其他的一些系统会合并这些修改。

找到了，给你……

没有愚蠢的问题

问： 如果版本控制是一种软件产品，我应该用哪一个版本控制产品？

答： 有很多版本控制工具可供选择，商业化的和开放源代码的版本控制工具都有。最流行的开放源代码的版本控制工具叫Subversion，这是我们在本章使用的。微软的开发工具Visual Studio很适合搭配微软的版本控制工具，叫做Visual SourceSafe，或微软的新团队基础产品。

不同的版本控制工具之间其功能是大同小异的，但其中有些工具则提供了不同的方式进行软件版本的控制。例如，有些商业化的系统有严格的访问控制，控制你在哪里提交代码，以便你的组织机构能控制什么代码进入到要构建的系统，其他工具以虚拟的目录向你显示文件的不同版本。

问： 你只用了一个文件和两个开发人员为例，我想它能做的还有很多，对吗？

答： 对的。事实上，一个好的版本控制工具真是你管理一个团队的唯一方法。我们将需要一些更强大的功能（如合并修改，标记版本等），而且很快……

创建目录

首先，建立你的项目……

我们假设你已安装了版本控制软件。如果还没有，你可以在Subversion站点上下载该软件。

使用版本控制的第一步是把你的代码放进你的**存储目录**（Repository），那是存储代码的地方。把你的代码放进存储目录并不需要太多的技巧，只是把源文件组织在你的机器上，并且在存储目录中创建项目。

① 首先创建存储目录——在版本控制工具安装好后，只需要做一次，以后只是把项目增加到相同的存储目录。

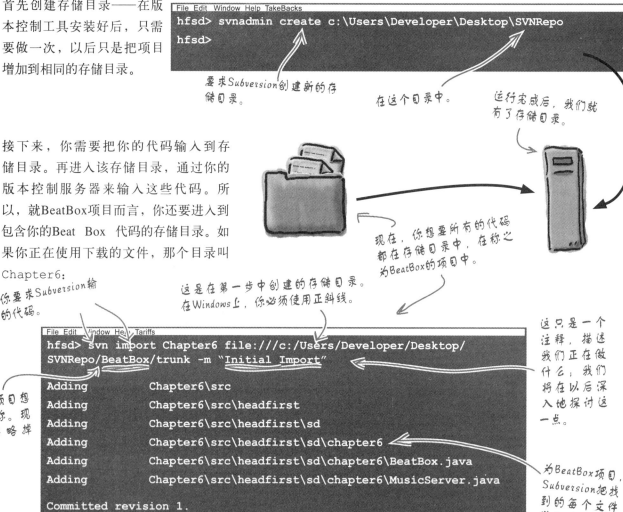

```
File Edit Window Help TakeBacks
hfsd> svnadmin create c:\Users\Developer\Desktop\SVNRepo
hfsd>
```

要求Subversion创建新的存储目录。

在这个目录中。

运行完成后，我们就有了存储目录。

② 接下来，你需要把你的代码输入到存储目录。再进入该存储目录，通过你的版本控制服务器来输入这些代码。所以，就BeatBox项目而言，你还要进入到包含你的Beat Box 代码的存储目录。如果你正在使用下载的文件，那个目录叫Chapter6：

现在，你想要所有的代码都在存储目录中，在称之为BeatBox的项目中。

这里你要求Subversion输入你的代码。

这是在第一步中创建的存储目录。在Windows上，你必须使用正斜线。

这只是一个注释，描述我们正在做什么；我们将在以后深入地探讨这一点。

```
File Edit Window Help Tariffs
hfsd> svn import Chapter6 file:///c:/Users/Developer/Desktop/
SVNRepo/BeatBox/trunk -m "Initial Import"

Adding            Chapter6\src
Adding            Chapter6\src\headfirst
Adding            Chapter6\src\headfirst\sd
Adding            Chapter6\src\headfirst\sd\chapter6
Adding            Chapter6\src\headfirst\sd\chapter6\BeatBox.java
Adding            Chapter6\src\headfirst\sd\chapter6\MusicServer.java

Committed revision 1.

hfsd>
```

这里是项目想叫的名称。现在，忽略掉"trunk"。

为BeatBox项目，Subversion把找到的每个文件增加到存储目录中。

*你可以从http://svnbook.red-bean.com/得到全部的Subversion文档。

…接着，把代码调入及调出

现在，你的代码已经在存储目录中了，你可以检查它们，修改它们，以及把更新过的代码重新调入进来。版本控制系统将保留你的源代码、你做的所有修改，并且能让你与你团队的其他成员分享你的修改。首先，检查你的代码（一般情况下，你的目录不必在你的本机上）：

❶ 为了检查你的代码，你只需要告诉版本控制软件你想检查什么项目，你要求在哪里存放所要的文件。

告诉Subversion检查代码的副本。

在存储目录中，从BeatBox项目中取出，并放入称之为BeatBox的本地目录中。

Subversion从存储目录中取出文件，并把它们复制到新的BeatBox目录中（或已有的BeatBox目录）

```
File Edit  Window Help  Gir..e
hfsd> svn checkout file:///c:/Users/Developer/Desktop/SVNRepo/
BeatBox/trunk BeatBox

A       BeatBox\src
A       BeatBox\src\headfirst
A       BeatBox\src\headfirst\sd
A       BeatBox\src\headfirst\sd\chapter6
A       BeatBox\src\headfirst\sd\chapter6\BeatBox.java
A       BeatBox\src\headfirst\sd\chapter6\MusicServer.java

Checked out revision 1.

hfsd>
```

❷ 现在你可以像往常一样修改你的代码，直接对从版本控制系统调出的文件进行编译和保存。

由于Bob在编写"Send Picture"的使用情节时，破坏了功能，你现在可以重新实施Poke使用情节。

这是标准的.java文件。Subversion并没有改变它，它还是原来的代码。

❸ 然后你提交回修改过的代码到目录中，并附带上你做过那些修改的信息。

告诉Subversion确认你的修改；它将弄清楚你已修改了哪些文件。

这是一个日志信息，指明你做了什么。

```
File Look What IDid
hfsd> svn commit -m "Added POKE support."

Sending          src\headfirst\sd\chapter6\BeatBox.java
Transmitting file data .
Committed revision 2.

hfsd>
```

由于你只修改了一个文件，Subversion只传送它到存储目录——注意，你现在有了一个新的修订号。

大多数版本控制工具将试图帮你解决问题

假设在BeatBox失败前,你就有了版本控制系统。你检查完代码,以便实施SendPoke,这时Bob可能会修改他的代码,并且在SendPicture上提交他的工作:

Bob试图检查他的代码……

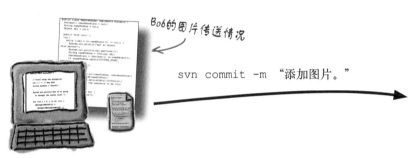

Bob的图片传送情况

svn commit -m "添加图片。"

这里是你的代码,安全无恙地保存在存储目录中。

……但很快便碰到问题

你和Bob对同一文件做了修改,刚好老把你的修改过的代码保存在存储目录中。

在服务器上的代码,并带有你的修改。

Bob的代码

```java
public class RemoteReader implements Runnable {
  boolean[] checkboxState = null;
  String nameToShow = null;
  Object obj = null;

  public void run() {
   try {
    while ((obj = in.readObject()) != null) {
     System.out.println("got an object from server")
     System.out.println(obj.getClass());
     String nameToShow = (String) obj;
     checkboxState = (boolean[]) in.readObject();
     if (nameToShow.equals(PICTURE_START_SEQUENCE)) {
      receiveJPEG();
     }
     else {
      otherSeqsMap.put(nameToShow, checkboxState);
      listVector.add(nameToShow);
      incomingList.setListData(listVector);
      // now reset the sequence to be this
     }
    } // close while
   } catch (Exception ex) {
     ex.printStackTrace();
   }
  } // close run
} // close inner class
```

Bob's BeatBox.java

```java
public class RemoteReader implements Runnable {
  boolean[] checkboxState = null;
  String nameToShow = null;
  Object obj = null;

  public void run() {
   try {
    while((obj=in.readObject()) != null) {
     System.out.println("got an object from server");
     System.out.println(obj.getClass());
     String nameToShow = (String) obj;
     checkboxState = (boolean[]) in.readObject();
     if (nameToShow.equals(POKE_START_SEQUENCE)) {
      playPoke();
      nameToShow = "Hey! Pay attention.";
     }
     otherSeqsMap.put(nameToShow, checkboxState);
     listVector.add(nameToShow);
     incomingList.setListData(listVector);
    } // close while
   } catch(Exception ex) {ex.printStackTrace();}
  } // close run

  private void playPoke() {
    Toolkit.getDefaultToolkit().beep();
  }
} // close inner class
```

BeatBox.java

服务器试图合并你们的修改

如果两个人对同一个文件做修改，但修改的地方不同，大多数版本控制系统会将这些修改合并在一起。这样的方式不总是你所希望的，但多数情况下，它是非常有用的。

没有冲突的代码和方法容易处理

在BeatBox.java中，你增加playPoke()方法，所以在版本控制服务器上的代码有这个方法。但Bob的代码中没有playPoke()方法，因此，就存在潜在的问题。

在服务器上的版本有playPoke()方法。

*这里没有什么事情 Bob没
有playPoke()方法。*

```
private void playPoke() {
    Toolkit.getDefaultToolkit().beep();
}
```

Bob's BeatBox.java

BeatBox.java

版本控制软件会合并文件

在这样的情况下，你的版本控制服务器会简单地合并两个文件。换句话讲，playPoke()方法会被并入Bob的文件中（Bob的文件中没有playPoke()方法），最后，在服务器上你得到BeatBox.java仍然会保留playPoke()方法。因此，还没有任何问题……

但冲突代码是一个问题

但如果在同一方法中有不同的代码呢？下面的情况就是这样，BeatBox.java的Bob版本和在服务器上的版本都用了run()方法，但代码有些不同：

两段代码在同一地方，但不清楚如何合并它们。

```
if (nameToShow.equals(PICTURE_START_SEQUENCE)) {
    receiveJPEG();
} else {
    otherSeqsMap.put(nameToShow, checkboxSt
    listVector.add(nameToShow);
    incomingList.setListData(listVector);
}
```

```
if (nameToShow.equals(POKE_START_SEQUENCE)) {
    playPoke();
    nameToShow = "Hey! Pay attention.";
}
otherSeqsMap.put(nameToShow, checkboxState)
listVector.add(nameToShow);
incomingList.setListData(listVector);
```

Bob's BeatBox.java

BeatBox.java

如果你的软件不能合并修改，就会产生冲突

如果两个人修改了同一段代码，版本控制系统没办法知道该怎么合并出最后的版本。当这种情况出现时，大多数系统会拒绝合并把文件退回到提交代码的人，要求他们查找问题。

Subversion会拒绝你的提交。你可以用更新命令，将修改并入到你的代码中，并且Subversion将标记文件中有冲突的代码行……在你查找到冲突之后，你可以重新提交。

```java
public class RemoteReader implements Runnable {
  boolean[] checkboxState = null;
  String nameToShow = null;
  Object obj = null;

  public void run() {
  try {
    while ((obj = in.readObject()) != null) {
      System.out.println("got an object from server");
      System.out.println(obj.getClass());
      String nameToShow = (String) obj;
      checkboxState = (boolean[]) in.readObject();
      if (nameToShow.equals(PICTURE_START_SEQUENCE)) {
        receiveJPEG();
      }
      else {
        otherSeqsMap.put(nameToShow, checkboxState);
        listVector.add(nameToShow);
        incomingList.setListData(listVector);
        // now reset the sequence to be this
      }
    } // close while
  } catch (Exception ex) {
    ex.printStackTrace();
  }
} // close run
}  // close inner class
```

Bob's BeatBox.java

你的版本控制软件不知道如何处理这些冲突的代码，因此，它要保护每个人，它拒绝提交新的代码，并标记问题在哪里。

```java
public class RemoteReader implements Runnable {
  boolean[] checkboxState = null;
  String nameToShow = null;
  Object obj = null;

  public void run() {
   try {
     while((obj=in.readObject()) != null) {
       System.out.println("got an object from server");
       System.out.println(obj.getClass());
       String nameToShow = (String) obj;
       checkboxState = (boolean[]) in.readObject();
       if (nameToShow.equals(POKE_START_SEQUENCE)) {
         playPoke();
         nameToShow = "Hey! Pay attention.";
       }
       otherSeqsMap.put(nameToShow, checkboxState);
       listVector.add(nameToShow);
       incomingList.setListData(listVector);
     } // close while
   } catch(Exception ex) {ex.printStackTrace();}
   } // close run

   private void playPoke() {
     Toolkit.getDefaultToolkit().beep();
   }
} // close inner class
```

BeatBox.java

解决冲突：这里的文件是版本控制软件退回给Bob的，并标记了冲突发生的地方。Bob最后提交的代码看起来应该像什么样子。

```
public class RemoteReader implements Runnable {
  // variable declarations
  public void run() {
  try {
    // code without problems

<<<<<<< .mine
      if (nameToShow.equals(
                PICTURE_START_SEQUENCE)) {
       receiveJPEG();
      } else {
       otherSeqsMap.put(
                nameToShow, checkboxState);
       listVector.add(nameToShow);
       incomingList.setListData(listVector);
       // now reset the sequence to be this
      }
=======
      if (nameToShow.equals(
                POKE_START_SEQUENCE)) {
        playPoke();
        nameToShow = "Hey! Pay attention.";
      }
      otherSeqsMap.put(
                nameToShow, checkboxState);
      listVector.add(nameToShow);
      incomingList.setListData(listVector);
>>>>>>> .r2
    } // close while
   // more code without problems
} // close run
} // close inner class
```

具有冲突的文件得到了两个本地的修改，Bob的修改和服务器上的修改。在 "<<<<<<< .mine" 和 "===" 是Bob的修改，之后一直到 ">>>>>>> .r2" 是服务器上的修改。

```
public class RemoteReader implements
Runnable {
  // variable declarations
  public void run() {
  try {
    // code without problems

....................................................
....................................................
....................................................
....................................................
....................................................
....................................................
....................................................
....................................................
....................................................
....................................................
....................................................
....................................................
....................................................
....................................................
....................................................
....................................................
    } // close while
   // more code without problems
} // close run
} // close inner class
```

解决冲突

解决冲突：这里的文件是版本控制软件退回给Bob的，并标记了冲突发生的地方。Bob最后提交的代码看起来应该像什么样子。

```java
public class RemoteReader implements Runnable {
  // variable declarations
  public void run() {
  try {
    while ((obj = in.readObject()) != null) {
      System.out.println("got an object from server");
      System.out.println(obj.getClass());
      String nameToShow = (String) obj;
      checkboxState = (boolean[]) in.readObject();
      if (nameToShow.equals(PICTURE_START_SEQUENCE)) {
        receiveJPEG();
      }
      else {
       if (nameToShow.equals(POKE_START_SEQUENCE)) {
         playPoke();
         nameToShow = "Hey! Pay attention.";
       }

        otherSeqsMap.put(nameToShow, checkboxState);
        listVector.add(nameToShow);
        incomingList.setListData(listVector);
        // now reset the sequence to be this
      }
    } // close while
  } catch (Exception ex) {
    ex.printStackTrace();
  }
} // close run
} // close inner class
```

我们需要支持图片序列和Poke序列，因此，我们需要合并条件。

确认你删除了冲突字符（<<<<<<<、=======、和>>>>>>>）。

对你自己的BeatBox.java副本做这些修改，并把它们提交到代码存储目录：

首先，告诉Subversion你用 "resolved" 命令解决了文件中的冲突。

如果你真是没有从Subversion得到任何冲突，你可以跳过这一步。

现在，提交文件到你的服务器，增加一条注释说明你做了什么。

```
File Edit Window Help Tranquility
hfsd> svn resolved src/headfirst/sd/chapter6/BeatBox.java
Resolved conflicted state of 'BeatBox.java'

hfsd> svn commit -m "Merged picture support with Poke stuff."
Sending        src\headfirst\sd\chapter6\BeatBox.java
Transmitting file data .
Committed revision 3.

hfsd>
```

现在向客户演示……

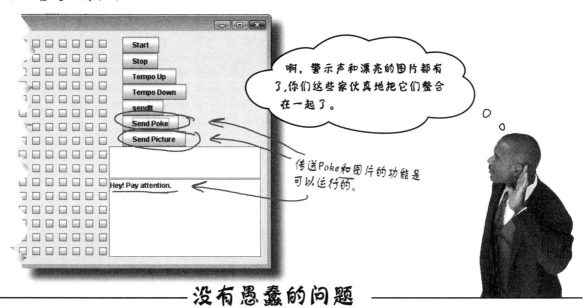

没有愚蠢的问题

问： 我知道如何调出和提交我的工作，但在团队中的其他成员如何获得我的修改？

答： 一旦你完成项目的提交，你就可以运行svnupdate。这样就是告诉版本控制服务器给出你项目中所有文件的最新版本。团队中多数成员每天早上会运行更新，以保证他们与其他人的工作同步。

问： 整个关于冲突的事情看起来令人恐惧。除开差错，我的版本控制软件不能为我做一些其他的事情吗？

答： 有可能。某些版本控制工具以文件**锁定模式** (File locking mode) 的方式工作，这意味着当你调出文件时，系统就会锁住你要调出的文件，因此，其他人就不能调出这些文件。一旦你修改了这些文件并退回这些文件，系统就释放这些文件。这种方式阻止了冲突，因为在同一时间，只有一个人可以编辑这个文件。但是，这同样说明当你想对文件进行修改时，你可能并不一定能对文件进行修改；你可能需要先等待其他人结束他的修改工作。为了规避这些问题，有些基于锁机制的版本控制系统，允许你当文件被锁住时在准备模式下调出文件。但这有点难处理，所以其他像Subversion这样的工具允许多个人在同一时间工作在同一文件上。良好的设计和分工，频繁地提交和良好的沟通有助于减少时间上需要手工合并文件的次数。

问： 什么是主干，你一直说要先忽略它？

答： Subversion的作者们推荐把你的代码放到一个称之为主干（Trunk）的目录中。然而，其他的版本控制系统可能要进入到称之为分支（Branches）的目录之中。一旦你导入你的代码，主干就不再显示出来，除非在初始调出期间。在本章中，我们将在以后更多地讨论分支，但现在，我们继续用主干。

问： 当我进行提交时，我的信息都去了哪儿？

答： Subversion跟踪你每一次的修改并将其保存在存储目录中，同时附带修改的这些信息。这能让你知道为何做这些修改，例如，如果你需要回头看看并弄清楚为何要做修改时。这就是为何当你进行提交时，你总是要使用有意义的、能诠释的信息。你第一次回头检查旧的注释时，同时又发现"我修改了某些东西"的日志信息，你会非常气恼。

问： 我要在同时一起提交我的全部修改吗？

答： 不，不是！就像你在做"Resolved"命令一样，只要在提交命令上增加指向文件名的路径就可以了。Subversion只提交你指定的文件。

开发循环越多，故事越丰富

事情进展顺利。客户对Poke和Picture的支持感到满意，经过另一个开发循环之后，我们觉得Version 1.0差不多完成了。几次开发循环后，我们每个人都在期待Version 2.0。有更多的使用情节需要去实施……

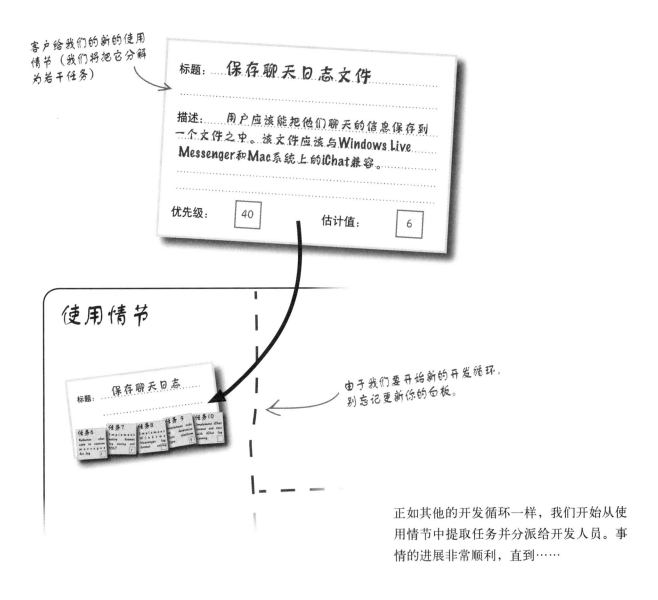

客户给我们的新的使用情节（我们将把它分解为若干任务）

标题：保存聊天日志文件

描述：用户应该能把他们聊天的信息保存到一个文件之中。该文件应该与Windows Live Messenger和Mac系统上的iChat兼容。

优先级： 40   估计值： 6

使用情节

标题：保存聊天日志

由于我们要开始新的开发循环，别忘记更新你的白板。

正如其他的开发循环一样，我们开始从使用情节中提取任务并分派给开发人员。事情的进展非常顺利，直到……

碰头会议

Bob：嗨，伙计们。好消息：我准备用Windows Messenger 版本开发，进展顺利。但也有坏消息，SendPicture功能中的图像处理存在一个漏洞，我得回到第一个开发循环。

Laura：那不是太好喔。我们可以等你修补该漏洞吗？

Bob：我想不行。如果有人搞清楚了如何发送恶意的图片，这就是一个潜在的安全漏洞。用户将对这件事非常地恼怒。

Mark：这表示用户真会因为这件事情而恼怒。你能修补它吗？

Bob：我能修补它。但在新的使用情节和日志文件上，还有很多代码等着我去修改，而且这些还没有准备好。

Laura：所以，我们打算倒回到你的修改，发布需打补丁的1.0版本。

Mark：我们要倒回到哪里？对很多文件都做了一点修改。我怎么知道哪一个是1.0版本？

Bob：忘掉1.0版本吧，我们手上的工作怎么办？如果你打算倒回去，会把我们过去做的每件事情放弃。

团队陷于了困境——在发布的版本中，有一个严重的漏洞，但在新的版本中已投入了很多精力。但新的版本还没有准备发布。你怎么办？

我们的软件具有一个以上的版本……

到这里，真正的问题是我们的软件不止有一个版本，或者更准确地说，需要我们去修改的源代码有一个以上的版本。我们完成1.0版本的代码构建和发布，但Bob发现存在一个很严重的漏洞。最为重要的是，我们的2.0版本已经在进行当中，但在2.0版本中，又充满了未经测试和不能工作的功能。

我们需要以某种方式将它们分开……

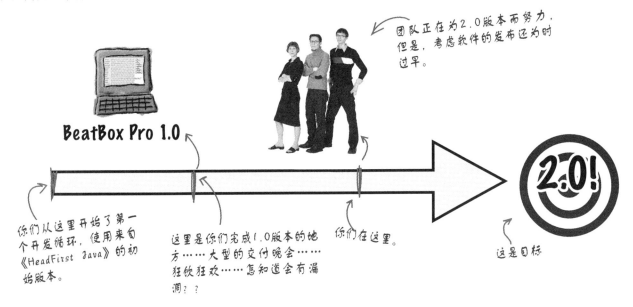

BeatBox Pro 1.0

团队正在为2.0版本而努力，但是，考虑软件的发布还为时过早。

你们从这里开始了第一个开发循环，使用来自《HeadFirst Java》的初始版本。

这里是你们完成1.0版本的地方……大型的交付晚会……狂饮狂欢……怎知道会有漏洞？？

你们在这里。

这是目标

本章要点

■ 对客户而言，已发布的软件的漏洞比实施新的功能具有更高的优先级。

■ 漏洞的修复对发布的软件有影响，并且要在正在进行中的软件版本中实施修复。

■ 有效的漏洞修复取决于定位出特定的版本，并且在不影响现有开发的情况下，对这些版本进行修改。

你总是处在两难境地：已发布的版本中漏洞和下一个版本的新功能。由你与客户沟通，平衡这两难。

你不停地说"1.0版本",但那是什么意思？从那时起，我们已提交了一堆修改到存储目录。

有些系统称之为头或主行

缺省时，版本控制软件给你的是来自主干的代码

你是正确的。当你从版本控制系统中调出代码时，你正在从**主干**中调出代码。那是默认的最新代码，并且全部都是最新的漏洞功能（假定开发人员都是有规律地提交他们的修改）。

还记得一直出现的主干吗？那是最新的和伟大的代码被存储的地方。

```
File  Edit  Window  Help
hfsd> svn checkout file:///c:/Users/Developer/Desktop/SVNRepo/
BeatBox/trunk BeatBox
A      BeatBox\src
A      BeatBox\src\headfirst
A      BeatBox\src\headfirst\sd
A      BeatBox\src\headfirst\sd\chapter6
A      BeatBox\src\headfirst\sd\chapter6\BeatBox.java
A      BeatBox\src\headfirst\sd\chapter6\MusicServer.java

Checked out revision 1.

hfsd>
```

即使软件版本没有被标出来，但我在某个地方有1.0版本的代码，对吗？我们只是需要以某种方式在服务器上找到它……

版本控制软件储存了全部代码

每次当你向版本控制系统提交代码时，修订号附加在软件的修改处。因此，如果你能判断出发布的1.0版的软件的修订号，事情就好办。

```
File  Edit  Window  Help
hfsd> svn commit -m "Added POKE support."

Sending         src\headfirst\sd\chapter6\BeatBox.java
Transmitting file data .
Committed revision 18.

hfsd>
```

这里是这一组修改后的修订号；每提交一次，修订号就增加一次。

良好的提交信息使查找旧的软件版本更加容易

每次你向版本控制系统提交代码时，你都附上了清晰的描述信息，对吗？下面说说它们的重要性。正像每次提交都能得到修改号一样，版本控制软件也保存着你提交的信息并附带上了修订号，并且，你可以在日志文件中查看它们：

……指定哪个文件去获得日。

为了获得日志文件，我们使用"log"命令……

Subversion回应给我们那个文件的全部日志条目。

这里是修订号……

这里是附带的日志信息。

Subversion一直跟踪谁在什么时间做了什么修改。

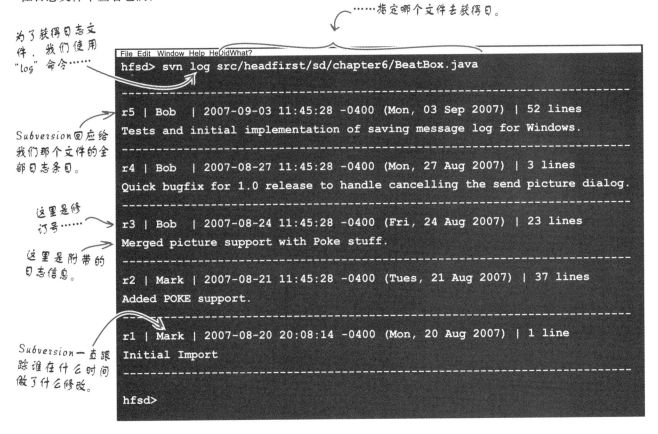

```
hfsd> svn log src/headfirst/sd/chapter6/BeatBox.java
------------------------------------------------------------
r5 | Bob | 2007-09-03 11:45:28 -0400 (Mon, 03 Sep 2007) | 52 lines
Tests and initial implementation of saving message log for Windows.
------------------------------------------------------------
r4 | Bob | 2007-08-27 11:45:28 -0400 (Mon, 27 Aug 2007) | 3 lines
Quick bugfix for 1.0 release to handle cancelling the send picture dialog.
------------------------------------------------------------
r3 | Bob | 2007-08-24 11:45:28 -0400 (Fri, 24 Aug 2007) | 23 lines
Merged picture support with Poke stuff.
------------------------------------------------------------
r2 | Mark | 2007-08-21 11:45:28 -0400 (Tues, 21 Aug 2007) | 37 lines
Added POKE support.
------------------------------------------------------------
r1 | Mark | 2007-08-20 20:08:14 -0400 (Mon, 20 Aug 2007) | 1 line
Initial Import
------------------------------------------------------------
hfsd>
```

通过日志信息查找功能

你已经开始去弄清楚哪些功能在软件系统中，此案例中，指的是1.0版本。然后，你就能弄清楚哪些修订与之相匹配。

使用上面的日志文件，你认为哪一修订版本与BeatBox Pro 1.0版本一致？

记录下为了得到1.0版本，你想要调出的修订号。

现在你可以调出 1.0 版本

在Subversion中，-r指明你
想要的代码的特定修订版。 我们正在抓取第4次修订版。

1 一旦你知道要调出哪一个修订版本时，版本控制系统能给你需要的代码：

这会将代码放到为1.0版本准备的新的目录中。

```
File Edit Window Help ThatOne
hfsd> svn checkout -r 4 file:///c:/Users/Developer/Desktop/
SVNRepo/BeatBox/trunk BeatBoxV1.0
A       BeatBoxV1.0\src
A       BeatBoxV1.0\src\headfirst
A       BeatBoxV1.0\src\headfirst\sd
A       BeatBoxV1.0\src\headfirst\sd\chapter6
A       BeatBoxV1.0\src\headfirst\sd\chapter6\BeatBox.java
A       BeatBoxV1.0\src\headfirst\sd\chapter6\MusicServer.java

Checked out revision 4.

hfsd>
```

2 现在你可以修复 Bob发现的漏洞……

BeatBox.java

版本控制服务器再一次给你
标准的，可工作的Java代码

3 完成修改后，向服务器提交你的代码……

喔喔，看起来服务器对你更新的代码不满意。

```
File Edit Window Help Trouble
hfsd> svn commit src/headfirst/sd/chapter6/BeatBox.java -m
"Fixed the critical security bug in 1.0 release."
Sending         src\headfirst\sd\chapter6\BeatBox.java
svn: Commit failed (details follow):

svn: Out of date: '/BeatBox/trunk/src/headfirst/sd/chapter6/
BeatBox.java' in transaction '6-1'

hfsd>
```

准备练习

发生了什么事？ ....
....
为什么？ ....
....
那么，现在我们怎么办？ ....
....

（紧急）碰头会议

如果发现问题，不要等到明天。把每个人抓来，召集一个临时的碰头会。

Laura：我们以前调出1.0版本是没有什么问题的，但现在版本控制服务器不允许我们提交回我修改过的代码，提示说我们的文件过期了。

Mark：哦，你知道的。那可能是好事情。如果我们能提交，就不能成为第六次修订版，那不是意味着最新的版本中没有Bob的修改？

Bob：嗨，说的没错。你可能用旧的1.0版本跳过了我的代码。我不想我的心血白费！

Laura：你应该在你本地的机器上有存档吧，对吗？只要把它与新修改过的文件合并之后再提交，就可以了。

Bob：啊！这种办法很差劲；是件苦差事。如果下次我们发现了一个漏洞，还需要在1.0版本上打补丁，怎么办？

Mark：我们必须记住新的1.0修订版是什么。一旦我们弄清楚如何提交这些代码，我们将记录下修改号，并用该修改号作为针对1.0的其他修改的代码基础。

Laura：新的1.0修改？我们不是到了1.1版吗？

Bob：是啊！没错。但还是有一点儿乱……

准备练习

上述方法是对1.0版本（或者是1.1版本？）处理以后的修改问题，写下3个其中存在的问题。

1. ....
   ....
2. ....
   ....
3. ....
   ....

答案在217页

标记你的软件版本

修订系统（Revision system）非常的棒，能让我们回到我们正在寻找的版本的代码，并且幸运的是日志信息能足够帮助我们弄清楚我们需要修订的是什么。大多数版本控制工具提供了一个较好的方法，跟踪与该版本相应的有意义的事件，如发布或是一个开发循环的结束。它们被称为**标记**（Tag）。

让我们为BeatBox Pro标记代码，我们刚才把它确定为1.0版本。

1 首先，你需要为标注在存储目录中创建一个目录。为了项目，你只需要这样做一次。（这是Subversion特定的；多数版本控制工具不需要这类目录就支持标注。）

代替主干，在这里指定标记目录

你可以使用 mkdir 命令创建标记目录。

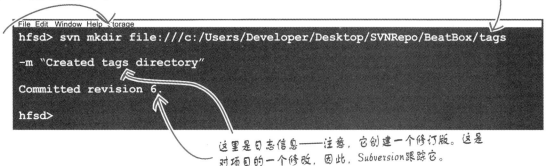

```
File Edit Window Help Storage
hfsd> svn mkdir file:///c:/Users/Developer/Desktop/SVNRepo/BeatBox/tags
-m "Created tags directory"

Committed revision 6.

hfsd>
```

这里是日志信息——注意，它创建一个修订版。这是对项目的一个修改，因此，Subversion跟踪它。

2 现在，标记初始的1.0发布版，也是来自存储目录中的第四次修订版。

我们想要主干的第四次修订版

使用Subversion，通过把你想要的修订版复制到标记目录中，创建了一个标记。Subversion实际上把版本标记与发布版关联在一起。

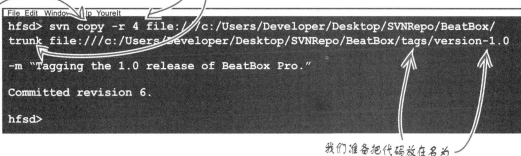

```
File Edit Window Help YoureIt
hfsd> svn copy -r 4 file:///c:/Users/Developer/Desktop/SVNRepo/BeatBox/
trunk file:///c:/Users/Developer/Desktop/SVNRepo/BeatBox/tags/version-1.0
-m "Tagging the 1.0 release of BeatBox Pro."

Committed revision 6.

hfsd>
```

我们准备把代码放在名为version-1.0的标记。

那又如何？

那么，我们能得到什么？好的，代替需要知道1.0版本的修订号，并且说svn checkout -r 4……你可以用以下方式调出版本1.0的代码：

```
svn checkout file:///c:/Users/Developer/Desktop/SVNRepo/BeatBox/tags/version-1.0
```

Subversion会记住标记与存储目录中的哪个修订版相一致。

现在我知道版本1.0在那里，太好了。但我们仍然有1.0的代码，并且必须提交这些修改。我们要提交我们更新的代码到1.0版本标记吗？

不！ 标记只是标记；它是你做标记处的代码的快照。你不想提交任何修改到该标记，否则1.0版本就变得毫无意义了。有些版本控制工具处理标记非常不同，以至于不可能提交任何修改到标记之中（Subversion不是这样，它可能提交到标记中，但这是很坏、很坏的想法）。

但是！ 我们能采用同样的想法，并为第四修订版做一个副本，第四修订版是我们将提交修改的地方；这就是所谓的分支。因此，**标记**是你的代码在某个时点的快照，而**分支**（Branch）是你修改代码的地方，而且不是在代码开发的主干上。

❶ 像标记一样，我们需要为项目中的分支创建一个目录。

代替主干，我们在这里指定分支目录。

再用*mkdir*命令创建分支目录。

```
File Edit Window Help Expanding
hfsd> svn mkdir file:///c:/Users/Developer/Desktop/SVNRepo/BeatBox/branches
-m "Created branches directory"
Committed revision 8.
hfsd>
```

❷ 现在，为存储目录中的第四修订版创建version-1分支。

我们想要主干的第四修订版

```
File Edit Window Help Duplicating
hfsd> svn copy -r 4 file:///c:/Users/Developer/Desktop/SVNRepo/BeatBox/trunk
file:///c:/Users/Developer/Desktop/SVNRepo/BeatBox/branches/version-1
-m "Branched the 1.0 release of BeatBox Pro."
Committed revision 9.
hfsd>
```

利用Subversion，你创建了像标记一样的分支，你把想要的修订版复制到了分支目录。Subversion实际上不会复制任何东西；它只是存储你提供的修改号。

我们想要把它放进名为version-1的分支之中（不是1.0版本，因为我们会用它代表1.1版本，1.2版本等）。

标记、分支和主干，哦，我的天!

你的版本控制系统已经有很多工作在进行，但大多数复杂的事情是由服务器来管理，你无需担心什么事情。我们已经标记了1.0版本的代码，在新的分支中做了修改，并且在主干中还在进行着开发。以下是存储目录的样子:

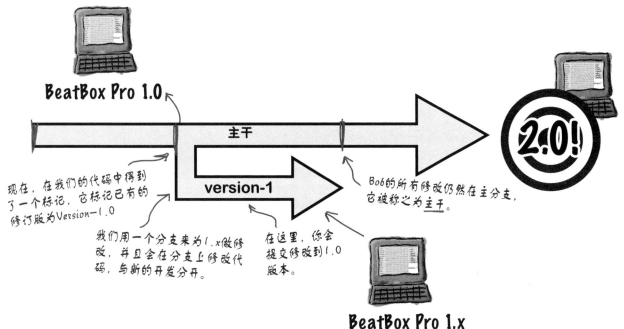

BeatBox Pro 1.0

主干

version-1

BeatBox Pro 1.x

现在，在我们的代码中得到了一个标记，它标记已有的修订版为Version-1.0

我们用一个分支来为1.x做修改，并且会在分支上修改代码，与新的开发分开。

在这里，你会提交修改到1.0版本。

Bob的所有修改仍然在主分支，它被称之为主干。

标记是你的代码的快照。你应该总是把修改提交到分支，而不是标记。

本章要点

- **主干**是正在进行开发工作的地方；它应该总是代表你的软件的最新版本。

- **标记**是在存储目录中附在特定修改项上的名称，以便你今后轻松地检索修订。

- 有时候，你可能需要把**同样的修改提交到分支和主干**，如果修改被用于二者的话。

- **分支**是你代码的副本，你可以对副本做修改，而不影响主干中的代码。分支通常从标记的版本开始。

- **标记是静态的**——你不要向标记提交修改。**分支**是你不想放**在主干中的修改**（或使代码不受主干中的修改的影响）。

这次，修改真正的1.0版本……

当我们每件事情都在主干中时，我们错误地试图提交旧的、打过补丁的代码到最新的代码之中。虽然，我们现在为1.0版本做了标记，并且作业在一个分支上。让我们在那个分支上，修改1.0版本。

❶ 首先，调出BeatBox代码的`version-1`分支：

注意，在这里我们不需要指定修订版。分支是1.0版本代码的副本。

这次，我们将把它放进 BeatBox V1 目录。

```
File Edit Window Help History
hfsd> svn checkout file:///c:/Users/Developer/Desktop/SVNRepo/BeatBox/
branches/version-1 BeatBoxV1

A    BeatBoxV1\src
A    BeatBoxV1\src\headfirst
A    BeatBoxV1\src\headfirst\sd
A    BeatBoxV1\src\headfirst\sd\chapter6
A    BeatBoxV1\src\headfirst\sd\chapter6\BeatBox.java
A    BeatBoxV1\src\headfirst\sd\chapter6\MusicServer.java

Checked out revision 9.

hfsd>
```

这些修订号不再有同等的重要性，因为我们使用标记来参照修订，而不是修订号。

❷ 现在开始修补Bob发现的漏洞……

BeatBox.java

这次，我们工作于来自 version-1 分支的代码

主干

version-1

我们工作在这里，在 version-1 的分支上。

❸　……提交回我们的修改，然而，这次没有冲突：

```
File  Edit  Window  Help  Sweet
hfsd> svn commit src/headfirst/sd/chapter6/BeatBox.java -m "Fixed the
critical security bug in 1.0 release."

Sending              src\headfirst\sd\chapter6\BeatBox.java

Committed revision 10.

hfsd>
```

在分支上
修改。

现在我们有两个代码库

通过这些修改，实际上，我们得到两组不同的代码：1.x分支，这里是
对版本1.0的修改；主干，这里有所有新开发的代码。

☑　在存储目录中的主干目录还有处在开发中的最新的和伟大的代码
　　（并且Bob也采用了安全修复）。

☑　在我们的标记目录中，我们有version-1.0标记，因此，我们可以
　　在任何时候拿出1.0版本。

☑　在分支目录中，我们有version-1分支。分支目录中有无需任何新
　　的开发工作的关键补丁。

不要忘记：当你发布带有这些补
丁的1.1版本时，在标记目录中，
创建version-1.1标记，这样，在
以后需要时，你可以直接在那个
版本上找到。

没有愚蠢的问题

问： 我已听说，分支是不好的想法，并且应该避免。为什么我们要谈到它们呢？

答： 分支不总是坏的事情；在软件开发中，它们有重要的地位。但它们与代价相关。我们在以后的几页中还要谈到它。

问： 标记还能做其他什么用？

答： 标记对跟踪发布的软件版本是非常有用的，但当软件进入测试或QA时，你可以用它跟踪版本，想一想alpha1, alpha2, beta1, ReleaseCandidate1, ReleaseCandidate2, External-Testing等。在每个开发循环的结束，为项目做好标记是好的做法。

问： 之前，你说不要提交修改给标记。指的是什么？同时你怎样防止其他人这样做？

答： 向标记提交修改是Subversion独有的问题；其他的版本控制工具直截了当地禁止向标记提交修改。像创建分支一样，Subversion用Copy命令创建标记，因此，从技术上讲，你能标记提交修改，就如同在存储目录中的其他地方一样。然而，这几乎总是一个坏的想法。你做标记的理由是能取回代码，并且所取回的代码**像你做标记的时候一样**。如果你把修改提交到标记之中，这样与最初标记的代码就不一样了。

Subversion有在标记目录上加上权限控制的方法，这样你能防止其他人提交修改到标记中。然而，如果一旦人们习惯使用Subversion，它通常不是一个主要的问题，并且你总是能够在一些特殊的情况下，将修改恢复到标记所示的状态。

问： 我们一直使用文件：///c:/……作为我们的存储目录。假如多个开发人员一起工作会怎样？

答： 好问题——在这里，你有很多事情可以做。首先，Subversion完全支持与web服务器的集成，这能让你指定存储目录的位置，如http://或https://。这时事情真的很有趣。例如，用https，你能与存储目录建立加密的连接。通过任何web方式，你可以在非常大型的网络上共享你的存储目录，而不用担心映射共享驱动器。这需要做一点配置工作，但从开发人员的角度来看，确实是非常好的。如果你不能使用http访问你的存储目录，Subversion支持通过SSH进行基于隧道技术的存储目录访问。调出Subversion（*http://svnbook.red-bean.com/*）的文档资料，可以获得更多如何设置的资料。

问： 当我执行log命令时，在所有的地方我看到相同的修订号。那是什么么？

答： 利用不同的版本控制工具做不同的版本编号。你所看到的是Subversion如何对修订**进行跟踪**。无论何时你提交文件时，Subversion在整个项目中都使用一个修订号。基本上讲，修订就是告诉大家"整个项目在第九次修订时就是这样"。这表示，如果你想在某一点上抓取项目时，只需要知道的就是修订号。其他的版本控制工具分别对每个文件确定版本号（如最有名的版本控制工具，CVS，它是Subversion的前辈）。那就表示，在特定的状态下，你要得到一个项目的副本，你需要知道每个文件的版本号。这实在不太实用，因此把标记变得更加关键。

问： 为什么要将1.0版本的代码放在分支，而不是将其留在主干中，而将新的开发工作放在分支里？

答： 这样可能行，但这个方法带来的问题是当开发工作继续时，你终究会埋在一堆分支里，而主干最后就变成最老的代码，所有的新工作反而深埋在分支里。因此，针对下个版本你有一个分支，再下个版本，你就有另外一个分支……

为较旧的软件版本使用分支，你逐渐会停止操作这些分支。（你认为微软会继续为Word95打补丁吗？）

问： 为了通过Subversion创建标记和分支，我们使用Copy命令，通常是这样吗？

答： 好的，对Subversion是这样的。那是因为Subversion的复制被设计成非常的"廉价"，这只是表示，指一个复制没有产生很多开销。当你创建一个复制时，Subversion实际上只标记了你复制来源的修订版，接着，保存这些相关的修改。其他的版本控制工具的做法则不同。例如，CVS特别提供了tag命令，而分支导致了文件的"真实"副本，说明它们要占用很多的时间和资源。

完成了1.0版本的安全漏洞的修复，我们回到我们原有的使用情节上来。Bob需要为BeatBox的应用实现两个不同的存储机制：一个是用户使用Mac操作系统，另一个是用户使用Windows系统。由于它们是完全不同的平台，这里Bob该做什么？

Bob该做什么？ ....
....
....
....

为什么？ ....
....
....
....

何时<u>不要</u>分支……

你是说Bob应该对他的代码做分支，以支持两种不同的功能吗？从**技术的角度**看，现代版本的控制工具使分支的代价变得比较小。从**人力资源的角度**看，问题在于存在很多隐性的成本。每个分支是独立的代码库（Separate Code Base），需要为代码库做维护、测试以及编制文档等。

例如，还记得我们对BeatBox1.0版本的关键的安全修补吗？该修补是不是也要被应用到主干上，好让软件的2.0版本不会有相同的安全问题？主干代码已被大量的修改，修补不能直接被复制，并且我们需要去采用另外的方法修补它吗？

同样的道理，应用分支去支持两种不同的平台。新的功能可能要在**两个分支中**实施。然而，当你完成了新的版本，你做什么？标记两个分支？为两个分支再做分支？很快容易混淆。这里有些经验有助于你理解何时**不要**分支：

该做分支的情况

☐ 你已经发布了需要在**主开发循环以外进行维护的软件版本**。

☐ 你准备试图对**代码做颠覆性的修改**，这些代码你可能要丢弃，并且在你这样做时，你**不想影响你团队中的其他成员**。

不该做分支的情况

☐ 你可能通过把**代码分解到不同的文件**或代码库来完成你的目标，这些文件或代码库可以被适当地建在不同的平台上。

☐ 很多开发人员不能在主干中编译他们的代码，所以你试图**给他们每个人提供沙箱**（Sandbox），让他们去工作。

有其他的方式去防止人们破坏别人的构建，我们将在以后的章节中讨论这些。

良好分支之道

只有绝对必要时才做分支。每个分支都可能是需要去维护、测试、发布以及跟进的一大段代码。假如你把分支作为不经常发生的主要决定，你就拿捏好了。

我们修补Version 1······

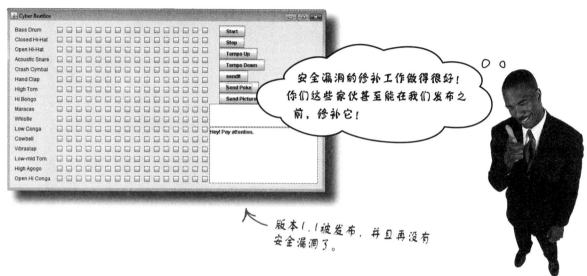

安全漏洞的修补工作做得很好！
你们这些家伙甚至能在我们发布之
前，修补它！

版本1.1被发布，并且再没有
安全漏洞了。

······Bob 完成了2.0版本（他是这样说的）

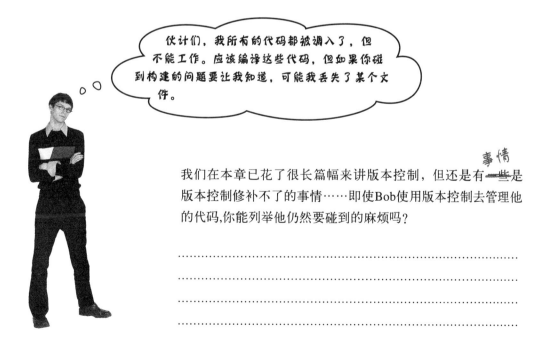

伙计们，我所有的代码都被调入了，但
不能工作。应该编译这些代码，但如果你碰
到构建的问题要让我知道，可能我丢失了某个文
件。

我们在本章已花了很长篇幅来讲版本控制，但还是有一些^{事情}是
版本控制修补不了的事情······即使Bob使用版本控制去管理他
的代码,你能列举他仍然要碰到的麻烦吗?

··
··
··
··

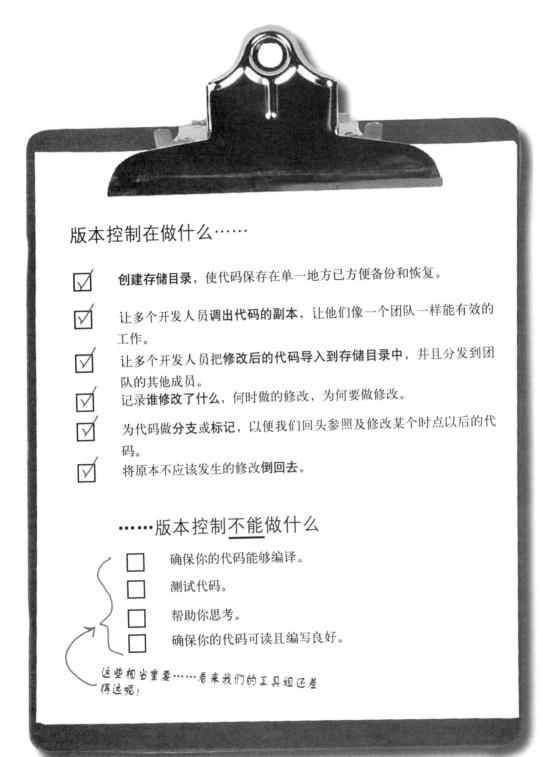

版本控制在做什么……

☑ **创建存储目录**，使代码保存在单一地方已方便备份和恢复。

☑ 让多个开发人员**调出代码的副本**，让他们像一个团队一样能有效的工作。

☑ 让多个开发人员把**修改后的代码导入到存储目录中**，并且分发到团队的其他成员。

☑ 记录**谁修改了什么**，何时做的修改，为何要做修改。

☑ 为代码做**分支**或标记，以便我们回头参照及修改某个时点以后的代码。

☑ 将原本不应该发生的修改倒回去。

……版本控制<u>不能</u>做什么

☐ 确保你的代码能够编译。

☐ 测试代码。

☐ 帮助你思考。

☐ 确保你的代码可读且编写良好。

这些相当重要……看来我们的工具组还差得远呢！

版本控制不能确保你编写的代码
能<u>运行</u>······

如果有一个工具能保证我在客户面前出丑之前能编译和工作，那该有多好？但我这是在做梦······

软件开发工具箱

软件开发的宗旨就是开发和交付伟大的软件。在本章中，你学到了几项保持跟踪的技术。完整的工具列表见附录ii。

开发技术

使用版本控制工具以跟踪软件的修改并分发给团队的成员。

使用标记去跟踪你的项目的主要里程碑（开发循环的结束、软件的发布、漏洞的修复等）。

使用分支去维护代码的独立副本，但只有绝对必要时才做分支。

这些是你在本章学到的关键技术……

开发原则

总是知道哪些地方要做修改。

知道什么代码应该放到要发布的版本——并且能够再次取得它。

控制代码的修改和分发。

……那些技术背后的一些原则。

本章要点

- **备份**你的版本控制存储目录！该存储目录应该有全部的代码和修改的历史。

- 当你提交代码时，总是使用**完整的提交信息**——你和你的团队以后会很感谢这些完整的提交信息的。

- **充分地利用标记**。如果可能需要知道修改前的代码，就为你的代码版本上打上标记。

- 经常要将修改**提交到存储目录**，但有时要小心，别破坏了别人的代码。两次提交之间的时间越长，合并代码就越困难。

- 针对版本控制系统，有很多GUI工具。他们极有助于你合并和处理冲突。

上述方法是对1.0版本（或者是1.1版本？）处理以后的修改问题，写下3个存在的问题。

1. 你必须跟踪哪个修订版本搭配哪个软件版本。

2. 很难防止2.0版本的代码修改与V1.x的补丁混淆在一起。

3. 修改2.0版本可能表示你必须删除某个文件或变更某个类，以致于很难保证与V1.x的补丁没有冲突。

6 ½ 构建代码

自动化构建……

遵循说明是值得的……

　　　　　……特别是在你自己撰写它们时。

使用版本控制工具不足以保证代码的安全，你还得去关心**编译代码**和打包成可配置的单元（Deployable Unit）的问题。最重要的是，哪一类是你应用系统的主类？这些类如何运行？在本章，你将学会如何**构建工具**（Build Tool）以允许你**编写自己的说明**来处理你的源代码。

开发人员不是心理学家

假设你的团队来了一个新的开发人员，他可以从版本控制服务器上调出代码，并且你也已经保护了你的代码，它们不会被改写。但是，团队的新成员如何知道他要关心的是哪个关联件（Dependencies）？或者他应该去运行哪个类来做测试？

第6章中的版本控制服务器

svn checkout...

你怎么肯定你的新开发人员知道做什么？

用源代码可以做很多事情：立即编译它，运行某个特殊的类（或一组类）；把类打包到一个JAR或DLL文件，或多个库文件；包括一堆关联件……而且这些细节因你的项目不同而不同。

好的代码易于使用，也易于理解。

 ## 软件必须可用

一旦代码调出，如果你不能确定你的代码能正常工作，这时将代码放到版本控制服务器上就没有什么用处。并且，那里是编辑脚本的地方。

一步构建你的项目

当某个人想去执行你的项目，他们需要做的事情不只是编译源代码，他们需要**构建**项目。把源代码编译成为二进制文件是非常重要的，但构建一个项目通常包括：**找出关联件**、**把项目打包**成可用的形式……

并且，由于像这样的任务每次在运行它们时都是相同的，因此，构建项目是**自动化**的完美候选：使用一个工具为你处理重复性的工作。如果你正在使用IDE编写你的代码，当你单击"Build"时，很多事情都为你处理了。但当你按下"Build"按钮时，还有很多工作需要在进行：

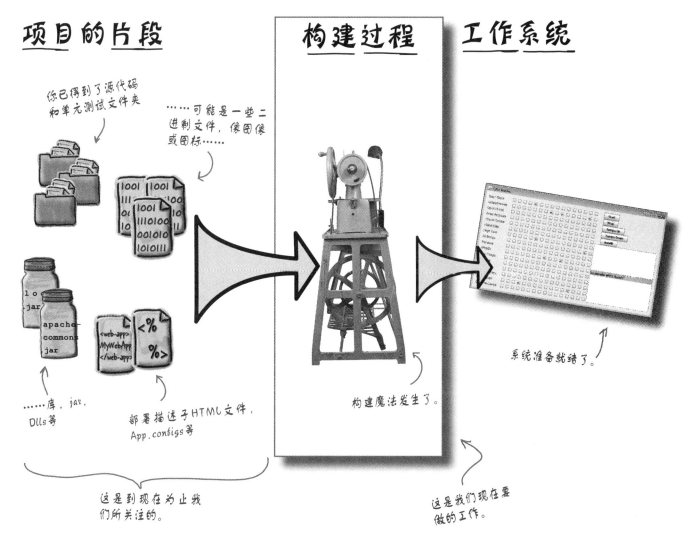

项目的片段　　　　**构建过程**　　**工作系统**

你已得到了源代码和单元测试文件夹

…… 可能是一些二进制文件，像图像或图标……

系统准备就绪了。

……库，jar，Dlls等

部署描述子HTML文件，App.configs等

构建魔法发生了。

这是到现在为止我们所关注的。

这是我们现在要做的工作。

Ant：一个Java项目的构建工具

Ant是Java的一个构建工具，该工具能编译代码，创建和删除目录，甚至
能为你打包文件。所有的都是围绕着**构建脚本**（Build Script）。以下是你
用XML为Ant写的文件，当你需要构建程序时，告诉工具去做什么。

你可以从网站：http://ant.apache.org/下载Ant。

构建项目的步骤以XML的文件形式保存，通常被命名为：build.xml

每个构建文件代表一个项目。

整个文件被称之为构建脚本。

构建项目需要做的工作被分解成步骤，被称为之目标。每个目标可以有一个以上的任务。

用单一命令就开始了构建，Ant在build.xml中运行缺省的目标，并且遵循你的指令。

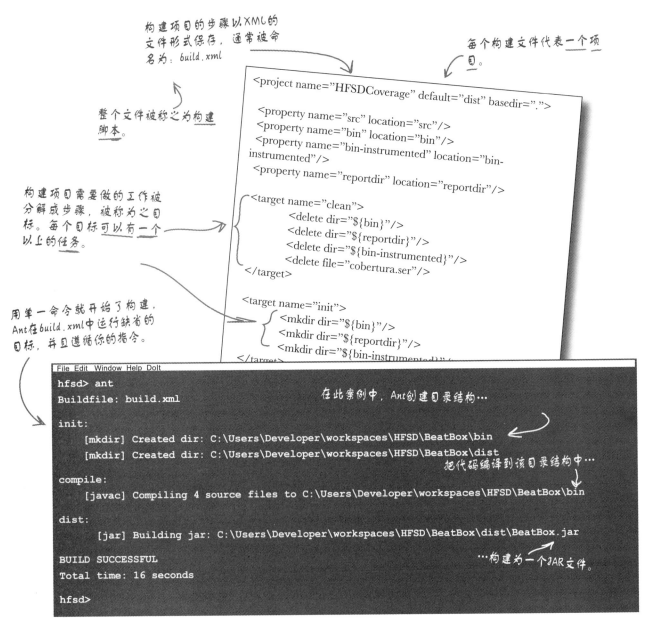

```
<project name="HFSDCoverage" default="dist" basedir=".">

    <property name="src" location="src"/>
    <property name="bin" location="bin"/>
    <property name="bin-instrumented" location="bin-
instrumented"/>
    <property name="reportdir" location="reportdir"/>

<target name="clean">
    <delete dir="${bin}"/>
    <delete dir="${reportdir}"/>
    <delete dir="${bin-instrumented}"/>
    <delete file="cobertura.ser"/>
</target>

<target name="init">
    <mkdir dir="${bin}"/>
    <mkdir dir="${reportdir}"/>
    <mkdir dir="${bin-instrumented}"/>
</target>
```

```
File Edit Window Help DoIt
hfsd> ant
Buildfile: build.xml

init:
    [mkdir] Created dir: C:\Users\Developer\workspaces\HFSD\BeatBox\bin
    [mkdir] Created dir: C:\Users\Developer\workspaces\HFSD\BeatBox\dist

compile:
    [javac] Compiling 4 source files to C:\Users\Developer\workspaces\HFSD\BeatBox\bin

dist:
    [jar] Building jar: C:\Users\Developer\workspaces\HFSD\BeatBox\dist\BeatBox.jar

BUILD SUCCESSFUL
Total time: 16 seconds

hfsd>
```

在此案例中，Ant创建目录结构…

把代码编译到该目录结构中…

…构建为一个JAR文件。

项目, 属性, 目标, 任务

Ant建立的文件分成四个基本的块:

① **项目。**

Ant中的每件事情都被表示成XML元素标记。

构建文件中的每件事情都是项目的一部分:

> 在这样的情况下,当脚本被运行时,Ant将Dist作为目标。

```
<project name="BeatBox" default="dist">
```

> 在构建文件中的其他事情都包含在项目标记中。

当脚本运行时,你的项目应该有一个名字和能运行的、缺省的目标。

② **属性。**

Ant的属性很多像是常数。它们允许你在脚本中指定值,但你可以修改这些值:

属性具有名字和属性值。

```
<property name="version" value="1.1" />
<property name="src" location="src" />
<property name="xerces-src" location="${src}/xerces" />
```

> 你可以利用S{property-name}来使用属性,就像这样。

你处理路径时,你可以用存储单元替代属性值。

③ **目标。**

你可以把不同的行动组合成一个目标,目标实际上是一组工作。例如,你可能有为编译的编译目标(compile target),并且有为建立项目的目录结构的初始目标(init target)。

目标之下包括一堆任务。

```
<target name="compile" depends="init">
```

> 目标具有名称,并且可以包含一系列在它之前要运行的目标。

④ **任务。**

任务是构建脚本中的费力而又枯燥的工作。在Ant中的任务通常对应一个指定的命令,像javac, mkdir, 或甚至javadoc:

用src的属性值,创建了一个新的目录。

```
<mkdir dir="${src}">
    <javac                                    srcdir="${src}"
```

> 每个Ant任务有不同的参数,取决于做什么任务和用于什么。

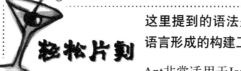

> **这里提到的语法是Ant特定的,但原理适用于任何语言形成的构建工具。**
>
> Ant非常适用于Java,但不是人人都使用Java。然而,现在,我们关注在一个好的构建工具能带给你什么:管理项目、常数和特定任务的方式。几页之后,我们将讨论与其他语言一起工作的构建工具,像PHP, Ruby和C#。

你在开玩笑？我应该先掌握了一门新的语言，才能编译我的项目吗？

不，你应该掌握一个新的工具，以便其他的人能够构建你的项目。

很容易把构建工具看成一种需要额外学习和恶补的东西。但是，大多数的构建工具，像Ant，非常容易学会。事实上，你正准备组合你的第一个脚本，并且你知道的比你认为的要多。

最重要的是，你的构建工具也是这样：**一个工具**而已。工具能帮助你快速地完成事情，特别是在有很多项目要处理时。你会学到一点构建工具的语法，但几乎不需要学习其他的东西。

噢，记住：**构建工具是为了你的团队，不只是为了你**。虽然你可能知道如何去编译你的项目，与关联件（dependencies）保持同步，其他人未必能行。一个构建工具和构建脚本让你团队中的每一个人使用同样的过程将源代码变换成可以运行的应用程序。通过良好的构建脚本，你的全部工作是用一个命令来构建软件；对一个开发人员而言，是不可能突然忽略某个步骤——即使在从事其他两个项目达六个月之后。

Ant构建磁铁

Ant的文件比你想象的要容易使用和编写。下面是已构建脚本的
一部分，但少了很多小的片段。有赖于你利用本页底部的构建磁
铁去完成构建脚本。

把构建磁铁放
在两个目标元
素之间去完成
build.xml文件。

```xml
<project name="BeatBox" default="dist">
  <target name="init"
          description="Creates the needed directories.">
_____
_____
  </target>

  <target name="clean"
          description="Cleans up the build and dist directories.">
_____
_____
  </target>

  <target name="compile" depends="init"
                                                              ">
          description="_____
_____
_____
  </target>

  <target name="dist" depends="_____"
          description="Packages up BeatBox into BeatBox.jar">
_____
_____
  </target>

</project>
```

好像多出几个磁
铁，要小心哦！

destfile="dist/BeatBox.jar"   Compiles the source files to the bin directory.   debug="true"

Compiles the binary files to the src directory.

<mkdir dir="bin"/>   />   >

compile   <jarc   <javac   srcdir="src"   <delete dir="bin"/>

init   dist   <jar   destdir="bin"   <delete dir="dist"/>

clean   clean   <java

init   compile   <target>   <mkdir dir="dist"/>   />   >

dist   basedir="bin"   </target>   </target>   </target>

Ant构建磁铁答案

你的任务是为构建BeatBox应用，重新组合一个可工作的
构建文件。

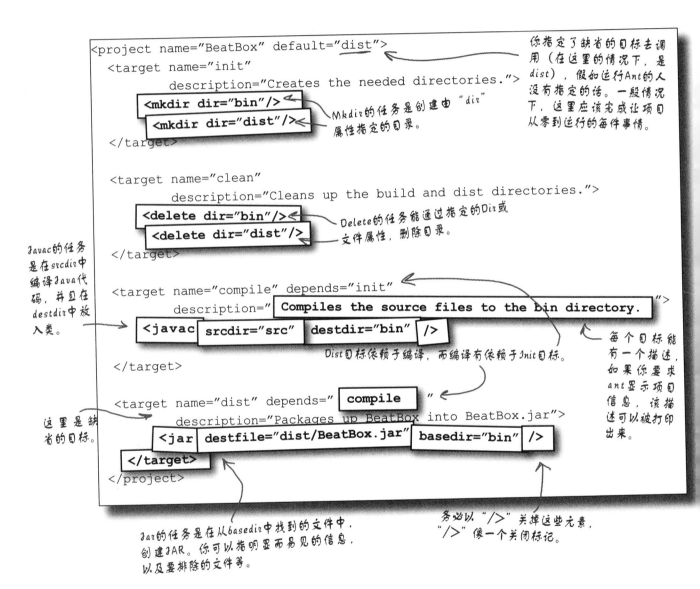

```
<project name="BeatBox" default="dist">
  <target name="init"
          description="Creates the needed directories.">
        <mkdir dir="bin"/>
        <mkdir dir="dist"/>
  </target>

  <target name="clean"
          description="Cleans up the build and dist directories.">
        <delete dir="bin"/>
        <delete dir="dist"/>
  </target>

  <target name="compile" depends="init"
          description="Compiles the source files to the bin directory.">
        <javac srcdir="src" destdir="bin" />
  </target>

  <target name="dist" depends="compile"
          description="Packages up BeatBox into BeatBox.jar">
        <jar destfile="dist/BeatBox.jar" basedir="bin" />
  </target>
</project>
```

你指定了缺省的目标去调用（在这里的情况下，是dist），假如运行Ant的人没有指定的话。一般情况下，这里应该完成让项目从零到运行的每件事情。

Mkdir的任务是创建由"dir"属性指定的目录。

Delete的任务能通过指定的Dir或文件属性，删除目录。

Javac的任务是在srcdir中编译Java代码，并且在destdir中放入类。

Dist目标依赖于编译，而编译有依赖于Init目标。

每个目标能有一个描述，如果你要求ant显示项目信息，该描述可以被打印出来。

这里是缺省的目标。

Jar的任务是在从basedir中找到的文件中，创建JAR。你可以指明显而易见的信息，以及要排除的文件等。

务必以"/>"关掉这些元素，"/>"像一个关闭标记。

没有愚蠢的问题

问： 我的项目不是用Java写的程序，我还需要一个构建工具吗？

答： 可能需要，取决于你在什么环境下工作，你可能已经在使用了。如果正在用Microsoft Visual Studio开发程序，你几乎已经用了已建立的系统，该系统被称之为MSBuild（用写字板打开你的csproj文件）。与Ant的方式相似，它用XML描述构建过程。Visual Studio为你打开了该文件，但还有很多事情MSBuild可以为你做，而IDE并没有让你知道。如果你没有用Visual Studio开发，而是用.NET开发，你可能要调出NAnt。它基本上是.NET环境的Ant端口。Ruby用一个称之为Rake的工具进行测试，打包应用程序，以及后续的一些清理工作等。

然而，还有些技术，如Perl或PHP，它们构建的脚本不是很有作用，因为那些语言不能编译或打包代码（Package code）。不管怎样，你仍然可以使用一个构建工具去打包、测试和部署你的应用程序，即使你不需要构建工具所提供的每项功能。

问： 我正在使用IDE，它能帮助我构建所有的事情，用IDE已经足够了吗？

答： 对你来讲可能足够了，但对你团队中的其他成员呢？开发团队中的每个人都要使用IDE吗？对于比较大型的项目可能也有问题，在其中，由一个完全独立的组为其他团队负责构建和打包项目，如软件测试人员或QA人员。

然后，有些任务是IDE没有做的……（如果你想不到任何这样的事情，我们将在以后的章节中谈到几个很棒的任务）。一般而言，如果你的项目不是一曲独角戏（或你想使用我们准备在以

后的章节中谈到的最佳实务），你必须考虑使用构建工具。

问： 你在哪里得到bin，dist和src目录的名字？

答： 对于Java项目，那些目录是非正式的标准。你还会看到一些其他名称，例如，生成文档用docs目录，web服务生成的客户端及代码存根（stubs）用generated目录，你可能要用到的库关联件（dependencies）用lib目录。

这些目录名称并没有硬性规定，你可以调整你的构建文件去处理任何你在项目上要使用的东西。然而，如果你遵循一般的命名约定，就会使新的团队成员容易进入项目。

问： 你为什么一直要谈Ant？你不知道Maven吗？

答： Maven是面向Java的"软件项目管理和综合工具"。基本上，Maven超越了我们一直在谈论的、较小规模的Ant任务，Maven还增加了支持自动读取库关联件（library dependencies），和把你构建的程序库发布到公用位置以及测试自动化等。Maven是一个非常好的工具，但它也将很多事情隐藏在背后。要充分利用Maven所提供的功能，你需要用特殊的方式组织你的项目。

对于大多数中小规模的项目，Ant能做你需要做的每件事情。这不是鼓励你不去尝试Maven，但理解Maven能做庞大工作所蕴含的思想是非常重要的。你可以从如下网址 *http://maven.apache. org/* 找到更多有关Maven的信息。

问： 我的预定目标是什么？它应该是编译代码、打包代码、生成文档全部三个目标吗？

答： 这真的取决于你的项目。假如某个新成员调出你的代码，他最可能会根据什么来进行？他会希望能调出你的代码，并预期一个步骤运行它吗？如果是这样，你可能希望预定目标去做每件事情。但如果"每件事情"只是通过密钥签名和通过InstallShield生成安装文件等，你可能就不希望这是预定目标了。实际上，很多项目都让预设目标输出项目的帮助信息，以便新的开发人员能看到一些选项，并挑选适合他们需要的东西。

问： build.xml文件在很多地方有重复的名字，这样好吗？

答： 理解的不错！对于我们这里正在使用的构建脚本，是可以的。但假如你正在编写一个更复杂的构建文件，使用属性（property）来定义一次目录，并在构建文件的其余部分多次参照它，一般来说，才是一个好想法。在Ant中，你应该使用property来标记这件事，就像在223页那样。

问： 我们不能用批文件或脚本语言（shell script）做到这些事情吗？

答： 从技术上讲，是可以的。但构建工具伴随着很多面向软件开发的任务，对这些任务，你要不自己编写，要不依靠外部的工具去做处理。另外，构建工具也可以整合到连续的集成系统（Continuous integration systems），我们将在下一章谈到这一方面的内容。

良好的构建脚本

构建脚本捕捉到了开发人员可能不需要知道的细节，像如何编译和打包应用程序，如BeatBox。这些信息不是装在一个人的脑袋里，而是被捕捉到有版本控制的、可重复的流程中。但标准的构建脚本到底该做些什么事情？

你可能会增加一些任务到你自己的构建脚本，但是所有的构建脚本应该做几件共同的事情……

……生成文档

记住了在构建文件中的那些描述标记吗？只需要输入ant -projecthelp，就会打印出有哪些目标可以使用，每个目标的描述，缺省的目标是什么（缺省的目标是你经常希望去使用的）。

你的构建工具可能具有生成它自身和有关你的项目的文档的方式，即使你没有使用Ant和Java。

```
File Edit Window Help Huh?
hfsd> ant -projecthelp
Buildfile: build.xml

Main targets:

 clean    Cleans up the build and dist directories.
 compile  Compiles the source files to the bin directory.
 dist     Packages up BeatBox into BeatBox.jar
 init     Creates the needed directories.
Default target: dist

hfsd>
```

……编译你的项目

最重要的是，你的构建脚本编译你的项目中的代码。并且，在大多数的脚本中，你希望能用单一命令处理每件事情，从配置到编译，再到打包应用程序。

这里你可以看到目标的实际关联：我们的构建脚本要求Ant运行缺省的Dist目标，但是，为了做到这一点，构建脚本要先编译，而要先编译，必须先运行init。

```
File Edit Window Help Build
hfsd> ant
Buildfile: build.xml

init:
    [mkdir] Created dir: C:\Users\Developer\workspaces\HFSD\BeatBox\bin
    [mkdir] Created dir: C:\Users\Developer\workspaces\HFSD\BeatBox\dist

compile:
    [javac] Compiling 4 source files to C:\Users\Developer\workspaces\HFSD\BeatBox\bin

dist:
     [jar] Building jar: C:\Users\Developer\workspaces\HFSD\BeatBox\dist\BeatBox.jar

BUILD SUCCESSFUL
Total time: 16 seconds

hfsd>
```

这太酷了。但我在构建文件中看到一个我们还不曾谈到过的clean目标……

很好,很细心! clean目标是为了清理编译过程中留下来的乱七八糟的东西。有这样一个目标能让项目恢复到之前的样子是非常重要的,如果你从存储目录中调出你的项目。那样的话,你能够从一个新的开发人员的角度去做测试。

你的工具可能能调用其他的事情,但想法是相同的,即清理因构建项目带来的混乱。

……清理所产生的混乱

在BeatBox构建脚本中,我们将讨论的最后目标是要删除在构建过程中创建的目录:为编译类创建的bin目录和为最终JAR文件创建的dist目录。

由于dist是缺省的目标,你必须明确告诉Ant去运行clean目标。

```
File Edit Window Help Scrub
hfsd> ant clean
Buildfile: build.xml

clean:
   [delete] Deleting directory C:\Users\Developer\workspaces\HFSD\BeatBox\bin
   [delete] Deleting directory C:\Users\Developer\workspaces\HFSD\BeatBox\dist

BUILD SUCCESSFUL
Total time: 3 seconds

hfsd>
```

Ant执行删除任务已清理bin和dist目录,并且删除所有的内容。

良好的构建脚本超越基本功能

即使有一些标准工作是你的脚本应该完成的，你会发现良好的构建工具中有很
多地方让你的脚本超越一般的基本功能：

1 项目中需要的参考库。

在javac任务中，通过使用classpath元素，在Ant中你能增加库
到你构建的路径中：

> 每个pathelement指向要被增加到classpath
> 中的单一JAR文件，如果你需要，你也可
> 以指向一个目录。

```
<javac srcdir="src" destdir="bin">
  <classpath>
    <pathelement location="libs/junit.jar"/>
    <pathelement location="libs/log4j.jar"/>
  </classpath>
</javac>
```

如果你的项目依赖于你不希望将其包含在libs目录中的程序库，你
也可以使用额外的Ant任务，通过FTP, HTTP, SCP等下载程序库（调
出Ant任务文档，可以获得更详细的信息）。

2 运行应用程序。

有时候，不只是编译应用程序需要一定的背景知识；运行应用程序
也非常需要技巧。假设你的应用程序要求设置复杂的程序库路径或
命令行方式下的长字符串选项，你可以使用exec任务，在构建脚本
中，打包所有的程序库路径或命令行的字符串：

> 在系统上直接执行某件事情明显地
> 依赖于系统平台。不要试图在linux
> 上运行iexplorer.exe。

```
<exec executable="cmd">
  <arg value="/c"/>
  <arg value="iexplorer.exe"/>
  <arg value="http://www.headfirstlabs.com/"/>
</exec>
```

> （浏览Head First Labs）

或java任务：

```
<java classname="headfirst.sd.chapter6.BeatBox">
  <arg value="HFBuildWizard"/>
  <classpath>
    <pathelement location="dist/BeatBox.jar"/>
  </classpath>
</java>
```

> 如果你把这些打包在目标
> 中，这样，你就不需要输入
> "java-Cp blahblah…" 就能启动
> BeatBox了。

❸ 生成说明文档。

你已经看到Ant如何为构建文件显示其说明文档，但Ant也可以从你
的源代码中生成JavaDoc：

*注意Ant可以为你生成HTML
文件，但不能帮助你撰写说
明文档。*

```
<javadoc packagenames="headfirst.sd.*"
  sourcepath="src"
  destdir="docs"
  windowtitle="BeatBox Documentation"/>
```

*如果你需要的话，包含在JavaDoc任务中的
其它元素可以生成每页的页眉和页脚。*

**❹ 调出代码，运行测试，复制构建到归档目录（archival
directories），加密文件，当构建完成时email给你，执行SQL……**

有很多很多的功能是你可以使用的，取决于你需要构建文件去
做什么。现在你知道一些基本的任务，所有其他的任务看起来
是非常相同的。想知道Ant能提供哪些任务，可以访问以下网址：
http://ant.apache.org/manual/index.html.

自动化使精力集中于代码，不是重复性的任务

通过良好的构建脚本，你可以使相当精巧和复杂的构建过程自动化。在单个
项目中，能看到多个构建文件并非不常见。每一个分别服务于不同的程序库
或组件库（Component）。在这类情况下，你可能会想到主构建文件，有时称
之为**引导程序**（bootstrap）脚本，主构建文件把所有事情绑定在一起。

构建脚本也是代码

你已经把你的很多工作放到了你的构建脚本中。事实上，正如你的源文件和部署描述（deployment descriptors）一样，**它也是代码**。当你把构建脚本看作代码时，你会发现可以用它做很多聪明的事情，像处理Windows和Unix之间的平台差异一样，利用时间戳（Timestamps）去记录构建版本，或者判断有什么是需要重新编译的——所有一切皆对试图进行构建工作的人的隐藏。但是，像所有的其他代码一样，它属于一个存储目录（repository）……

你应该总是把你的构建脚本调入到代码目录：

由于我们正在把一个新的文件增加到被调出的代码中，我们用subversion的add指令，告诉subversion我们想增加到哪个文件之中。

当你把文件增加到存储目录时，你就正在告诉Subversion应该注意这个文件。但你仍然需要提交那个文件，即使在增加之后。

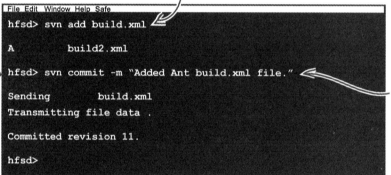

```
File Edit Window Help Safe
hfsd> svn add build.xml

A         build2.xml

hfsd> svn commit -m "Added Ant build.xml file."

Sending         build.xml
Transmitting file data .

Committed revision 11.

hfsd>
```

不要忘记调入注释。

通过存储目录中的构建脚本，当需要更新时，其他人都知道。你的版本控制软件将跟踪对脚本的任何修改，并且无论你何时发布软件，脚本被标记。这表示你无需记住构建1.0版本时所需的奇异的命令——在庆功宴的几年之后。

构建脚本也是代码……代码隶属于版本控制系统，在那里有版本号和标记，并且被保存以供以后之用。

新的开发人员，第二幕

我们还没有编写新的类来与客户沟通，把使用情节分解为任务或为客户
演示软件的demo……不过，事情现在看起来很不错。有了准备好的构建
工具，让我们看看呈现给新的开发人员的是什么：

不错……我调出了项目，运行了构
建脚本，并且现在我可以立刻干活
了。

第6章中的版本控制
服务器

svn checkout ...

你的新的开发人员在几分钟就有产
出了，而不是几小时（或更糟，几
天），并且，不会一直麻烦你去告
诉新的开发人员如何构建系统。

本章要点

- 简单讲，构建工具就是
  一个**工具**。工具应该使
  构建项目容易，而不是
  困难。

- 大多数的构建工具使用
  构建脚本，在构建脚本
  中，你可以指定要构建
  什么，几个不同的指令
  集以及外部文件和资源
  的位置。

- 确定你创建了某种方
  式，以**清理**脚本构建过
  程中产生的文件。

- 构建脚本是**代码**，并且
  应该有版本号及调入到
  你的代码存储目录中。

- **构建工具是服务于整
  个团队的**，不只是你。
  选择适合团队所有人员
  的构建工具。

软件开发工具箱

软件开发的宗旨就是要开发和交付伟大的软件。在本章中，你学到了几种使开发工作保持在正轨上的几项技术。本书的完整的工具清单，见附录ii。

开发技术

使用构建工具去构建脚本、打包软件、测试软件和部署你的应用系统。

大多数JDE已正在使用构建工具。要熟悉该工具，你能够靠它构建应用程序。

对待构建脚本要像对待代码一样，并且把它调入到版本控制系统中。

这里是你在本章学到的一些关键技术……

……在这些技术之后的一些原则。

开发原则

构建一个项目应该是可重复的和自动化的。

构建脚本为其他自动化工具奠定了基础。

构建脚本超越了步骤上的自动化，并且能捕捉编译和部署的逻辑决策。

本章要点

- 除了极小的项目之外，所有的项目都具有**有价值的构建流程**。

- 你应该**捕捉**和使之**自动化"如何构建你的系统"** —— 理想上，用单一指令。

- Ant是Java项目的构建工具，并且在XML文件中捕捉构建信息，并命名为build.xml。

- 越是遵循一般的**命名约定**，别人就越熟悉你的项目，并且也容易把项目与外部工具集成。

- 你的**构建脚本**是项目的一部分，就像**其他的代码**。应该被调入到版本控制系统之中。

7 测试和连续集成

智者千虑必有一失

我发誓，再给我两天时间，我一定把它搞定，否则，我会自己先把坑挖好，行吗？

有时候，即便最优秀的开发人员也会破坏构建版本。

至少人人身上都经历过一次。你确认**代码通过了编译**；你在机器上一遍又一遍地测试了你的代码，并把代码提交到存储目录。但是，在你的机器和被人们称之为服务器的黑箱子之间的某处，就肯定有人修改了你的代码。下一个调出程序的倒霉的人将要挨过一个痛苦的早上，得想尽办法弄清哪些是**可工作的代码**。在这一章中，我们将讲述如何设置一张**安全网**，以保证构建版本有序，并且富有**生产力**。

事情总是会出错的……

每个做过软件开发的人都知道有这么一回事。夜深人静，你已经喝了第七罐红牛来补充体能了，你还是在某个地方遗漏了++运算符。突然间，你优美的代码变得支离破碎，最坏消息是你还没有**意识**到你碰到问题了。

至少，在给老板演示你的软件之前，你还不知道。还记得在第6章中Bob的代码所出现的问题了吗？

Bob的代码在某些地方好像运作正常……

……但在其他地方又不正常。

我没有听到任何预警声。什么是SECRET_POKE_SEQUENCE?我没有什么感觉啊!

真正的问题是当事情出错时，我们像客户一样感到惊讶。

劲脑筋

对于一个开发项目，还有哪些事情要出错？小型开发团队呢？更大的团队时，有同样的问题吗？是不同的问题？

碰头会

> 如果Bob只是肯定他编译过他的代码，这些都不可能成为问题。

Bob：我的代码通过编译了！我无休止地整合这些修改，并且能构建好每件事情。这不是我的错。

Mark：是的，代码通过编译了；它就是不能运行。所以，说真的，还不算把事情弄得很糟。

Laura：做过测试吗？

Bob：是的，代码在我的机器上运行得好好的。代码运行时，每件事情看起来都很好……

Mark：好的，但运行代码和对代码做快速地检查还真谈不上是在测试你的代码。

Laura：非常正确。软件的功能是你责任的一部分，不能只是代码"看起来能运行"就行；那在客户面前是站不住的……

Bob：好的，既然我们的版本控制服务器和构建工具已就位，这不应该再是问题了。所以，别唠叨了，好吗？

Mark：不！构建工具只是确保代码能编译，而版本控制也只是帮助管理我们对软件的修改，但这些不能确保代码能正常运行。你的代码通过了编译，这不是问题所在。系统的功能性问题出现了，而构建工具对这些问题是无能为力的。

Laura：是的，你当时甚至还没有意识到哪些事情错了……

有三种方式检查你的系统……

良好的测试是我们任何软件项目的基础。如果你的软件不能运行，它就不能
使用——你可能得不到报酬。所以，在进入软件测试的核心之前，最好先退一
步想一下，要记住不同的人用完全不同的角度或观点看待你的系统。

更多不同的测试类型，
见附录i

用户从外面看系统

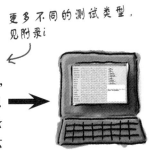

用户不会看你编写的代码，他们不会看你的数据库表单，
更不会评价你的算法……并且，通常情况下他们也不想
这样去做。对他们而言，你的系统是一只**黑箱子**（*Black
box*）；软件系统或是能完成他们要求的工作，或者不
是。你的用户在乎的是系统的**功能**。

测试人员探究一点深入的东西

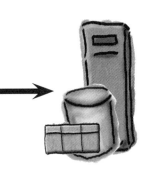

测试人员与用户不一样。他们期望得到系统的功能性，
但通常也会做深入地探究，确定事情真正地像你说的
那样发生。对测试人员而言，你的系统是一只**灰箱子**
（*Grey box*）。测试人员可能会检查数据库中的数据，
以确定数据得到正确的整理；他们可能也检查端口的
关闭情况、网络连接的掉线情况，以及内存稳定使用
的情况。

开发人员让系统全透明

开发人员深入到所有的细节。他们看到良好的类设计
（有时是坏的），设计模式，可重用的代码，以及表示
上的不一致。对开发人员而言，系统对他们是完全开放
的。如果用户看到的系统犹如一只关闭的黑箱子，开发
人员看到的系统犹如一只打开的**白箱子**（*White box*）。
但是，有时因为开发人员注意到太多的细节，反而错失
了系统的功能性，或做出了测试人员或最终用户不会做
出的假设。

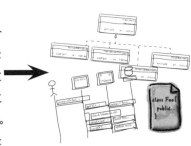

……你必须兼顾三方面的观点

每一方面对系统的观点都是正当的，并且你必须从其中的
任何一个侧面对系统进行测试。

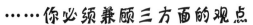

黑箱测试的重点在输入和输出

用户在你的系统外部。他们仅仅能看到的是他们向系统输入了什么和系统给他们输出的是什么。当你做黑箱测试时，你应该寻求：

黑箱测试

☐ **功能性**。明显地，这是最重要的黑箱测试。系统能否按照其使用情节中的要求完成任务？进行黑箱测试时，你不必关心数据是被存储在文本文件中还是存储在并行的集群数据库之中。你只在乎数据是否像使用情节中要求的那样输入，并且像使用情节要求那样得到的输出结果。

> 这不是 "OrderProcessor 类能处理 GiftCard 对象" 的功能性；而是关系到客户能否用 "礼券买饮料"。

☐ **用户输入验证**。向系统输入3.995美元或输入-1作为你的生日。如果你正在写一个web应用，输入HTML到你的名称字段或试一下SQL陈述式。你的系统最好能拒绝这些值，并且以最终用户能理解的方式去进行。

☐ **输出结果**。手工检查你的系统返回的数值。确认所有的功能路径都测试通过（"如果用户输入一个非法的目的位置，然后单击 'Get Directions' … …"）。把你能给予系统的各类输入以及你期望的每个输出汇集在一张表中，对这项工作常常是有帮助的。

> 错误条件通常是大多数开发人员最后考虑的事情，但是大多数客户首先注意到的事情。

☐ **状态转换**。有些系统必须根据特定的规则从一个状态转换为另外一个状态。这与"输出结果"相似，但它关系到你的系统能预期地从一个状态转移到另外一个状态。如果你正在实施像SMTP一类的协议，卫星通信连接或GPS接收时，这一点就特别的关键。还有，做一张状态图，看看系统从一个状态到另外一个状态时产生了什么是非常有用的。

☐ **边界案例与缓冲溢出错误**（off-by-one errors）。你应当通过一个值，该值或是非常小或是超过了最大允许值，来测试系统。例如，检查月份值12（假如你的月份是0～11）或13，将让你知道你是否把边界情况搞明白或某开发人员是否忘记了队列是从0开始。

> 客户通常不会犯下很大的错误——往往只是稍微打错字，这些正是你在这里所测试的事情。

灰箱测试使你更贴近代码

对大多数应用程序而言，黑箱测试非常有效，但有些情形你需要做更为深入地测试。有时候，如果你不深入到系统中去，你就难以得到系统的结果。这对有很多web应用的系统尤其是这样，在web应用系统中，web接口只是在数据库中传递数据。你必须去处理数据库代码和web接口本身。

灰箱测试

灰箱测试就像黑箱测试一样……但你可以窥视一下系统

当进行灰箱测试时，你所寻求的东西通常与黑箱测试相同，但你可以深入一点，以确保系统像预期的那样工作。使用灰箱测试可以验证以下几方面：

☐ **检验审计和登陆**。当主要的数据（如金钱）在线运行时，通常有很多审计和登陆的工作在系统内运行。这类信息通常也不通过普通用户的接口提供。你可能需要使用登陆浏览工具或审计报告，或可能直接查询数据库表单来阅读相关数据。

注意，不要将机密信息记录到不安全的地方，而把客户的信息泄露出去……

☐ **供其他系统使用的数据**。如果你正在构建一个系统，该系统在以后会传送信息到另一个系统（如50本《重视大脑的软件开发》的订单），你应该检查你准备传送到其他系统的数据格式和数据……那表示你要检查系统底层的数据。

☐ **系统附加信息**。对应用系统而言，创建数据的校验或数据的杂凑（hash）以保证数据能正确存储是常见的。你应该手工检查（Hand-check）这些东西。确认系统生成的时间戳是在正确的区间得以创建，并且数据的储存是正确的。

☐ **残留数据**。作为一个开发人员，非常容易忘记在系统处理过数据后，清理系统。这可能带来安全风险和资源泄露。确认要删除的数据确实得以删除，同时确认不应被删除的数据也应该没有被删除。检查应用系统在运行时是否有数据溢出。在清理完成后，查询可能留下文件碎片或登陆入口（Registry entries）。验证卸载完应用系统之后，系统确实干净。

以下是来自BeatBox项目中的一个使用情节。你的任务是为黑箱测试或灰箱测试提供三个思路，并且描述实施这些测试时需要做的事情。

标题：　传送图片给其他用户

描述：　单击"传送图片"按钮，传送图片给其他用户（只需支持JPEG格式）。应该有不接受文件的选项，传送的文件的大小没有限制。

优先级：　20　　估计值：　4

1. 测试...　传送·J·JPEG文件给另外一个用户

这是帮你起过头。

你要如何测试？用简单的语言描述测试案例

2. 测试...

想想用不同的方式测试这个使用情节的功能性，如测试运行出错的情况。

3. 测试...

白箱测试

以下是来自BeatBox项目中的一个使用情节。你的任务是为黑箱测试或灰箱测试提供三个思路，并且描述实施这些测试时需要做的事情。

标题：**传送图片给其他用户**

描述：单击"传送图片"按钮，传送图片给其他用户。（只需支持JPEG格式）。三个不同的测试，没有关系应该有不接受文件的选项。传送的文件的大小没有限制。

优先级： 20　　　估计值： 4

---

* 这里是我们给出的三个测试。如果你……你只是对实际测试有更多的思路。

1. 测试…… 传送(小)的JPEG文件给另外一个用户

运行两个BeatBox实例，在第一个实例上，单击"SendPicture"按钮。当图像选择对话框弹出时，选择SmallImage.jpg并单击"OK"。然后，检查和确认第二个BeatBox显示接收图像对话框。单击"OK"接收图片。检查图片能正确显示。

这是黑箱测试。还要注意到我们需要一些JPEG资源以支持该项测试。然而，你应该把这些资源纳入版本控制，供以后使用。

2. 测试…… 传送一个非法的JPEG文件给另一个用户

运行两个BeatBox实例，在第一个实例上，单击"SendPicture"按钮。当图像选择对话框弹出时，选择InvalidImage.jpg并单击"OK"。

检查BeatBox显示框，看是否告诉你图片非法并且拒绝传送。确认第二个BeatBox没有显示接收图片对话框。另外，确认两个实例都没有例外情况出现。

这些测试更像灰箱测试。你需要知道BeatBox如何处理这些条件，如果出现错误时，例外情况下，图片会被传送到哪里。

3. 测试…… 在传送图像时，断开连接。

启动两个BeatBox实例，在第一个实例上，单击"SendPicture"按钮。当图像选择对话框弹出时，选择"GiantImage.jpg"并单击"OK"。

检查第二个BeatBox实例是否显示接收图片对话框并单击"OK"。当图像正在被传送（让图片大到几个MB，这样传送就需要一段时间），断掉第二个BeatBox实例。检查第一个BeatBox实例显示的对话框告诉传送失败并没有例外的情况出现。

白箱测试利用系统的内部知识

最深层次的测试是白箱测试。这时，你确切地知道代码内部正在出现什么样的情况，并且你能尽力让代码中断。当代码被分段时，如果你把要"修补的代码"这一事实放在一边，白箱测试会很有趣：深入挖掘程序代码和产生引起错误和系统崩溃的原因，变成一项非常有挑战的事情。

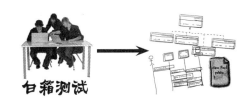

白箱测试

在进行白箱测试时，你应该熟悉你将要测试的代码。你仍然要注意系统的功能性，但你也应该考虑这样一个事实，例如，变数 X 即将被除以你要输入的的一个数值……该数值被适当地检查过吗? 采用白箱测试，一般地要寻求：

☐ **测试代码的所有逻辑分支**。采用白箱测试，你应该检查**全部**代码。你可以检查所有if/elses语句，所有的case和分支语句。看看要输入什么类型的数据能让你正在检查的类执行到每一分支。

☐ **妥善地处理错误**。如果你把非法的数据输入到一个方法中，你能得到相应的错误结果吗? 你的代码在使用资源之后是否能相应地释放这些资源吗? 像文件句柄（file handle），同步互斥锁（mutexes）或分配的内存。

☐ **如文档说明的那样运行**。假如一个方法申明是线程安全（thread-safe），就以多线程（multiple threads）来测试这个方法。 假如文档说明告诉你可以传递一个null参数给一个方法并得到一组特定的值，情况真是那样吗? 如果方法申明需要一定的安全角色（Security role）去调用它，在有角色和没有角色的条件下，试一下该方法。

☐ **适当处理资源受限的状况**。如果方法试图占据资源，像内存、磁盘空间或网络连接。如果它无法得到它需要的资源，代码会做什么? 这些问题能得到合适地处理吗? 你能够编写一个测试程序去强制该代码面对这类的问题状况吗?

> 当运行条件都是预期的那样的话，大多数的代码都运行得非常好。这样的预期条件就是所谓的"快乐路径"（Happy path）。但如果运行提交不是预期的那样，情况会怎样呢?

> 黑箱测试检查错误信息，然而，当事情出错时，代码所产生的东西又是什么呢? 那就是白箱测试要去检查的东西。

白箱测试倾向于代码测试代码

由于所有的白箱测试倾向于更贴近、更有针对性地测试要测试的代码，因此你通常看到用代码编写的测试程序运行在机器上，而不是由人来做手工测试。现在我们就编写一些测试程序……

以下是Bob为BeatBox项目的演示程序构建的一段代码（在客户面前失败过的那段程序）和软件版本重点实现的两个使用情节。在下一页是需要通过的三项测试。你如何用测试程序来做测试？

标题： 传送一条POKE信息给其他用户

描述： 单击 "Send a Poke" 按钮，传送一条可听、可视的警示信息给聊天室的其他成员。警示声应该较短并且不能太烦人——你只是要引起他们的注意。

优先级： 20   估计值： 3

标题： 传送一张图片给其他用户

描述： 单击 "Send a Picture" 按钮，传送一张图片给其他用户。（只支持JPEG格式）。应该有拒绝接收该文件的选项。传送的文件大小没有限制。

优先级： 20   估计值： 4

这些使用情节要在demo中运行，你必须测试其功能性。

还记得Bob覆盖了处理POKE_START_SEQUENCE命令的程序吗？

你如何测试这些代码以确保它们能运行，即使有其他的问题产生？

```java
public class RemoteReader implements Runnable {
  boolean[] checkboxState = null;
  String nameToShow = null;
  Object obj = null;

  public void run() {
  try {
    while ((obj = in.readObject()) != null) {
      System.out.println("got an object from server");
      System.out.println(obj.getClass());
      String nameToShow = (String) obj;
      checkboxState = (boolean[]) in.readObject();
      if (nameToShow.equals(PICTURE_START_SEQUENCE)) {
        receiveJPEG();
      }
      else {
        otherSeqsMap.put(nameToShow, checkboxState);
        listVector.add(nameToShow);
        incomingList.setListData(listVector);
        // now reset the sequence to be this
      }
    } // close while
  } catch (Exception ex) {
    ex.printStackTrace();
  }
  } // close run
}
```

这是伪代码（Pseudocode） 如果你需要
某种资源，假定你一定能得到它。这里是
你需要的在代码级的基本步骤。

1. 测试······ 传送PICTURE_START_SEQUENCE，测试图片传送功能

建立网络连接传送PICTURE_START_SEQUENCE
传送空的核取方块阵列（没有声音）传送图片
数据验证图片数据被接收并正确地演示

....

....

这里是你需
要做的测试。

先帮你完成这个，以
便给你一些用于描述
测试的伪代码的想法。

2. 测试······ 传送POKE_START_SEQUENCE

建立网络连接

....

....

....

....

....

这项测试要做什么？这应该
是伪代码。你打算写什么样
的代码以实施这项测试。

3. 测试······ 要给所有客户端传送标准的文本信息

建立网络连接

....

....

....

....

....

练习答案

以下是Bob为BeatBox项目的演示程序构建的一段代码（在客户面前失败过的那段程序）和软件版本重点实现的两个使用情节。你的任务是对至少三种情形做白箱测试。

测试 传送PICTURE_START_SEQUENCE, 测试图片传送功能

建立网络连接传送
PICTURE_START_SEQUENCE传送空的核取方
块阵列（没有声音）传送图片数据验证图片
数据被接收并正确地演示

由于这是其中的一个使用情节，因此，要测试基本的图片功能性，但要深入到所包含的代码。

这比仅仅用GUI更深入：你实际上在用特定的输入测试特定的方法，以便确认结果是所期望的。

测试 传送POKE_START_SEQUENCE

建立网络连接传送POKE_START_
SEQUENCE传送空的核取方块阵列（没
有声音）验证听到警示声音和警示信
息得到显示

用测试去检查POKE_START_SEQUENCE，在向客户做演示前，你可以看待是否失败，避免惊慌。

你可能要通过观察一个正在运行的聊天客户端，验证它在运行——没有关系，可使用任何做正确测试的东西。

这一项基于其他的使用情节，并且它不同于图片测试。

测试 要给所有客户端传送标准的文本信息

建立网络连接传送信息"测试信息"传送有
效的核取方块阵列（有声音）验证所有的客户
端都收到测试信息并且核取方块得到更新，而
且与传送过来的阵列值相吻合

别忘了测试原本应该能够运行的东西，它与测试新功能一样重要。

你可能想得到更多的一些测试——像是测试点击信息时能否正确地得到核取方块的阵列，以及测试失败的条件。如果太多核取方块值以阵列的方式传送，会发生什么事情？或是太少呢？看看你能有多少方式让BeatBox项目失败。

> 但是，没有测试方案（Testing frame-works）能帮我们完成这些事情吗？为什么我们要自己写这些代码？

编写测试程序是你的任务

有很多好的测试方案，但它们只是**执行**你的测试任务；它们不是为你编写的测试程序（注1）。测试方案实际上只是一组工具，这些工具能帮助表达你的测试。即使这些工具真的非常有用，但还有很多事情你需要记住：

首先，**你需要弄清楚你必须测试什么。**弄清楚测试什么和你如何表达你的测试常常是两件不同的事情。不管你的测试方案如何，你需要考虑功能性测试、性能测试、边界情况（Boundary or edge cases）、竞争（race）条件、安全风险、合法数据、非法数据等。

其次，**对测试方案的选择几乎肯定会影响你的测试方式。**那未必是一件坏的事情，但不要忘记它。这可能表示你需要用多种方式去测试你的软件系统。例如，如果你决定对你的桌面应用程序采用代码级的测试方案，而无法顾及GUI中的错误，因此，你也可能希望能用其他的方式测试它。另一个很好的例子是：你编写3-D游戏软件，测试后端（backend）的代码不是很难，但确保游戏能正确地展示图形，游戏中的人物在你的游戏世界中不能穿墙或失败还是有难度的。那可是一团混乱，没有任何测试方案可以为你生成这些测试。

注1. 实际上，有些测试方案能为你生成测试，但他们有非常特殊的目标。有关应用系统安全的测试方案是常见的例子，测试方案能为你的软件给出一堆常见的安全错误，在看会发生什么。但这不能替代真正的应用软件测试，以确保系统能按照你希望的那样工作（同时用户希望系统能这样）。

围绕测试方案做测试

我们正在讨论测试方案，但测试方案真正意味着什么？显而易见的测试方式是让某个人**使用**你的应用软件。但是，如果我们能让测试工作自动化，~~让电脑帮助我们做测试~~，我们能更有效并且知道我们的测试每次都能以相同的方式运行，那是重要的，因为持续一致的测试不是人类最擅长的。

一个步骤测试每件事情 ← 实际上就是一个指令

使你的测试工作自动化有很多优点。它不需要你坐在哪儿并且是手工的方式测试你的软件，你也可以构建你的**测试库**（Library of tests），你每次运行**测试套件**（Test suite）时，测试库能在同一时间完整地测试你的软件。

❶ 构建测试套件。

当你的软件系统变大时，需要进行的应用测试工作也增多了。首先，这可能会有一点吓人，特别是如果你通过手工方式进行软件的测试时。实际上讲，大型软件系统能有上千种测试，这些测试工作要花费开发人员几天的时间去执行。如果你把测试工作自动化，你可以把针对你的软件的所有测试都集中起来放在一个库，然后按照你的意愿执行这些测试，而不需要依赖某个人，可能一个发现了你的错误的、可怜的测试工程师，手工执行这些测试需要一天或更多的时间。

❷ 用一个命令执行所有的测试。

在测试方案中，一旦你有一个测试套件能自动地进行测试，下一步是去构建一组测试，这样你可以用一个命令执行所有的测试。测试套件运行越容易，测试套件使用的次数就越多，就意味着你软件的质量将提高。任何新的测试可以简单地增加到测试套件，于是，每个人从你编写的测试软件中获益。

❸ 免费获得回归测试（Regression testing）。

创建单一命令测试套件的最大优势是你能免费地做回归测试，单一命令测试套件能连续地添加测试，就如同你为软件增加代码一样。检测你的软件系统是否因为增加了新的修改而实际上对已有的软件引入了错误时，这项工作被称为软件回归（Software Regression）。为软件增加新的修改，对使用旧的或继承的代码的开发人员来讲，都隐含一定的危险性。处理这类回归问题所带来的威胁的最好的方式是：不要仅仅测试你新增加的代码，也要执行所有的测试。

现在，因为你将要在你的测试套件中增加新的测试，你会免费地得到这件事情。你必须做的所有事情是增加你的测试到已有的测试套件，然后用一个命令使测试工作开始，你将通过回归测试完成你对代码修改后的测试。

← 当然，这取决于已有的代码已经具有有效的测试套件，才能加以扩充。查看第10章，看看当不是这种情况的要做什么。

嗯嗯，每次都测试每件事情不是要花很长时间吗？有没有变通的方法，以便开发人员在需要时能做回归测试，并且可手动，选择要测试什么。

调整你的测试套件，因时制宜

一个不幸的事实是庞大的单元测试套件是比较笨拙的，并且，因此而变得不好用。有一项技术可以把快速测试和缓慢测试分开来，以便开发人员在修改和增加代码时能经常性地执行所有的快速测试，但当他们认为需要时，才执行完整的测试套件。

什么样的测试会被分类到快速测试或缓慢测试，实际上取决于特定项目的需要，并且因开发工作的不同，可以变更两个类中的测试。举例来讲，如果你没有极少修改的代码，并且需要很长时间去做测试，那么，它就是慢速测试套件的良好的候选。然而，如果你正在其上面工作的代码会对极少修改的代码有影响的话，在你做修改时，你可能考虑把测试移到快速测试套件中。

让我们试试广受欢迎而且免费的Java测试方案，该免费的测试方案被称为JUnit。

你可以通过模拟加速缓慢测试，第8章有更多地说明。

没有愚蠢的问题

问： 那么，我们需要多久能够执行一次完整测试套件？

答： 这真的取决于你和你的团队。如果对每天执行一次完整的测试套件感到满意，并且知道回归错误（Regression bugs）只能一天捕捉一次，那么就很好了。然而，我们仍然建议你保持一组测试能频繁地进行。

下载JUnit测试方案，访问 http://www.junit.org

让测试所花费的时间尽可能地缩短。测试套件执行的时间越长，就可能执行测试的次数越少。

使用测试方案让你的测试自动化

让我们看一个简单的测试案例，并使用JUnit将它自动化。JUnit提供在测试中需要的一般的资源和行为，每次调用每个测试程序，一次一个。同时，JUnit提供了友好的GUI界面，使你能看到测试程序的运行，但与自动测试程序的功能相比，这是小事一桩。

JUnit也有基于文本的测试执行器并且能支持多数常用的IDE插件。

你必须输入JUnit类

```java
package headfirst.sd.chapter7;
import java.io.*;
import java.net.Socket;
import org.junit.*;

public class TestRemoteReader {
    private Socket mTestSocket;
    private ObjectOutputStream mOutStream;
    private ObjectInputStream mInStream;

    public static final boolean[] EMPTY_CHECKBOXES = new boolean[256];

    @Before
    public void setUp() throws IOException {
            mTestSocket = new Socket("127.0.0.1", 4242);
            mOutStream =
              new ObjectOutputStream(mTestSocket.getOutputStream());
            mInStream =
              new ObjectInputStream(mTestSocket.getInputStream());
    }

    @After
    public void tearDown() throws IOException {
            mTestSocket.close();
            mOutStream = null;
            mInStream = null;
            mTestSocket = null;
    }

    @Test
    public void testNormalMessage()throws IOException {
            boolean[] checkboxState = new boolean[256];
            checkboxState[0] = true;
            checkboxState[5] = true;
            checkboxState[19] = true;
            mOutStream.writeObject("This is a test message!");
            mOutStream.writeObject(checkboxState);
    }
}
```

这些对象被用于几个测试案例之中。

这是静态的、最终的核取方块阵列，该核取方块阵列被用于几种不同的测试。

在执行每种测试之前，JUnit调用setup()，因此，这里是初始化变量的地方，这些变量被用于测试方法之中。

Teardown()在做清理。当每项测试完成时，JUnit调用该方法。

由于这些用@Before和@After进行了注释，在每项测试前后，它们都要被JUnit调用。

这里是实际的测试。你以@Test做注释，因此，JUnit知道它是一项测试并能执行它。方法只是传送测试信息和核取方块阵列。

你可以使用mOutStream，因为它在Setup()方法中被设定，JUnit已经调用过它。

使用测试框架运行你的测试

调用JUnit测试执行器，`org.junit.runner.JUnitCore`。你需要给执行器的唯一信息是要执行哪一个测试类：`headfirst.sd.chapter7.TestRemoteReader`。测试方案会负责执行该类中的每一项测试。

不要忘记启动MusicServer和BeatBox Pro副本。JUnit不负责帮你处理这件事情，除非你增加相关的代码到setup()之中。

不要忘记把junit.jar输入到你的类路径之中。

JUnit会为其执行的每项测试打印一个"点"。由于这个类只有一项测试，因此只有一个"点"。

"OK"是JUnit能理解的方式，告诉所有被执行的测试。

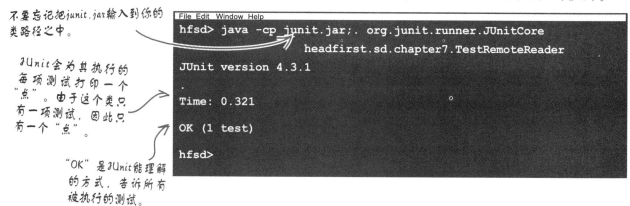

```
File Edit Window Help
hfsd> java -cp junit.jar;. org.junit.runner.JUnitCore
                headfirst.sd.chapter7.TestRemoteReader
JUnit version 4.3.1
.
Time: 0.321

OK (1 test)

hfsd>
```

这里是执行完测试之后，BeatBox Pro看起来的样子。检查标记是预期的那样。测试信息在日志文件之中。

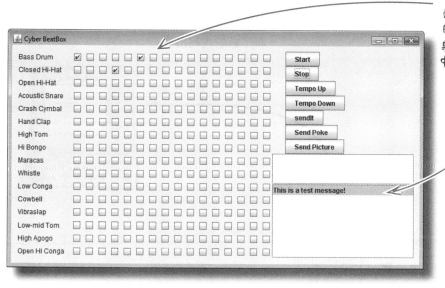

测试方案准备就绪后，你可以轻松地加入第246页的测试。只需增加更多的测试方法并以`@Test`进行注释。然后，你可以执行你的测试类并观察其结果。

> 如果有一个工具能在我调入代码后，为我执行所有的测试程序，那么我就不用在我的团队面前显得局促不安了，这是否在做梦？

在你调入代码时，利用持续集成工具执行全部测试

我们已经拥有了版本控制工具，它能保持对代码的跟踪，现在我们又拥有一组自动化测试。我们需要以一种方式把这两个系统绑定在一起。有些版本控制工具（或集成了版本控制工具的应用系统）将编译你的代码、执行自动化测试、甚至显示和邮寄出报告——一旦你提交代码到你的存储目录之中。

这是**持续集成**（Continuous integration（CI））的所有部分，它看起来像这样：

有时候是CI工具关注着你的存储目录，看看修改了些什么，但是最后的结果都一样——整个事情是自动化的。

② 版本控制工具通知你的CI工具，有了新的代码出现。

新的代码！

对于你和你的团队，版本控制流程不需要做任何修改。从更新代码开始，然后，调入代码。

① Bob调入部分代码

一些代码

版本控制服务器进行了一般的调入过程，像更新修订号，但现在也有一个连续集成工具与其一起工作。

刨根

问底

版本控制和CI的最大好处是你不需要做任何事情——全都是自动发生的。

持续集成和构建工具是两个过程用以改善团队成员之间的沟通。

③ CI调出新的代码，编译它并执行全部测试程序。大多数构建工具创建web页面和电子邮件，让每人都知道构建工作的当前状态。

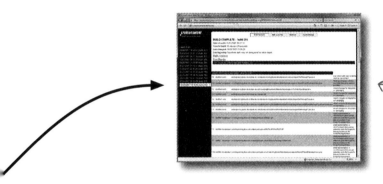

这个特别的构建工具被称之为CruiseControl，但还有很多类似的产品

连续集成把版本控制、编译和软件测试囊括在 <u>单一</u> 的、可重复的流程之中。

没有愚蠢的问题

问： 每次我调入代码时，CI都必须构建和测试我的代码吗？我的项目太大，这样做真的可能使工作缓慢下来。

答： 不是，确实不是。虽然每次将修改提交到版本控制系统时进行构建及执行测试是一个良好的实践，但是，有时候不是完全实用。如果你有一大组测试，需要耗费大量的计算资源，你可能应该有一点区别地安排事情。

运用CruiseControl控制CI

一个CI工具的三个主要的任务是从你的存储目录中得到代码的版本、
构建代码，然后执行测试软件套件去测试它们。为了告诉你CI如何
设置，让我们看看CI在CruiseControl中是如何工作的。

① 把JUnit测试套件添加到Ant构建中。

在构建你的CruiseControl项目之前，你需要添加JUnit测试套件到
Ant构建文件中。

上一次看到Ant是在第6.5节。

```
<target name="test" depends="compile">
  <junit>
    <classpath refid="classpath.test" />
    <formatter type="brief" usefile="false" />
    <batchtest>
      <fileset dir="${tst-dir}" includes="**/Test*.class" />
    </batchtest>
  </junit>
</target>

<target name="all" depends="test" />
```

一个新的目标被称之为"测试"，它取决于"编译"目标是否已成功地完成。

这里是巧妙所在。在你的项目中，所有的已"Test"开始的类都是作为JUnit测试自动执行的。不需要你一个一个地指明。

"all"目标只是一个代表"编译、构建和测试每件事情"的较好的方式。

② 创建CruiseControl项目。

下一步是创建CruiseControl项目并开始定义你的构建和测试过程。

```
<cruisecontrol>
  <project name="BeatBox" buildafterfailed="true">
    <!-- This is where the rest of your project configuration will go -->
  </project>
</cruisecontrol>
```

项目标记界定全部项目配置。

在CruiseControl中，项目用XML文档描述，与Ant中的描述非常相同，除了该脚本描述的是什么将要被完成，及何时被完成。

3 **检查在存储目录中是否做过修改。**

在你的CruiseControl项目中，你可以描述在哪里获得代码，然后要去做什么。在这种情况下，从你的subversion存储目录中获取代码的修改。如果代码已经被修改了，则运行全部构建；否则，列入表中的构建就跳过去。

"modificationset" 要求存储目录去检查本地副本，看看是否需要把修改构建进来。

```
<modificationset quietperiod="10">

  <svn LocalWorkingCopy="hfsd/chapter7/cc"
  RepositoryLocation="file:///c:/Users/Developer/Desktop/SVNRepo/BeatBox/trunk"/>

</modificationset>
```

这里用你说明本地副本和远程的存储目录去核对修改。

4 **调度构建。**

最后，你描述你想要连续集成构建发生的频率。在CruiseControl中，是用调度标识（Schedule tag）来完成的，在你描述的构建类型之内，你执行它们。

```
<schedule interval="60">
  <ant antworkingdir="hfsd/chapter7/cc"

      buildfile="build.xml"

      uselogger="true"

      usedebug="true"

      target="all"/>
</schedule>
```

调度构建每60分钟发生一次。

这里，插入你的Ant构建脚本。

构建 "all" 目标

测试确保系统能有效工作……对吗?

版本控制、CI、测试方案、构建工具……自从你和你的大学的伙伴们在你的车库里编写程序开始,你就有一段长长的路要走。通过你所有的测试,你应该有信心向客户演示你构建的系统是什么样子。

```
File Edit  Window  Help  WhatNow?
hfsd> java -cp . headfirst.sd.chapter7.BeatBox Tracey
got an object from server
class java.lang.String
got an object from server
class java.lang.String

Exception in thread "AWT-EventQueue-0" java.lang.ArrayIndexOutOfBoundsException: 255
  at headfirst.sd.chapter7.BeatBox.changeSequence(BeatBox.java:340)
  at headfirst.sd.chapter7.BeatBox$MyListSelectionListener.valueChanged(BeatBox.java:283)
  at javax.swing.JList.fireSelectionValueChanged(Unknown Source)
  at javax.swing.JList$ListSelectionHandler.valueChanged(Unknown Source)
  at javax.swing.DefaultListSelectionModel.fireValueChanged(Unknown Source)
  at javax.swing.DefaultListSelectionModel.fireValueChanged(Un
  at javax.swing.DefaultListSelec
  at javax.swing
  at javax.swing
  at java.awt.A
  at java.awt.C
  at javax.swin
  at java.awt.C
  at java.awt.Co
  at java.awt.Co
  at java.awt.Co
  at java.awt.Co
  at java.awt.Lio
```

客户点击日志文件中的Poke信息,突然,一堆讨厌的错误信息又从控制台的窗口中冒出来。

真地开始变老了……你不能把事情都弄对吗?

这里是我们在第6章中修改过的代码。错误一定与这里的某样东西有关。请在这次发现该错误。

```java
public void buildGUI() {
  // code from buildGUI
  JButton sendIt = new JButton("sendIt");
  sendIt.addActionListener(new MySendListener());
  buttonBox.add(sendIt);
  JButton sendPoke = new JButton("Send Poke");
  sendPoke.addActionListener(new MyPokeListener());
  buttonBox.add(sendPoke);
  userMessage = new JTextField();
  buttonBox.add(userMessage);
  // more code in buildGUI()
}

public class MyPokeListener implements ActionListener {
  public void actionPerformed(ActionEvent a) {
    // We'll create an empty state array here
    boolean[] checkboxState = new boolean[255];
    try {
      out.writeObject(POKE_START_SEQUENCE);
      out.writeObject(checkboxState);
    } catch (Exception ex) {
        System.out.println("Failed to poke!"); }
    }
  }
  // other code in BeatBoxFinal.java
}
```

这里是我们对 *BeatBox.java* 的 *buildGUI()* 方法所修改的代码。

内部类也是来自 *BeatBox.java*。

这段代码出了什么错？ ....
....

为什么我们测试时没有抓到它？ ....
....

要如何以不同的方式进行？ ....
....

被测试的代码是完整的代码

这里是我们在第6章中修改过的代码。错误一定与这里的某样东西有关。请在这次发现该错误。

```java
public void buildGUI() {
  // code from buildGUI
  JButton sendIt = new JButton("sendIt");
  sendIt.addActionListener(new MySendListener());
  buttonBox.add(sendIt);
  JButton sendPoke = new JButton("Send Poke");
  sendPoke.addActionListener(new MyPokeListener());
  buttonBox.add(sendPoke);
  userMessage = new JTextField();
  buttonBox.add(userMessage);
  // more code in buildGUI()
}

public class MyPokeListener implements ActionListener {
  public void actionPerformed(ActionEvent a) {
    // We'll create an empty state array here
    boolean[] checkboxState = new boolean[255];
    try {
      out.writeObject(POKE_START_SEQUENCE);
      out.writeObject(checkboxState);
    } catch (Exception ex) {
        System.out.println("Failed to poke!"); }
    }
  }
}
// other code in BeatBoxFinal.java
```

这里是错误所在。我们创建了一个含255布尔值的队列，而不是256。

这段代码出了什么错? 传送虚核取方块阵列时，我们采取了差一错误测试，只传送了255个布尔值，而应该传送256个布尔值。

为什么我们测试时没有抓到它? 我们的测试把合法的阵列传送到接收端，但并没有测试到应用程序的GUI。

要如何以不同的方式进行? 我们需要一种能测试更多代码的方法，我们应该增加能捕捉到这个错误的测试（然而，是不是还漏掉其他什么事情）。

等等，这些代码是前一段时间编写的。我们总是可以编写测试程序，但不能覆盖所有的事情。我们何时可以再去编写新的代码？剩余的工作量很惊人……

不能运行的代码就是不完整的代码!

完整的代码是可*运行的*代码。没有很多人会为不能工作的代码而付给你编写代码的报酬，编写测试程序也是完成工作的一大重点。事实上，软件测试使你知道何时才算写好原本打算要写的代码，以及何时做它应该做的事情。

但你需要做多少测试呢？好的，这变成了一种平衡。一方面是你测试了多少代码，而另一方面在你还没有进行测试的部分中寻找到错误的可能性有多大。在一个十万行的程序中，一百个测试都测试同样的五十行的方法不会给你很多信心，因为留下了整整99,950行未测试的代码，尽管你已经写了不少测试。

代替测试次数的方式是考虑代码的**覆盖率**（Code coverage）：即你实际测试的代码占你全部代码的比例。

嗯嗯……我猜一定有某个工具可以绑定在我们的流程之中，为我们做检查，对吗？

工具是你的朋友

测试工具和测试方案不能做你应该做的工作，但它们能使你的工作变得更加容易——并弄清楚你应该继续做什么工作，代码覆盖度也是一样。

你的代码直到通过测试才算完成

你应该编写测试程序，以确认你的程序在做其应该做的工作。如果你对某个特定的功能没有做测试，你如何知道你的代码真能实施该项功能呢？如果做了测试，但没有通过，你的代码就<u>不能运行</u>。

 **准备练习**

下面是从BeatBox项目的应用程序中获得的部分代码。你的任务是想
出代码的覆盖度达到100%的测试方案……或者，尽可能地接近。

```java
public class RemoteReader implements Runnable {
  boolean[] checkboxState = null;
  String nameToShow = null;
  Object obj = null;

  public void run() {
    try {
      while ((obj = in.readObject()) != null) {
        System.out.println("got an object from server");
        System.out.println(obj.getClass());
        String nameToShow = (String) obj;
        checkboxState = (boolean[]) in.readObject();

        if (nameToShow.equals(PICTURE_START_SEQUENCE)) {
          receiveJPEG();
        } else {
         if (nameToShow.equals(POKE_START_SEQUENCE)) {
           playPoke();
           nameToShow = "Hey! Pay attention.";
         }

          otherSeqsMap.put(nameToShow, checkboxState);
          listVector.add(nameToShow);
          incomingList.setListData(listVector);
          // now reset the sequence to be this
        }
      } // close while
    } catch (Exception ex) {
      ex.printStackTrace();
    }
  } // close run
} // close inner class
```

这里是处理图片、Poke
序列和一般信息的代码。

圈出你的测试没有
覆盖的代码。

❶ 撰写用于测试这段代码的测试程序（伪代码也可以）。

....
....
....
....
....

这些测试中有一些可能超过该短代码的范围——写下注释，说明你还做了哪些其他测试。

❷ 撰写用于测试这段代码的测试程序。

....
....
....
....
....

❸ 撰写用于测试这段代码的测试程序。

....
....
....
....
....

❹ 我们获得了100%的代码覆盖率吗？你还会测试其他什么东西？如何测试？

....
....
....
....

准备练习
答案

下面是从BeatBox项目的应用程序中获得的部分代码。你的
任务是想出代码的覆盖度达到100%的测试方案……或者，
尽可能地接近。

```java
public class RemoteReader impleme
  boolean[] checkboxState = null
  String nameToShow = null;
  Object obj = null;

  public void run() {
    try {
      while ((obj = in.readObject()) != null) {
        System.out.println("got an object from server");
        System.out.println(obj.getClass());
        String nameToShow = (String) 
        checkboxState = (boolean[]) i

        if (nameToShow.equals(PICTURE
          receiveJPEG();
        } else {
          if (nameToShow.equals(POKE_START_SEQUENCE)) {
            playPoke();
            nameToShow = "Hey! Pay attent
          }

          otherSeqsMap.put(nameToShow, c
          listVector.add(nameToShow);
          incomingList.setListData(listVector);
          // now reset the sequence to be this
        }
      } // close while
    } catch (Exception ex) {
      ex.printStackTrace();
    }
  } // close run
} // close inner class
```

❶
```java
@Test
public void testNormalMessage() throws IOException {
  boolean[] checkboxState = new boolean[256];
  checkboxState[0] = true;
  checkboxState[5] = true;
  checkboxState[19] = true;
  mOutStream.writeObject("This is a test message!");
  mOutStream.writeObject(checkboxState);
}
```

❷
```java
@Test
public void testPictureMessage() throws IOException {
  mOutStream.writeObject(PICTURE_START_SEQUENCE);
  mOutStream.writeObject(EMPTY_CHECKBOXES);
  sendJPEG(TEST_JPEG_FILENAME);
}
```

❸
```java
@Test
public void testPoke() throws IOException {
  mOutStream.writeObject(POKE_START_SEQUENCE);
  mOutStream.writeObject(EMPTY_CHECKBOXES);
}
```

在if陈述语句之
前，三项测试都
涵盖了这些代码。

这项测试应用于多段代码。事实上，
大多数测试都不会被隔离到只涉及少
数几行代码，即使它可能是涵盖这几
行代码的唯一测试。

❹ 我们获得了100%的代码覆盖率吗？你还会测试其他什么东西？如何测试？

我们没有测试到例外处理的代码，所以我们无需创建例外的情
形。另外，我们也一点儿没有测试GUI——那可能需要某个人
操作该界面。

碰头会议

> 好的，所以如果我们测试每个方法，我们将达到100%的代码覆盖率，对吗？

Mark：不是，我想不是这样；运行每一个方法并不意味着每个方法的每一行都将运行。我们必须使用不同类型的测试才能触及所有不同的错误条件和逻辑分支。

Laura：哦……所以我想每一个方法的变形都应该具有一个单独的测试？

Bob：但是，我们如何能做到那一切呢？我们将需要编造各种假的数据以获得每个奇怪的错误条件。那样的话，可能没有休止……

Mark：还不止如此。我们必须测试一些状况，像是在某个时点拔掉网络线，用以测试如果当网络断线和I/O出现问题时，会出现什么样的情况。

Bob：你不觉得这样做有点离题太远吗？

Mark：嗯，如果我们应该抓住所有的特殊情况和每个例外的处理……

Laura：但有很多状况并没有真正发生……

Bob：那我为何不厌其烦地去编写所有的例外处理的代码？在我的方法中，具有各种记录机制和重连接代码。而现在你说我不需要编写它们吗？

Mark：你还是得撰写，但……

Laura：这根本不太可能的！

测试全部代码意味着测试每个逻辑分支

一些最容易错过的区域是那些具有很多逻辑分支的方法或代码。假设你有像下面这样的登陆代码：

```java
public class ComplexCode {
  public class UserCredentials {
    private String mToken;

    UserCredentials(String token) {
      mToken = token;
    }
    public String getUserToken() { return mToken; }
  }

  public UserCredentials login(String userId, String password) {
    if (userId == null) {
      throw new IllegalArgumentException("userId cannot be null");
    }
    if (password == null) {
      throw new IllegalArgumentException("password cannot be null");
    }
    User user = findUserByIdAndPassword(userId, password);
    if (user != null) {
      return new UserCredentials(generateToken(userId, password,
                    Calendar.getInstance().getTimeInMillis()));
    }
    throw new RuntimeException("Can't find user: " + userId);
  }


  private User findUserByIdAndPassword(String userId, String password) {
    // code here only used by class internals
  }

  private String generateToken(String userId, String password,
                                long nonce) {
    // utility method used only by this class
  }
}
```

因为没有行为，只有数据的访问和设置，对整个 *UserCredential* 代码，你可能只需要一个测试案例。

对这个方法，你需要很多的测试，一个合法的用户名和密码。

……用户ID为空。

……密码为空。

……用户名为合法，但密码是错误的。

……用户ID不为空，但不是合法的ID……

另外，还有几个专用的方法……我们不能直接存取。

利用测试覆盖率报告看看测试覆盖情况

大多数覆盖率工具，特别像CruiseControl，它集成了CI和版本控制工具，能生成报告，告诉你测试覆盖了多少代码。

以下是在上一页测试ComplexCode类的报告，并且提供了合法的用户名和密码：

> 代码复杂性基本上告诉我们一个给定类的代码有多少不同的路径。如果存在很多条件（更为复杂的代码），这个数值会比较大。

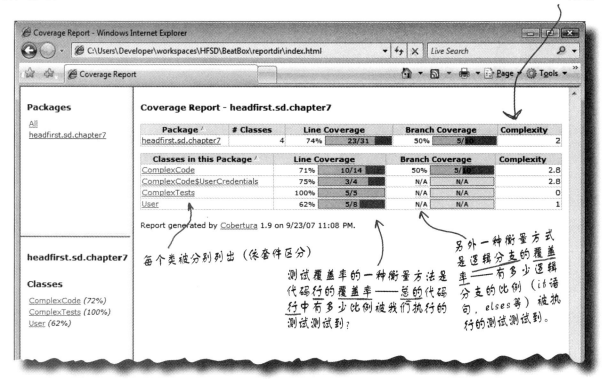

每个类被分别列出（依套件区分）

测试覆盖率的一种衡量方法是代码行的覆盖率——总的代码行中有多少比例被我们执行的测试测试到？

另外一种衡量方式是逻辑分支的覆盖率——有多少逻辑分支的比例（if语句，elses等）被执行的测试测试到。

所以上面的测试完成User类的62%测试，ComplexCode类的71%和UserCredentials的75%。如果你增加在264页描述的所有失败的例子，事情会好很多。

> 增加失败案例，我们会对ComplexCode掌握的很好。另外，对User类重做同样的事情……

> 你在跟我开玩笑吗？所有的这些测试，我们都仍然达不到100%？你如何能将它应用到一个真实的项目上？

良好的测试花费很多时间

一般来讲，总是要求达到100%的覆盖率是不实际的。在达到一定的覆盖率之后，测试带来的回报将逐步减少。对大多数项目而言，争取达到85%～90%的覆盖率。通常，要提升剩下的10%～15%覆盖率实在不容易。在某些情况下，有可能性，但所付出的代价恐怕不值得。

对每一个项目，你应该决定覆盖率的目标，甚至有时是对每一个类确定覆盖率的目标。当你刚开始时，可以确定一定的百分比，如80%，首先使用你的测试，然后跟踪所发现的错误的数量，再发布你的代码。在你发布你的代码之后，陆续发现错误。如果你发现出来的错误超过容许的范围，则再增加5%左右的覆盖率。

再次跟踪你的错误的数量。通过测试发现的错误的数量与软件发布后发现的错误的数量的比例是多少？在某些时点上，你将看到增加测试覆盖的比例会耗费很多时间，但通过测试所发现错误数量的增加并不多。当你碰到那一点时，稍微退后一点，你就知道找到了好的平衡点。

没有愚蠢的问题

问： 覆盖工具是如何运作的？

答： 基本上，覆盖工具的运作有三个步骤：

1. 在编译期间，覆盖工具可以检查代码
2. 在编译之后，覆盖工具也可以检查代码，或
3. 覆盖工具可以运行在定制的环境之中（JVM）

问： 我们应该对我们的项目做测试覆盖率分析，但现在，测试覆盖率几乎接近零。我们要如何开始？

答： 先从小范围开始。把覆盖率的目标设定为10%。然后，当你达到时，庆祝一下，然后增加到15%。在此之前，如果你没有对项目做过自动测试，你可能会发现系统中的某些部分是很难做测试自动化的。在第八章中，我们再做详细的讲解。尽你自己所能——有测试一定比没有测试要好。

问： 那最后不是要得到很多测试代码吗？

答： 绝对是的。如果你真地要做一个良好的测试，测试代码与产品代码的比例大约为2比1或3比1。但早期发现错误远比让你的客户发现它们好多了。另外，这也说明有更多的代码需要去维护，但如果你的环境已准备好，额外的代码与付出的努力一般是等值的。使客户越满意，就有越多的生意，就越会财源广进。

达到良好的测试覆盖率并不容易……

既然我们现在已经理解了软件测试覆盖率，让我们回过
头看看BeatBoxPro。既然我们知道去查询什么，还有些
类型的事情没有被测试：

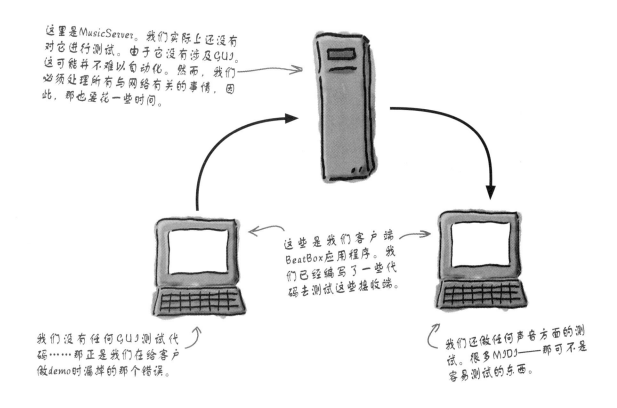

这里是MusicServer。我们实际上还没有
对它进行测试。由于它没有涉及GUI，
这可能并不难以自动化。然而，我们
必须处理所有与网络有关的事情，因
此，那也要花一些时间。

这些是我们客户端
BeatBox应用程序。我
们已经编写了一些代
码去测试这些接收端。

我们没有任何GUI测试代
码……那正是我们在给客户
做demo时漏掉的那个错误。

我们还做任何声音方面的测
试。很多MIDI——那可不是
容易测试的东西。

有些东西天生难以测试。GUI实际上不是不可能去做测试的；已经有些工具能
模拟按钮单击和键盘输入。不过，像音频的或3D图像之类的东西就有点难。答
案呢？**用真人去实践**。软件测试不能覆盖生动的游戏或在音乐程序中音频的所
有变形。

那么，哪些是你似乎不能进行测试的代码？专用的方法、第三方的程序库，或
可能是从主接口模块的输入和输出部分抽取的代码？好的，在第8章中，我们花
几页的篇幅讲一讲这方面的问题。

然后，进入测试驱动的开发（Test-driven development）。

准备练习

勾选出要达到良好测试覆盖率需要做的全部事情。

☐ 测试成功案例（"快乐路径"）。

☐ 测试失败案例。

☐ 如果系统使用数据库，规划已知的输入数据，以便你测试不同的后台问题。

☐ 阅读你正在测试的代码。

☐ 审阅用户需求和使用情节，看看系统是否按照预期的要求执行功能。

☐ 测试外部失败条件，像网络断线或人们关掉浏览器。

☐ 测试像SQL攻击或跨网站脚本攻击（XSS）。

☐ 模拟磁盘空间满的状况。

☐ 模拟负载大的情况。

☐ 使用不同的操作系统、平台和浏览器。

答案见272页。

碰头会议

Laura：我真地希望在我们向客户做演示之前，了解所有事情的进展情况。

Bob：是啊，那样我就能对我编写的代码进行测试，并且知道在我开展工作时，可能会搞坏其他的使用情节。没错，要向完全测试覆盖率前进……

Mark：咳，我不确定完全覆盖是否合理。你们没有听说80/20规则吗？为什么要把全部的时间花费在可能根本不会运行的代码上？

Bob：无论如何，我正在朝100%的测试覆盖率努力。我想只要再花几天时间编写测试程序，就能够达成。

Mark：几天时间？我们没有时间了；你不是还有很多GUI的代码需要去编写吗？

Laura：我同意。但我不能肯定我们能否达到80%的覆盖率；有很多复杂的代码深埋在GUI中，并且我不能确定怎样编写测试程序去测试这些代码。

Mark：嗯嗯…，50%怎样？我们可以从50%开始，然后增加我们没有测试的那些部分。测试覆盖报告将会告诉我们哪些代码我们还没有做测试，对吗？

Bob：是啊，我们可以检查一下哪些方法我们不能调用。如果我们选中每一个方法，然后对大量使用的代码做边缘测试，那不是太好了……

Laura：听起来确实是一个好计划……你只要提交一些代码，对吗？一旦CruiseControl完成其构建，我将马上检查测试覆盖报告。

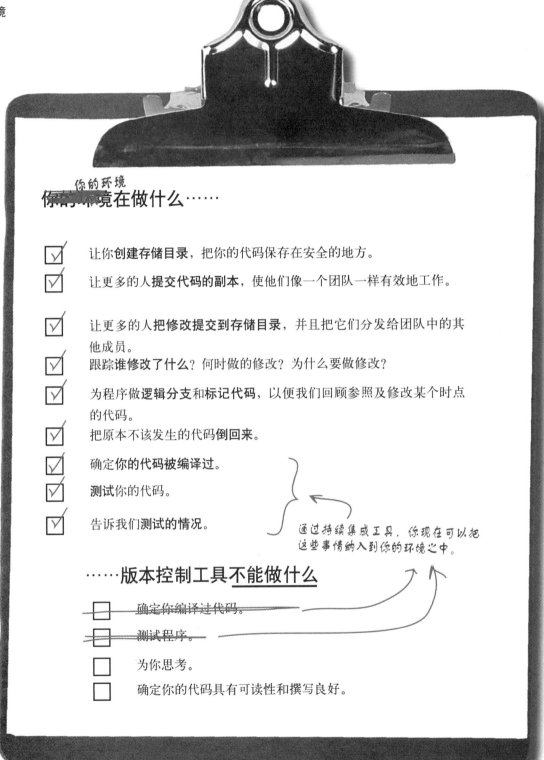

你的环境
~~你靠测环~~境在做什么……

☑ 让你**创建存储目录**，把你的代码保存在安全的地方。

☑ 让更多的人**提交代码**的副本，使他们像一个团队一样有效地工作。

☑ 让更多的人把**修改提交**到存储目录，并且把它们分发给团队中的其他成员。

☑ 跟踪**谁修改了什么**？何时做的修改？为什么要做修改？

☑ 为程序做**逻辑分支**和**标记代码**，以便我们回顾参照及修改某个时点的代码。

☑ 把原本不该发生的代码**倒回来**。

☑ 确定你的代码被编译过。

☑ **测试**你的代码。

☑ 告诉我们测试的情况。

通过持续集成工具，你现在可以把
这些事情纳入到你的环境之中。

……**版本控制工具不能做什么**

☐ ~~确定你编译过代码。~~

☐ ~~测试程序。~~

☐ 为你思考。

☐ 确定你的代码具有可读性和撰写良好。

测试填字游戏

花点时间轻松一下，测试测试你的右脑。

横排提示

5. The practice of automatically building and testing your code on each commit.

7. This should fail if a test doesn't pass.

8. Instead of running your tests by hand, use ....

10. Coverage tells you how much .... you're actually testing.

11. When white box testing you want to exercise each of these.

12. Ability to be climbed - or support a lot of users.

13. 3 lines of this to 1 line of production isn't crazy.

竖排提示

1. Just slightly outside the valid range, this case can be bad news.

2. All of your functional testing ties back to these.

3. Peeking under the covers a little, you might check out some DB tables when you use this kind of testing.

4. 85% of this and you're doing ok.

6. Continuous integration watches this to know when things change.

7. Test the system like a user and forget how it works inside.

9. You're done when all your ....

准备练习
答案

勾选出要达到良好测试覆盖率要做的全部事情。

✓ 测试成功案例（"快乐路径"）。

✓ 测试失败案例。

✓ 如果系统使用数据库，规划已知的输入数据，以便你测试不同的后台问题。

✓ 阅读你正在测试的代码。

✓ 审阅用户需求和使用情节，看看系统是否按照预期的要求执行功能。

✓ 测试外部失败条件，像网络断线或人们关掉浏览器。

✓ 测试像SQL攻击或跨网站脚本攻击（XSS）。

✓ 模拟磁盘空间满的状况。

✓ 模拟负载大的情况。

✓ 使用不同的操作系统、平台和浏览器。

*根据你的应用程序的不同，所有这些对达到良好测试都是至关重要的。但是，如果你正在使用软件测试覆盖率工具，你便可以知道你可能漏掉系统的哪部分测试。

 测试填字游戏答案

Across:
5. CONTINUOUS INTEGRATION
7. BUILD
8. AUTOMATION
10. CODE
11. BRANCHES
12. SCALABILITY
13. TEST CODE

Down:
1. BOUNDARY CASE
2. USERS
3. GEY BX
4. COVERAGE
6. REPOSITORY
7. BLACK BOX
9. TEST STEPS

软件开发工具箱

软件开发的宗旨就是要开发和交付伟大的软件。在本章中，你学到了几种使开发工作保持在正轨上的几项技术。本书的完整的工具清单，见附录ii。

开发技术

你的系统有不同的视角，你必须全部测试到。

测试必须说明成功和失败的原因。

尽可能让测试自动化。

使用持续集成工具使构建和测试你的代码自动化。

这里是本章学习到的关键技术……

……那些技术背后的一些原则。

开发原则

测试是让你时刻掌握项目状况的工具。

持续集成给你信心，确保在你的存储目录中正确存放，并且正确构建。

代码覆盖率与测试数量相比是对测试有效性的一个较好的度量。

本章要点

- 使用**连续集成**工具意味着有某个工具始终监视着存储目录中代码的质量。

- **自动化的测试**很有吸引力。你还是要编写代码，因此，趣味还在。有时你会把事情弄坏，但仍然有趣。

- 确认持续集成构建的结果和覆盖率报告对整个**团队公开**——团队拥有该项目，也应对该项目负有责任。

- 如果自动化的测试失败，持续集成工具也随之**失败**。接着，把相关信息**电邮给提交人**，直到错误得到修复。

- 测试软件系统的**整体功能性**对宣告项目能有效的运作是至关重要的。

8 测试驱动开发

让代码负起责任

好的，John——以下是我对你的期望：如果某个人忘记了他的密码，他就不能进入系统。从未听说过的家伙呢？他也不能进入系统。

有时候，完全取决于你的预期。 人人都知道，再好的代码必须能运行。但你如何**知道你的代码能运行**呢？即使是单元测试（Unit Test），也有大多数代码的某些部分没有被测试到。但如果测试的是**软件开发的基础性部分**，会怎样呢？如果你做**每件事**都伴随着测试，又会怎样呢？在本章中，我们将用你所学到的版本控制、CI和自动测试方面的知识，并将这些绑定在一起放在一个环境中，在这个环境中，你能有**信心修复错误**（Fixing bugs）、进行**重构**（Refactoring），甚至重新实施部分系统。

先测试，后编码

测试<u>在先</u>，而不是在后

与试图对已有的项目做各种各样的测试相反，我们看看从项目的开始就采用新的技术，**测试驱动开发**（Test-driven development），在编写代码一开始就伴随着测试。

Starbuzz咖啡店销售礼券有好几个月了，但现在他们需要以一种方式去接受礼券作为购买饮料的一种付款方式。Starbuzz已经知道网页的外观是什么样子，所以，你的任务重点在礼券预定系统的设计和实施上。

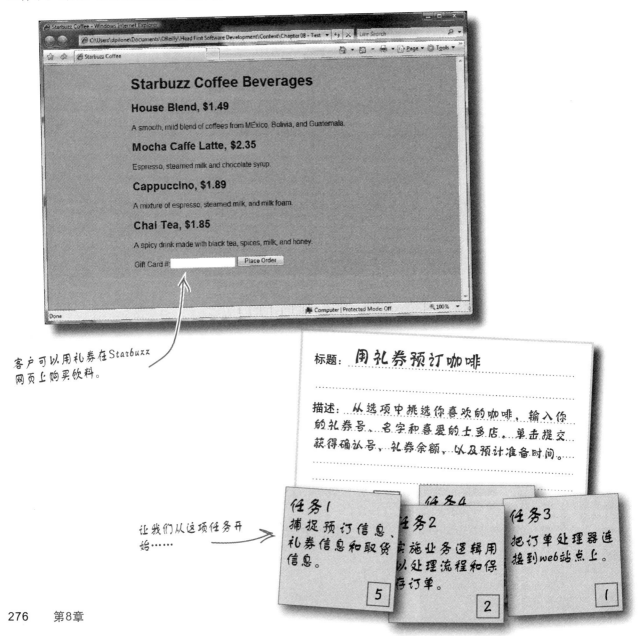

客户可以用礼券在Starbuzz网页上购买饮料。

让我们从这项任务开始……

所以，我们打算先做测试……

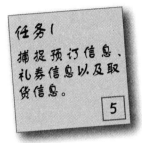

任务1
捕捉预订信息、
礼券信息以及取
货信息。

5

Starbuzz礼券的使用情节被分解为一些任务，如果我们打算捕捉预订信息、首先做测试，先必须从第一个任务开始，该任务能捕捉有关礼券信息、订单、礼券和收据的信息。记住，如果我们立即撰写程序以及取货信息。代码，便会回到前几章的做法……

分析任务

首先我们分解一下任务。对于第一个任务，你需要……

提示：在该案例中的"客户"是指到Starbuzz购买东西的人，事实上，是你客户的客户。那是使用情节的典型用词。

☐ **表达订单信息。** 你要捕捉客户的名字、饮料的描述、客户想要取货的分店号和礼券上的号码。

☐ **表达礼券信息。** 你要捕捉启用日期、截止日期和礼券上的余额。

☐ 表达收据信息。你要捕捉确认号和挑选时间以及礼券上的余额。

通常，任务合起来是一件事，但任务中的三个项都比较小，它们易于作为工作的单一单元处理。

在编写应用程序代码前，先编写测试程序

我们先要开始测试，还记得吗？这表示你必须**先**编写实际的测试程序。从这项任务的订单信息部分开始。现在，使用你的测试方案，为此功能编写测试程序。

正如第7章一样，你可以使用任何测试方案——尽管自动化的测试方案是最容易继承到版本控制和CI流程之中的。

欢迎光临测试驱动开发

当你在编写应用程序的代码之前，先撰写测试程序时，让测试程序驱动你编写应用程序的代码，你就正在运用**测试驱动开发**（Test-driven development）或TDD。TDD是一个规范的术语用以描述软件开发一开始就进行测试的过程——你编写每一行应用程序的代码都是对测试的响应，翻开下一页可以获得更多关于TDD的内容。

你的第一个测试……

编写测试程序的第一步是弄清楚你要测试的是什么。由于这是在相当细致的层次上做测试——**单元测试**，你应该从小处着手。对于你必须为第一个任务中的一部分——存储订单信息，什么是你能够*编写的最小测试程序*？嗯，就是创建OrderInformation对象本身，对吗？这里是如何测试一个新的OrderInformation对象的创建：

这是JUnit测试测试对象的单一方法。

```
package headfirst.sd.chapter8;

import org.junit.*;

public class TestOrderInformation {
  @Test
  public void testCreateOrderInformation() {
    OrderInformation orderInfo = new OrderInformation();
  }
}
```

使它尽可能的简单：只是创建新的OrderInformation对象。

> 等等，你在干什么？这个测试不可能运行；甚至无法编译。你只是编造根本不存在的类的名称。你从哪里得到OrderInformation类？

完全正确！

我们先编写测试程序，记得吗？我们**没有代码**。这个测试第一次是无法（或不应该）通过的。事实上，这段测试程序更本无法编译，不过没有关系。我们马上修正它。这里的重点是先撰写测试……

……痛苦的失败。

与日常生活中的经验不同，在TDD中，当你初次编写测试程序时，你想要**让它失败**。测试的要点在于建立"可衡量的成功"（Measurable success），在此案例中，衡量的标准在于编译出可实例化OrderInformation对象。另外，有了失败的测试以后，现在，要做什么能保证测试通过就变得很清晰了。

有效测试驱动开发的第一个规则。

规则#1：在实施任何应用程序代码之前，你的测试应该总是失败。

现在编写应用程序代码让测试通过。

你已经历了一次失败的测试……但真的没有关系。在进一步工作之前，编写更多的测试程序或是进行此任务，尽可能**编写最简单的代码使该测试通过**。现在，这个测试程序甚至无法通过编译。

运行我们的第一个测试程序还不太可行；编译时就已经失败了。

```
File Edit Window Help
hfsd> javac -cp junit.jar
          headfirst.sd.chapter8.TestOrderInformation.java
TestOrderInformation.java:8: cannot find symbol
symbol  : class OrderInformation
location: class headfirst.sd.chapter8.TestOrderInformation
    OrderInformation orderInfo = new OrderInformation();
    ^
TestOrderInformation.java:8: cannot find symbol
symbol  : class OrderInformation
location: class headfirst.sd.chapter8.TestOrderInformation
    OrderInformation orderInfo = new OrderInformation();
                                     ^
2 errors

hfsd>
```

准备练习

我们拥有了一个本该通过，但失败了的测试。让此测试通过的最简单的事情是什么？

....

....

....

让你的测试亮绿灯

此时此刻，你唯一应该有的目标是使你的测试通过。因此，只需要编写让测试通过的代码；这就是所谓的让你的测试亮绿灯。

绿灯指的是：当所有测试通过时，JUnitGUI会显示绿色标志。如果测试失败，它会显示红色标志。

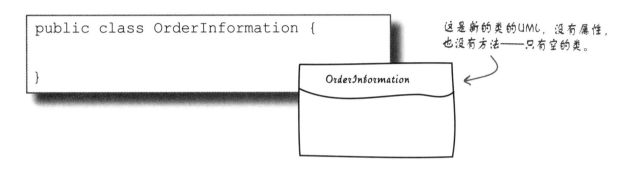

```
public class OrderInformation {


}
```

这是新的类的UML，没有属性，也没有方法——只有空的类。

OrderInformation

是的，就是这样。一个空的类。现在，再次运行你的测试程序：

```
File Edit  Window Help Classy
hfsd> javac -d bin -cp junit.jar *.java

hfsd> java -cp junit.jar;.\bin org.junit.runner.
JUnitCore headfirst.sd.chapter8.TestOrderInformation
JUnit version 4.4
  .
Time: 0.018         SUCCESS!

OK (1 test)

hfsd>
```

测试程序现在能通过编译，OrderInformation类也是。

该测试程序通过后，你要准备编写下一个测试程序，仍然集中在你的第一个任务。就是这样——你刚刚完成了测试驱动开发的第一轮。切记，目标就是编写让测试通过的代码。

规则#2：编写让测试通过的最简单的代码

真是这样吗？弄了一个空类让测试通过，这也称之为成功吗？

测试驱动开发就是做<u>最简单</u>的事使你的测试通过。

要克制你的冲动，先别增加将来可能用到的任何功能。如果以后需要某项功能，你只要编写一段测试程序和应用程序代码，并让该应用程序代码通过测试。与此同时，先别管它。明显地，你不能停在这里——你必须进行下一个测试——但是，**集中于小段程序代码**是测试驱动开发的核心和灵魂。

这称为YANGI原则……YANGI代表"You Ai ntGonna Need It"，意指"你不会用到"。

红灯停、绿灯行和重构……

测试驱动开发以很简单的循环方式在运作：

1 **红灯：测试失败**

首先，你编写一段测试程序用于检测你准备为应用程序提供的功能。明显地，它会失败，因为你还更本不能实施该项功能。这是**红灯阶段**，因为测试程序的GUI可能会将该项测试显示为红色（失败）。

2 **绿灯：测试通过**

接下来，实施该功能，让测试通过。就这样，没有更多的东西。没有什么特别之处。编写**最简单的代码**，使你的测试通过。这是**绿灯阶段**。

3 **重构：清理任何重复、难看、旧的代码等。**

最后，在你的测试通过后，可以回头清理实施代码时可能注意到的一些东西。这就是**重构阶段**。在Starbuzz的例子中，你没有任何需要重构的代码，因此，你可以立即进入下一个测试。

完成重构后，开始下一个测试再进入下一循环。

下面是我们正在进行的任务及该任务所属的使用情节。你的任务是对TestOrder-Information增加下一个测试，继续进行该项任务。

标题：　**用礼券预订咖啡**

你应该总是在较高的、功能级层次上，留心使用情节，弄清楚应该测试什么。

描述：　从选项中挑选你喜欢的咖啡，输入你的礼券号、名字和喜爱的士多店，单击提交获得确认号，礼券余额，以及预计准备时间。

优先级：　20

任务1
捕捉订单信息，礼券信息，及收据信息。

5

对该项测试，你应该集中在OrderInformation类。以后，我们将处理礼券和收据的问题。

```
import org.junit.*;

public class TestOrderInformation {
  @Test
  public void testCreateOrderInformationInstance() {
    OrderInformation orderInfo = new OrderInformation();
  }

  @Test
  public void testOrderInformation() {
    ..................................................................
    ..................................................................
    ..................................................................
    ..................................................................
    ..................................................................
  }
}
```

*如果你不是一个Java程序员，试着在你的框架中编写测试程序或把它输入到你的IDE中。

现在实施代码，使测试通过。请记住，你只须撰写让测试能通过的最
简单的代码。

这里是创建的、通过第一次测试的
OrderInformation类，你需要增补一些内容使
其通过你刚才编写的测试程序。

```
public class OrderInformation {

....................................................................

....................................................................

....................................................................

....................................................................

....................................................................

....................................................................

....................................................................

....................................................................

....................................................................

....................................................................

....................................................................

....................................................................

....................................................................

}
```

还要更新OrderInformation类图。

OrderInformation

....

....

....

_____

....

....

....

....

....

....

练习答案

下面是我们正在进行的任务及该任务所属的使用情节。你的任务是对TestOrder-Information增加下一个测试，继续进行该项任务。

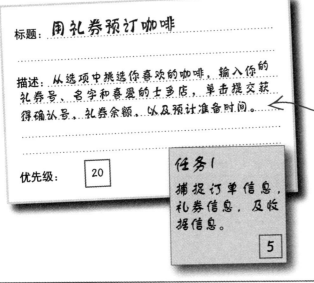

标题：**用礼券预订咖啡**

描述：从选项中挑选你喜欢的咖啡，输入你的礼券号、名字和喜爱的士多店，单击提交获得确认号、礼券余额，以及预计准备时间。

优先级：　20

为了把OrderInformation类的剩下的部分放在一起，你要增加喜爱的咖啡、礼券号、客户的名字以及要取货的分店到OrderInformation之中。

任务1
捕捉订单信息，礼券信息，及收据信息。

5

```
import org.junit.*;

public class TestOrderInformation {
  @Test
  public void testCreateOrderInformationInstance() { // existing test }

  @Test
  public void testOrderInformation() {
    OrderInformation orderInfo = new OrderInformation();
    orderInfo.setCustomerName("Dan");
    orderInfo.setDrinkDescription("Mocha cappa-latte-with-half-whip-skim-bracino");
    orderInfo.setGiftCardNumber(123456);
    orderInfo.setPreferredStoreNumber(8675309);
    assertEqual(orderInfo.getCustomerName(), "Dan");
    assertEqual(orderInfo.getDrinkDescription(),
        "Mocha cappa-latte-with-half-whip-skim-bracino");
    assertEqual(orderInfo.getGiftCardNumber(), 123456);
    assertEqual(orderInfo.getPreferredStoreNumber(), 8675309);
  }
}
```

我们的测试只是简单地创建了OrderInformation，设置我们需要记录的每个值，接着检查并确认我们得到相同的值。

你可能想要在代码中使用常数，因此，你不会在设置值和检查回传值之间有任何输入错误（特别是那些特别长的咖啡饮料的名字）。

现在实施代码，使测试通过。请记住，你可能只想要最简单的代
码通过测试。

```java
public class OrderInformation {

  private String customerName;
  private String drinkDescription;
  private int giftCardNumber;
  private int preferredStoreNumber;

  public void setCustomerName(String name) {
    customerName = name;
  }
  public void setDrinkDescription(String desc) {
    drinkDescription = desc;
  }
  public void setGiftCardNumber(int gcNum) {
    giftCardNumber = gcNum;
  }
  public void setPreferredStoreNumber(int num) {
    preferredStoreNumber = num;
  }
  public String getCustomerName() {
    return customerName;
  }
  public String getDrinkDescription() {
    return drinkDescription;
  }
  public int getGiftCardNumber() {
    return giftCardNumber;
  }
  public int getPreferredStoreNumber() {
    return preferredStoreNumber;
  }
}
```

这个类真是只有几个成员变量，以及要获取及设置这些变量的方法。

有什么事情是你在这里不用做，但还是能通过测试的吗？

OrderInformation

− customerName : String
− drinkDescription : String
− giftCardNumber : int
− preferredStoreNumber : int

+ setCustomerName(name : String)
+ setDrinkDescription(desc : String)
+ setGiftCardNumber(gcNum : int)
+ setPreferredStoreNumber(num : int)
+ getCustomerName() : String
+ getDrinkDescription() : String
+ getGiftCardNumber() : int
+ getPreferredStoreNumber() : int

在TDD中，以测试驱动实施

现在，你已经得到了一个可工作和测试的OrderInformation类。并且，因为最后一个测试的关系，你还完成了可以工作的存取器（setter和getter）。事实上，你放入类中的东西完全被你的测试所驱动。

测试驱动开发与测试优先开发是不同的，测试驱动开发在你开发的**全过程驱动**着你的实施。在应用程序的代码之前，通过编写测试程序，你必须立刻集中于系统的功能性。即将实施的程序代码究竟应该做到什么事情？

为了有助于测试的可管理和有效，有几个好的习惯你应该养成：

1 **每项测试应该仅检验一件事**

为了保持测试简单直接并集中于你需要实施的事情，试着使每项测试只测试一件事情。在Starbuzz系统中，每项测试是我们测试类中的方法。因此，testCreateOrderInformation()是只测试一件事情的例子：它的全部工作是测试一个新的订单对象的创建。下一个测试，虽然测试多个方法，但仍然只测试一个功能片段：即订单保存了正确的信息在里面。

2 **避免重复的测试代码**

你应该避免重复的测试代码，正如你要避免重复的产品代码一样。有些测试方案具有建立（setup）和卸载（teardown）方法，这两种方法让你把所有测试共有的代码合并在一起，你应该自如地利用这些方法。你可能还要模拟测试对象——在本章中以后的内容中，我们将做深入地探讨。

假如你需要一个数据库连接：你可以在setup()方法中建立，并且在teardown()方法中释放。

3 **将测试保留在你源代码的镜像目录中**

一旦你在项目中开始使用TDD，你会编写一大堆测试程序。为了有助于你组织好事情，将测试保留在与源代码同级别的单独的目录中（通常称为test/），并且用相同的目录结构。这有助于既能避免对"假设目录结构与套件名称相对应的程序语言"（如Java）产生的问题，又能让你的测试案例与你的产品代码分开。另外，这也会让构建文件比较简单，所有的测试都处在同一地方。

没有愚蠢的问题

问： 如果TDD驱动我的实施，那我们何时做设计？

答： TDD通常与所谓的渐进式设计（Evolutionary design）一起使用。注意，这并不意味着所有你想得到的代码，然而，神奇的是，最后你能得到设计良好的系统。得到良好设计的至关重要的部分是TDD中的重构步骤。基本上讲，TDD努力防止过度设计系统。随着你把功能增加到系统中去，你将增加基础代码（Code base）。过了一段时间后，你会发现事情自然而然地缺乏组织，因此，在测试通过后，重构产品代码。重新设计应用程序，应用何时的设计模式，无论需要多少功夫。而且，所有的测试应该保持通过，并让你知道你没有弄坏任何东西。

问： 要是我需要一个以上的类去实施某功能片段时又会怎样？

答： 没有关系，但你应该考虑对你需要实现功能的每个类增加测试。如果你对每个类增加测试，你将增加测试、实施代码、再增加测试等，并且用红灯、绿灯和重构循环，构建你的功能。

问： 我们做过的测试例子要我们为存取方法编写测试程序，我以为不必测试那些东西。

答： 测试存取方法并没有什么错；只是效益不那么明显。存取方法的例子只是一个开头。在接下来的几页中要深入具有挑战性的问题。

问： 在实施代码已使特定的测试通过时，我知道我必须写的下一个测试程序是什么。我能不能把该测试需要的代码也增加进来？

答： 不是，那样的话存在两个问题。第一，一旦开始增加你正试图通过的测试范围以外的东西，事情会变得很不明确。你可能认为你需要它，但是，还是等到测试告诉你，不要自己诱惑自己。

第二，可能更严重的问题是如果你现在对你正在编写的、下一个测试程序增加代码，第二项测试可能不会失败。那表示你不知道它是否真地测试你想要测试的东西，你无法确定它会不会让你知道背后的代码是否被破坏。编写测试程序——接着为该测试实施代码。

> 测试驱动开发的宗旨是为特定的功能创建测试程序，然后编写代码满足功能要求。
>
> 对你的软件系统来讲，超过功能的任何事情都是<u>不重要</u>的（现在）。

我们把这个练习留下来给你解答……要靠你自己编写测试程序了。

通过为礼券和收据对象编写测试程序和实施，完成当前Starbuzz任务中还剩余的工作。

完成任务就说明你做了所需要的全部测试，并且都通过了

为了完成第一个任务，你需要测试被捕捉和访问的信息，如订单、礼券和收据信息。你应该为这三个项目创建对象。以下显示我们如何实施每个对象……

任务1
捕捉订单信息，礼券信息，及收据信息。

5

这里是由第一个任务产生出来的类，所有的字段来自使用情节所能捕捉到的数据。

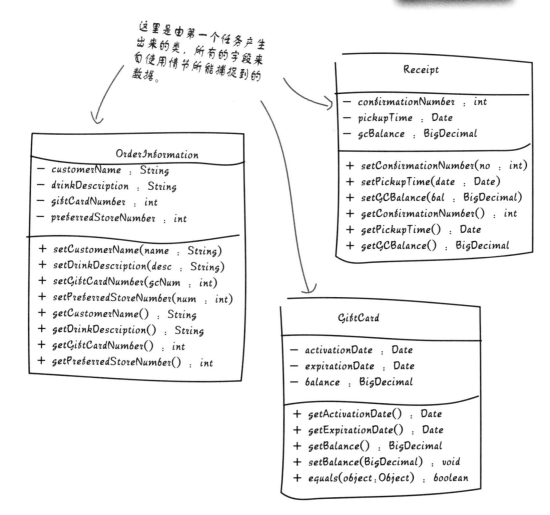

OrderInformation

- customerName : String
- drinkDescription : String
- giftCardNumber : int
- preferredStoreNumber : int

+ setCustomerName(name : String)
+ setDrinkDescription(desc : String)
+ setGiftCardNumber(gcNum : int)
+ setPreferredStoreNumber(num : int)
+ getCustomerName() : String
+ getDrinkDescription() : String
+ getGiftCardNumber() : int
+ getPreferredStoreNumber() : int

Receipt

- confirmationNumber : int
- pickupTime : Date
- gcBalance : BigDecimal

+ setConfirmationNumber(no : int)
+ setPickupTime(date : Date)
+ setGCBalance(bal : BigDecimal)
+ getConfirmationNumber() : int
+ getPickupTime() : Date
+ getGCBalance() : BigDecimal

GiftCard

- activationDate : Date
- expirationDate : Date
- balance : BigDecimal

+ getActivationDate() : Date
+ getExpirationDate() : Date
+ getBalance() : BigDecimal
+ setBalance(BigDecimal) : void
+ equals(object : Object) : boolean

当测试通过时，继续前进！

第一项任务已完成，我们编写和测试了Receipt、Gift-Card和OrderInformation类。现在，让我们把TDD方法应用到更困难的任务上：实施处理和保存订单的业务逻辑。

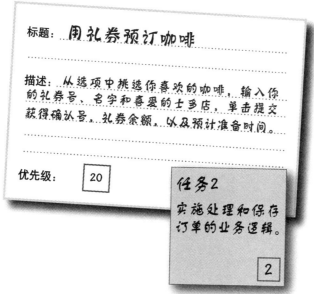

标题：**用礼券预订咖啡**

描述：从选项中挑选你喜欢的咖啡，输入你的礼券号、名字和喜爱的士多店，单击提交获得确认号、礼券余额，以及预计准备时间。

优先级：　20

任务2
实施处理和保存订单的业务逻辑。

2

不同的任务，相同的过程

这项任务与上一任务没有什么不同。我们将只是遵循同样的方法。编写失败的测试程序、实施使测试通过的代码、执行清理，接着，再重复。

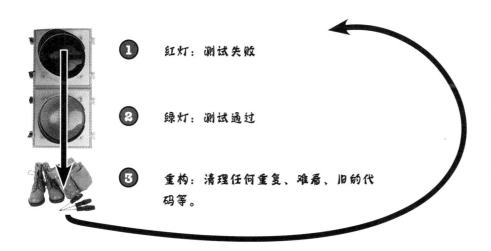

① 红灯：测试失败

② 绿灯：测试通过

③ 重构：清理任何重复、难看、旧的代码等。

先失败

红灯：编写（失败的）测试程序

第一步是编写测试程序。使用情节告诉我们需要处理和保存的订单信息，因此，让我们假设为此需要一个新的类，称之为 OrderProcessor：

> OrderProcessor这个名称没有什么特别之处。它只是一个放置业务逻辑的地方，由于在应用程序中，唯一的、其他的类是保存数据。

```
import org.junit.*;

public class TestOrderProcessor {
  @Test
  public void testCreateOrderProcessor() {
    OrderProcessor orderProcessor = new OrderProcessor();
  }
}
```

正如我们期望的那样，这项测试将失败——你还没有OrderProcessor类。因此，你现在可以轻易地修正这个问题。

> 这个测试程序甚至不能被编译，就别提能不能通过。

```
File Edit  Window Help Failure
hfsd> javac -cp junit.jar
         headfirst.sd.chapter8.TestOrderProcessor.java

TestOrderProcessor.java:8: cannot find symbol
symbol  : class OrderProcessor
location: class headfirst.sd.chapter8.TestOrderProcessor
    OrderProcessor orderProcessor = new OrderProcessor();
    ^
TestOrderProcessor.java:8: cannot find symbol
symbol  : class OrderProcessor
location: class headfirst.sd.chapter8.TestOrderProcessor
    OrderProcessor orderProcessor = new OrderProcessor();
                                        ^
2 errors

hfsd>
```

绿灯：编写通过测试的代码

为了让你的第一项测试通过，增加空的OrderProcessor类：

> 绿灯：测试能够编译并且通过。

```
public class OrderProcessor {
}
```

就这样，再编译一次，重新测试一次，你会回到绿灯。使用情节告诉你需要处理和保存订单信息。你已经得到了表示订单信息的类（及收据信息），因此，现在使用这些类搭配你刚创建的OrderProcessor类。

```
File Edit  Window Help Success
hfsd> javac -d bin -cp junit.jar *.java

hfsd> java -cp junit.jar;.\bin org.junit.runner.
JUnitCore headfirst.sd.chapter8.TestOrderProcessor
JUnit version 4.4

Time: 0.018

OK (1 test)

hfsd>
```

红灯

下面是新的测试方法。实施一项测试，该测试能检验你的软件能处理一张简单的订单。

你必须将各个片段放在一起，以描述订单……

……接着，把它传给订单处理器，并确定它能工作。

```
// other tests

@Test
public void testSimpleOrder() {
  OrderProcessor orderProcessor = new OrderProcessor();

  ...........................................................
  ...........................................................
  ...........................................................
  ...........................................................
  ...........................................................
  ...........................................................
  ...........................................................
  ...........................................................
  ...........................................................
  ...........................................................
  ...........................................................
  ...........................................................
  ...........................................................
  ...........................................................
  ...........................................................

}
```

OrderInformation

- customerName : String
- drinkDescription : String
- giftCardNumber : int
- preferredStoreNumber : int

+ setCustomerName(name : String)
+ setDrinkDescription(desc : String)
+ setGiftCardNumber(gcNum : int)
+ setPreferredStoreNumber(num : int)
+ getCustomerName() : String
+ getDrinkDescription() : String
+ getGiftCardNumber() : int
+ getPreferredStoreNumber() : int

别忘了来自上一个任务的类

Receipt

- confirmationNumber : int
- pickupTime : Date
- gcBalance : BigDecimal

+ setConfirmationNumber(no : int)
+ setPickupTime(date : Date)
+ setGCBalance(bal : BigDecimal)
+ getConfirmationNumber() : int
+ getPickupTime() : Date
+ getGCBalance() : BigDecimal

GiftCard

- activationDate : Date
- expirationDate : Date
- balance : BigDecimal

+ getActivationDate() : Date
+ getExpirationDate() : Date
+ getBalance() : BigDecimal
+ setBalance(BigDecimal) : void
+ equals(object : Object) : boolean

红灯

你的任务是实施一项测试，该测试能检验你的软件能处理一张简单的订单。

你可以在这里编造礼券号码。

这里最简单的事情是不用担心礼券上的余额……这里只是测试订单处理的最简单的版本。

```
// existing tests

@Test
public void testSimpleOrder() {

    // First create the order processor
    OrderProcessor orderProcessor = new OrderProcessor();

    // Then you need to describe the order that should be placed
    OrderInformation orderInfo = new OrderInformation();
    orderInfo.setCustomerName("Dan");
    orderInfo.setDrinkDescription("Bold with room");
    orderInfo.setGiftCardNumber(12345);
    orderInfo.setPreferredStoreNumber(123);

    // Hand the order off to the order processor and check the receipt
    Receipt receipt = orderProcessor.processOrder(orderInfo);
    assertNotNull(receipt.getPickupTime());
    assertTrue(receipt.getConfirmationNumber() > 0);
    assertTrue(receipt.getGCBalance().equals(0));

}
```

没有愚蠢的问题

问： 你怎能直接假设礼券上的余额足够？这是不是一个假设？不会不好吗？

答： 我们正在编写第一个测试程序，接着我们必须让测试通过。因此，我们假设礼券上的余额是足够的，但是，由于我们准备实施后台的代码，我们可以确定以后一定会处理，我们给自己安排的是重构。一旦我们让该项测试通过，我们显然增加对礼券的测试，该礼券上没有足够的余额。当我们那样做时，我们必然要回头看看通过测试的代码，重新修改以支持不同礼券和不同余额的状况。但是，这还需要一些思考。读下去吧……

问： 在测试中有一堆不是常数的值，我应该在意吗？

答： 是的，你应该注意这些值。为了让程序代码范例简短，我们并未将这些值设置为常数，但是，你应该像处理产品代码那样，处理测试代码，并且应用相同的风格和规则。请记住，这可不是用完就丢的代码；它与你系统的其他部分保存在存储目录中，而且，你会依赖它，让你知道是否有些事情工作不正常。千万不可小视。

简明化代表避免关联

由于我们最后的测试要通过的是让我们把processOrder()方法
增加到OrderProcessor。该方法应该返回Receipt对象，像
这样：

OrderProcessor
+ processOrder(orderInfo : OrderInformation) : Receipt

标题：**用礼券预订咖啡**

描述：从选项中挑选你喜欢的咖啡，输入你
的礼券号、名字和喜爱的士多店，单击提交
获得确认号，礼券余额，以及预计准备时间。

优先级：40   估计值：5

然而，这是变得有点奇怪的地方：processOrder()需要连接
Starbuzz的数据库。这里的任务涉及到这个系统的功能片段：

任务4
为礼券、饮料信
息、客户信息和
收据信息实施后
台数据库。 1

等一下……最简单的代码可能会发生什么？当我们
开始最后的任务时，我们不能只是模拟数据库并保
存编写的实际的数据库代码吗？

**关联使代码变得更复杂，但TDD的要点是使事情
尽可能的简单**

你必须让processOrder()与数据库保持沟通，但
是，数据库的访问代码是另外一项你还没有处理
的任务的一部分。

最重要的是，要通过测试的最简单的代码真的是
实际编写数据库的访问代码吗？

在这种情形下，你会做什么？

总是编写可测试的代码

当你第一次开始实践TDD时，你会常常发现自己处在这样的情形之中，你准备要测试的代码看起来与你项目中的其他事情有关联。这往往会在以后出现维护上的问题，但是，当谈到TDD时，现在就是一个巨大的问题。还记得我们的规则吗？我们真的不想让"最简单的事情"变成"让订单处理器包括数据库连接、四张表单和以为专职的DBA"。

规则#2：实施最简明的代码使其通过测试

> 我们的问题是：负责该项任务的代码与其他任务的代码捆绑在一起，还涉及到数据库代码，对吗？

所有现实情况中的代码都是有关联的

当你在系统中只有几个基本的类时，要将事情分开来并不困难。所以，你可以每次测试一件事情。但渐渐地，代码终究会与系统外部的事情相关联，如数据库系统。

然而，这种现象还会以多种方式出现：你的系统可能依赖于网络连接来传送数据，或者你可能需要从文件中读取数据，该文件又是由另外一个应用创建的，又或者你可能需要利用声音的API程序产生不同的声音。在这些情况下，代码之间的关联性使测试一件事情变得很困难。

嗯……像支持BeatBox，基于Java的聊天客户端。

但是，那并不表示你不必做测试，而是表示你必须想个办法独立于这些**关联性**来进行测试。

当难于测试时，检查一下你的设计

要排除代码之间的关联性，首先要看看是否能排除它。检查一下你的系统设计，看看是否真地需要把每件事情**紧耦合**（*Tightly coupled*）在一起——或所谓的相互依存，正如你当前设计的要求那样。在Starbuzz案例中，下面是我们目前做的假设：

我们有什么……

订单处理器必须是在数据库中取得礼券，检查订单、保存它，并且更新礼券（在数据库中）。所以，processOrder必须连接到数据库……这正是让测试很棘手的地方。

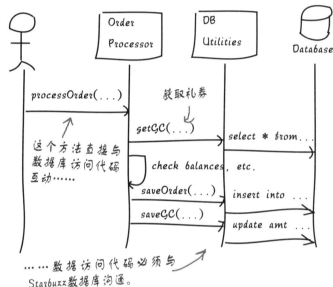

我们需要什么……

我们如何使processOrder()有相同的沟通，但又能避免数据库访问代码？我们需要某种获得数据的途径，但又**不需用**到数据库——几乎就像我们需要一个假的数据访问层。

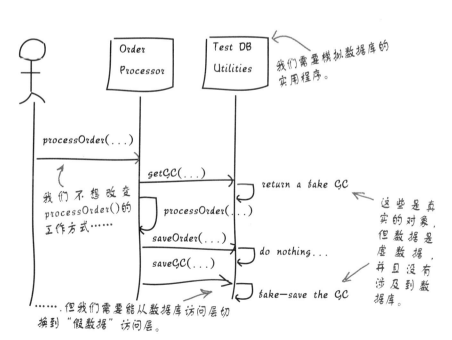

策略模式提供单一界面的多种实施方式

我们想要隐藏系统获得礼券的方式，并且根据是否我们要测试代码或让系统上线，来进行切换，参阅《Head First设计模式》中的第一章，你会发现已经有一种模式能有助于处理这样的问题：**策略模式**。

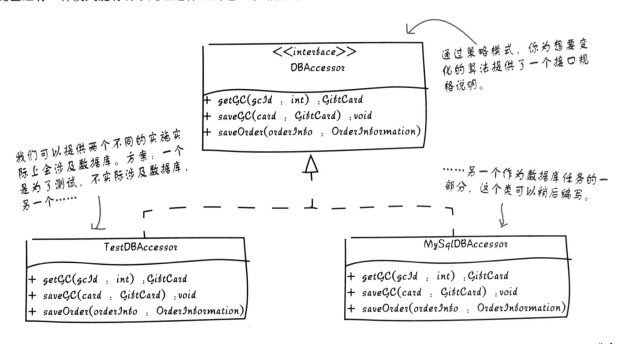

通过策略模式，你为想要变化的算法提供了一个接口规格说明。

我们可以提供两个不同的实施实际上会涉及数据库。方案：一个是为了测试，不实际涉及数据库，另一个……

……另一个作为数据库任务的一部分，这个类可以稍后编写。

*如果你的客户不能确定正式上线时会使用什么数据库，相同的方式能使换出数据库厂商和实施变得容易。

现在我们有两种不同的方式进行数据库数据存取，而 `OrderProcessor` 不需要知道它使用的是哪一个。相反，它只需要与 `DBAccessor` 接口沟通，这会隐藏实施被使用的细节。

我们现在所需要做的是增加某种方式以提供Order Processor连接到DBA ccessor的实现，根据是要测试代码，还是要让系统上线。

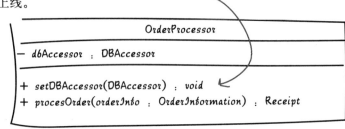

策略模式封装了一组算法，让它们成为可以相互交换的。

(练习)

再一次……绿灯行

现在，你有了一种把OrderProcessor与数据库隔离开的方式。使用正确的数据库策略，实施processOrder()方法。

你需要从数据库中取出礼券。

……保存订单……

……接着，将更新的礼券保存回去。

```
// existing code

private DBAccessor mDBAccessor;                        设定适当的数据库
public void setDBAccessor(DBAccessor accessor) {        存取器。
   dbAccessor = accessor;
}
public Receipt processOrder(OrderInformation orderInfo) {

    .....................................................
    .....................................................
    .....................................................
    .....................................................
    .....................................................
    .....................................................
    .....................................................
    .....................................................
    .....................................................
    .....................................................
    .....................................................
    .....................................................
    .....................................................
    .....................................................
  }
}
```

OrderInformation

- customerName : String
- drinkDescription : String
- giftCardNumber : int
- preferredStoreNumber : int

+ setCustomerName(name : String)
+ setDrinkDescription(desc : String)
+ setGiftCardNumber(gcNum : int)
+ setPreferredStoreNumber(num : int)
+ getCustomerName() : String
+ getDrinkDescription() : String
+ getGiftCardNumber() : int
+ getPreferredStoreNumber() : int

Receipt

- confirmationNumber : int
- pickupTime : Date
- gcBalance : BigDecimal

+ setConfirmationNumber(no : int)
+ setPickupTime(date : Date)
+ setGCBalance(bal : BigDecimal)
+ getConfirmationNumber() : int
+ getPickupTime() : Date
+ getGCBalance() : BigDecimal

GiftCard

- activationDate : Date
- expirationDate : Date
- balance : BigDecimal

+ getActivationDate() : Date
+ getExpirationDate() : Date
+ getBalance() : BigDecimal
+ setBalance(BigDecimal) : void
+ equals(object : Object) : boolean

再一次……绿灯行

现在你有了一种把OrderProcessor与数据库隔离开的方式。使用正确的数据库策略，实施processOrder()方法。

记住，只要你在使用DBAccessor测试，这就是一个占位符。

此测试想要在测试通过最后得到零余额的礼券。所以我们模拟这种状况。

嗯，不是很好；这是测试所想要的，但我们显然准备修改这段代码。我们需要另外的测试。

记住，这只是让需要的代码；为下一个测试，我们必须修改这段代码。

```
// existing code

private DBAccessor dbAccessor;
public void setDBAccessor(DBAccessor accessor) {
  mDBAccessor = accessor;
}
public Receipt processOrder(OrderInformation orderInfo) {

  GiftCard gc = dbAccessor.getGC(orderInfo.getGiftCardNumber());
  dbAccessor.saveOrder(orderInfo);

  // This is what our test is expecting
  gc.setBalance(new BigDecimal(0));

  dbAccessor.saveGC(gc);

  Receipt receipt = new Receipt();
  receipt.setConfirmationNumber(12345);
  receipt.setPickupTime(new Date());
  receipt.setGCBalance(gc.getBalance());

  return receipt;

}
}
```

没有愚蠢的问题

问： 实在不敢相信，我们刚刚编写了一段明知道是错误的代码。那对我们有什么帮助？

答： 我们所编写的测试软件是有效的——我们需要该测试软件去执行。我们编写的代码能让测试工作运作起来，因此，我们可以前进到下一个测试。这是在TDD后面的原则——只是像我们把使用情节分解为若干任务一样，我们正在把系统的功能分解为小段的代码。不用花太长时间编写这些代码让测试通过，也不用花太长时间去重构让第二、第三个测试通过。完成这些时，你就会拥有一组测试，这组测试能确定系统做它应该做的事情，而且你不会拥有做超过它需要做的事情的代码。

让测试代码跟上你的测试

剩下的工作就是完成的DBAccessor的实施供processOrder()方法使用，以及完成testSimpleOrder()测试方法。但是，DBAccessor的测试实施实际上只被用于测试，因此，它属于你的测试类，而**不是**在你的产品代码中。

所有这些代码都是在我们的测试类中，与产品代码在不同的目录之中。

```java
public class TestOrderProcessing {
  // other tests

  public class TestAccessor implements DBAccessor {
    public GiftCard getGC(int gcId) {
      GiftCard gc = new GiftCard();
      gc.setActivationDate(new Date());
      gc.setExpirationDate(new Date());
      gc.setBalance(new BigDecimal(100));
    }
    // ... the other DBAccessor methods go here...
  }
```

这里是简单的DBAccessor实施，它能返回我们想要的值。

由于这只为测试用，它被定义在我们的测试类中。

```java
  @Test
  public void testSimpleOrder() {
    // First create the order processor
    OrderProcessor orderProcessor = new OrderProcessor();
    orderProcessor.setDBAccessor(new TestAccessor());
```

把OrderProcessor对象设置成使用测试实施进行数据库访问——这表示根本没有真实的数据库访问。

```java
    // Then we need to describe the order we're about to place
    OrderInformation orderInfo = new OrderInformation();
    orderInfo.setCustomerName("Dan");
    orderInfo.setDrinkDescription("Bold with room");
    orderInfo.setGiftCardNumber(12345);
    orderInfo.setPreferredStoreNumber(123);

    // Hand it off to the order processor and check the receipt
    Receipt receipt = orderProcessor.processOrder(orderInfo);
    assertNotNull(receipt.getPickupTime());
    assertTrue(receipt.getConfirmationNumber() > 0);
    assertTrue(receipt.getGCBalance().equals(0));
  }
}
```

通过测试数据库存储器，我们测试这方法，甚至没有涉及真实的数据库。

记住，这里的全部是可能最简单的代码以返回预期的值。

测试产生良好的代码

我们一直在做测试，我们先编写测试代码所完成的不只是测试我们的系统，它也促使我们把代码组织好，让产品代码放在一个地方，其他东西则放在另外一个地方。我们也已经编写了较简单的代码——虽然还不能使系统的每一部分都能运行，但能够运行的部分都有效并且合理，而且没有什么多余的代码。

并且，由于我们系统的业务逻辑与数据库代码之间是紧耦合关系，我们实施了一个设计模式，策略设计模式。这不仅使测试变得更为容易，而且去掉了代码中的耦合关系，甚至也易于与不同类型的数据库一起工作。

因此，先测试给我们带来很多好处：

☑ **组织良好的代码**。产品代码在一个地方，测试代码在另外一个地方。甚至，用于测试的数据库访问代码的实施与产品代码是分开的。

☑ **代码总是做相同的事情**。很多测试的方法都导致测试代码只做测试的工作，产品代码只做产品代码的工作［你有看到if(debug)语句吗？］。TDD表示总是在编写产品代码。

← 我们的测试使用DBAccessor的测试指定的实施，但是，订单处理器运行相同的代码，因为我们使用了策略模式（测试专用或产品专用）。

☑ **松散耦合的代码**。紧耦合的系统太脆弱并且难于维护，更不用说很难维护。因为我们想要测试我们的代码，我们在最后会把设计分解为松散的耦合并且更为灵活的系统。

你曾听到计算机科学教授或首席结构师谈到过系统的低耦合度和高的内聚度（Cohesion）吗？这正是他们谈论的东西。因为接口和策略模式的使用，使我们有了低的系统耦合度，同时，通过把数据库和业务逻辑集中于分开的、定义良好的类中，使我们有了高的系统内聚度。

还记得单一责任原则吗？

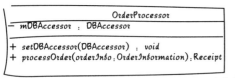

OrderProcessor具有处理订单的业务逻辑，并且不用担心数据库存取的事。因此，具有高的内聚度。

由于策略模式的接口方法，我们已经减少了订单处理器与数据库代码之间的耦合度。

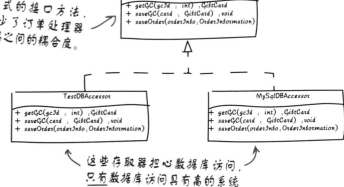

这些存取器担心数据库访问，只有数据库访问具有高的系统内聚度。

你别开玩笑了？你没看过我们刚才编写的代码吗？我们从未注意礼券上的有效期，而且我们总是把余额设置为零。你怎么会说这是比较好的代码呢？

你的代码可能不完整，但仍然具有较佳的形态

还记得测试驱动开发的第二规则吗？

规则#2：编写最简明的代码使其通过测试

即使不是每件事情都能运作，但是，可以运行的代码一定是可测试的、简明的和整洁的。然而，很明显地，我们还有很多工作要做。目标是让所有其他一切运作起来，并且让其他代码与你目前拥有的代码一样具有较高的品质。

所有这些，都是为了测试功能性、边界情况、假实施……构成了完整的测试。

因此，一旦有了基本的测试，就开始考虑你需要做哪些其他的测试……那会激发出要为它编写代码的下一个功能片段。有时候，接下来要测试什么是很明显的，像增加一项测试以处理礼券上的余额一样。有时候，需要参考使用情节所描述的其他功能。并且，一旦全部完成，就考虑一些像是测试边界状况、输入无效值、可扩展性测试等。

我们已经为订单处理实施了基本的、成功案例测试，但是，在我们的实施过程中还存在明显的问题。编写另外的测试程序发现其中的一个问题，然后编写能通过测试的代码。

多测试意味着很多代码

Starbuzz项目中的礼券类有四个属性,所以,我们准备
用几项测试来运行这些属性。我们可以测试:

- [ ] 礼券有足够的余额支付订单
- [ ] 礼券没有足够的余额支付订单
- [ ] 无效的礼券号码
- [ ] 礼券上的余额恰好支付订单
- [ ] 礼券还没有被启用
- [ ] 礼券已过期

> 在每一种情况中,我们需要包含一组稍微不同值的礼券对象,所以,我们可以在订单处理类中测试每一变化。

这只是为了测试礼券。你也需要测试`OrderInformation`类中的各种变化……另外,我们还没有测试较大的失败案例,例如,如果数据库保存订单失败,会发生什么事情。

> 这些真的都是要测试的重要事项,但是,我们不仅仅要为这些案例编写测试代码,而且还要撰写很多策略……

自动化的测试驱动开发意味着很多测试代码

系统的功能越多,你需要做的测试就越多。而且,测试越多表示代码越多……很多很多的代码。但是,所有这些代码也表示有很高的稳定性。你会知道你的系统是能运行的,在整个过程中的每一步。

而且,有时候,你可能不需要一开始所认为的那么多代码……

策略设计模式、松散的耦合、对象替代……

假设我们再次使用策略设计模式，处理数据库可能返回的礼券类型的所有不同的变化，像这样：

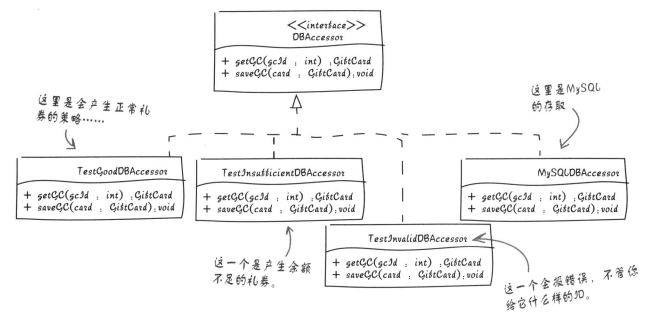

为了避免这些额外的类，你可以使用一个TestDBAccessor实现，该实现会基于你给的ID不同，而返回礼券，但是，那样会有损松散耦合：TestDBAccessor会需要与你的测试代码保持同步，以确定它们同意每个ID的含义。

> 但是，每个测试礼券存取器会分享很多代码，而且，那样也不好，所以，我们该怎么办？

我们需要很多不同，但相似的对象

现在的问题是，我们有一个像这样的序列：

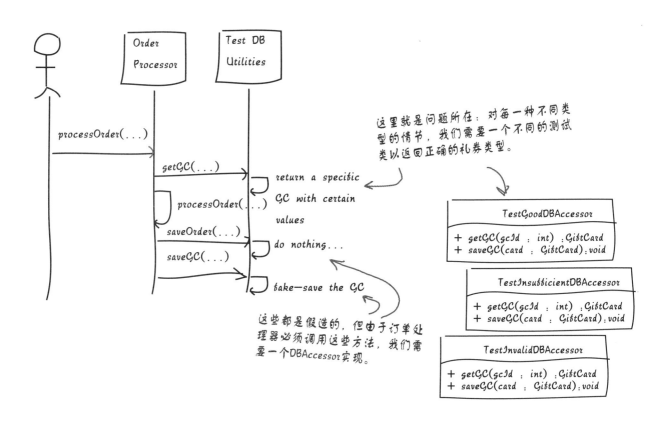

这里就是问题所在：对每一种不同类型的情节，我们需要一个不同的测试类以返回正确的礼券类型。

这些都是假造的，但由于订单处理器必须调用这些方法，我们需要一个DBAccessor实现。

如果我们生成不同的对象呢？

与编写所有的DBAccessor实现相反，如果我们有一个工具——或框架——我们能够要求该工具（或框架）根据特定的接口（像DBAccessor），创建一个新的对象，该对象会以一定的方式服务，像是在特定的输入后被返回余额为零的礼券那样？

你的测试代码告诉工具需要什么。

我想有一个DBAccessor实现，该实现能返回一个余额为零的礼券。

你的测试代码能像使用其他对象一样使用这个对象……它实现DBAccessor并且看起来像你自己编写的真实的类。

这里是一个对象……如果你用"12345"调用getGC()，它将做你想要做的事情。

Mock对象框架

大多数语言都有一个像这样的框架，只要你用Google搜索一下"Mock objects"，你就会发现。

模拟对象代替真实对象

实际上不需要三种不同的存取器，它们的作用都是为了创建一个新的GiftCard对象，然后，为它填上不同的数据。实例化GiftCard类和调用某些setter方法需要很多额外的代码。

由于我们有一个描述每个实现应该是什么样子的接口，所以，可以利用Mock对象框架的优点去做繁重的工作。与实现我们全部的类相反，我们提供该框架我们想要实现的接口，然后告诉它什么是我们所期待的。

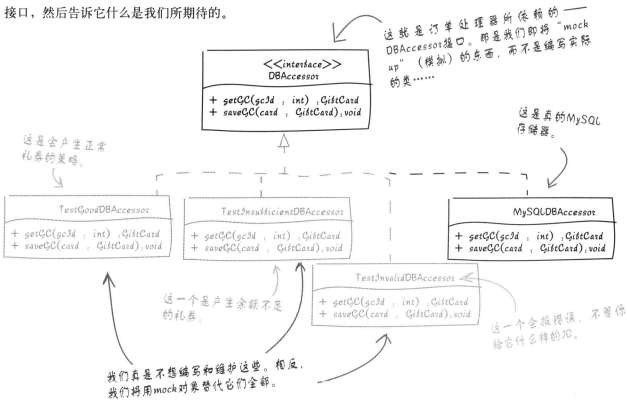

这就是订单处理器所依赖的——DBAccessor接口。那是我们即将"mock up"（模拟）的东西，而不是编写实际的类……

这是真的MySQL存储器。

这是会产生正常礼券的策略。

这一个是产生余额不足的礼券。

这一个会报错误，不管你给它什么样的ID。

我们真是不想编写和维护这些。相反，我们将用mock对象替代它们全部。

Mock对象框架会处理接口实现的创建，并且记录我们说应该调用的方法，当它被调用时应该回传什么，以及什么不应该调用等。如果某件事不能按照我们给定的计划执行，我们接口的Mock框架的实现会记录这些信息并报出错误。

*在此，我们将使用EasyMock框架，但大多数语言都有Mock对象框架，并且他们的工作方式也相似。

Mock对象是工作对象的替代物

让我们看看Mock对象框架的实际运行情况。以下是利用EasyMock的一项测试，一种Java使用的Mock对象框架。一个好的Mock对象框架允许你模拟对象的行为，而且还无需为该对象编写代码。

```java
import org.easymock.*;
// This test will test placing an order with a valid gift card
// with exactly the right amount of money on it.
@Test
public void testSimpleOrder() {
  // Set everything up and get ready
  OrderInformation orderInfo = new OrderInformation();
  orderInfo.setCustomerName("Dan");
  orderInfo.setDrinkDescription("Bold with room");
  orderInfo.setGiftCardNumber(12345);
  orderInfo.setPreferredStoreNumber(123);
  Date activationDate = new Date(); // Valid starting today
  Date exprationDate = new Date(activationDate.getTime() + 3600);
  BigDecimal gcValue = new BigDecimal("2.75"); // Exactly enough
  GiftCard startGC =
    new GiftCard(activationDate, expirationDate, gcValue);
  BigDecimal gcEndValue = new BigDecimal("0"); // Nothing left
  GiftCard endGC =
    new GiftCard(activationDate, expirationDate, gcEndValue);

  // Here's where the mock object creation happens
  DBAccessor mockAccessor = EasyMock.createMock(DBAccessor.class);
```

不管你使用哪种框架，你需要导入正确的类。

这是我们想要使用的 OrderInfo测试对象的各个部分。

这是设定测试值，该值将用在我们准备测试的礼券中。

这是一般的测试代码……模拟对象还没有包含其中。

我们需要一张礼券代表我们准备测试的初始值……

……接着，是一张"结束"礼券。这是应该从测试订单处理中返回的值。

我们想要一个对象，该对象实现接口……

……所以，我们要求框架去创建模拟对象，该对象实现正确的接口。

在这一点上，模拟对象还知道的不多——只知道它必须创建DBAccessor的替代物。所以，它知道它"mock"的方法，但除此之外，没有其他——还没有任何行为。

一旦你创建了一个模拟对象，它是在记录模式。那表示你告诉它什么是期待的，什么是要做的……所以，当你把它放在重播模式并且你的测试使用它时，你已经确切地建立了模拟对象应该做什么。

记住，你已经不必编写自己的类了……那是这里的一大胜利。

```
// Tell our test framework what to call, and what to expect
EasyMock.expect(mockAccessor.getGC(12345)).andReturn(startGC);
```

首先，预期以"12345"的值调用 getGC()……这个值与我们这里创建的 OrderInfo 对象是相匹配的。

当 setGC() 用那个值被调用时，返回给 startGC 对象……这在模拟从数据库中取得礼券，并且我们已经提供了该测试情节的准确值。

```
// Simulate processing an order
mockAccessor.saveOrder(orderInfo);
```

这里没有做任何事情……但它告诉模拟对象你应该以 OrderInfo 对象为参数，调用 saveOrder()。否则，表示某件事出了错，并应该报出例外。

```
// Then the processor should call saveGC(...) with an empty GC
mockAccessor.saveGC(endGC);
```

接着，模拟对象让 saveGC() 被调用，使用 endGC 礼券，模拟花费的正确金额。如果用这些值没有被调用，测试应该失败。

```
// And nothing else should get called on our mock.
EasyMock.replay(mockAccessor);
```

调用 replay()，告诉模拟对象框架"好的，某件事将重播这些活动，所以要准备好"

```
// Create an OrderProcessor...
OrderProcessor processor = new OrderProcessor();
processor.setDBAccessor(mockAccessor);
Receipt rpt = processor.processOrder(orderInfo);
```

这像激活该对象；它现在已准备好被使用。

```
// Validate receipt...
}
```

这里是我们使用模拟对象作为 DBAccessor 实现的替代物的地方：我们测试订单处理，但不必为某个特定的测试案例编写实现（或任何其他特定的测试案例）。

这里看起来有很多工作要做，但是，我们已省下了一个类。如果增加测试特定礼券的所有其他变化，你将省下更多的类……那可是一件大事。

没有愚蠢的问题

问： 这些模拟对象似乎没有做什么我不能做的事情，它们能给我什么好处？

答： 模拟对象提供给你一个无需编写代码就能创建某个接口的自定义的实现方法。看看303页，我们需要礼券的三种不同的变化（如果你把testInvalidGiftCard也算进来的话）。其中的两个有不同的行为，不只是值不相同。没有模拟对象，我们必须自己实现这些代码。你可以这样做，但何必呢？

问： 为什么我们不用Mock对象代替礼券本身？

答： 好的，有两个理由。第一，我们必须为礼券引入接口。由于礼券没有任何行为上的变化，因此，在这里安排接口真没有太多意义。第二，我们真正改变的是它返回的值，因为，不管怎样，它几乎就是简单的数据对象。我们可以在测试开始之初，通过实例化两个不同的礼券，得到相同的结果，并且设定我们希望的值。在此使用模拟对象（和需要的接口）有点儿"杀鸡用牛刀"。

问： 说到接口，那是否表示测试中任何需要模拟对象的地方都需要接口？

答： 是的，确实如此。有时候，你最后会在实际上不想要多个实现的地方安排接口。这并不是很理想，但只要你知道你正在增加仅供测试的接口，通常也没有什么大不了的。一般地，能够以较少的测试代码有效地进行单元测试所获得的价值，会超过这项妥协所需要的代价。

问： 什么是replay()方法所关系到的事？

答： 那就是你如何告诉模拟对象，你已经描述完即将发生的事情。一旦调用replay()，它会验证那之后所得到的任何方法调用。如果它得到它没有预期的调用、以不同顺序或以不同的参数，就会抛出意外（因而让你的测试失败）。

问： 参数怎样？……你说过它们可以与Java的equals()方法比较？

答： 正确——EasyMock测试Mock对象在执行期间获得的参数与通过equals()方法原本说它应该得到的参数。这表示你必须为要用来当作参数的方法的类提供equals()方法。还有其他比较运算符可帮助你处理像阵列一样的东西，在那里参考值也被比较。查看EasyMock文档（*www.easymock.org/Documentation*）可获得更多信息。

问： 所以我们改变了不少设计来让这些测试工作继续下去。感到该设计有点儿本末倒置。我们正在告诉OrderProcessor如何与数据库沟通……

答： 是的，是这样。该模式被称之为关联性注入（Dependency injection），它出现在很多框架中。特别是，Spring框架构建在关联性注入与控制逆转（Inversion of control）的概念之上。一般来讲，关联性注入相当支持测试——尤其是在你必须隐藏某些难看的东西的案例中，如数据库或网络时。这都是有关关联性管理和对一个指定的测试，限制系统中有多少部分需要关心。

问： 所以，你需要关联性注入或模拟对象才能进行良好的测试吗？

答： 不是，你可以利用工厂模式（Factory pattern）做很多我们通过DBAccessor做的事情，工厂模式能创建不同种类的DBAccessors。然而，有些人觉得关联性注入比较干净。它对你的设计有影响，确实常常在原本打算不安排接口的地方增加接口，但那些通常不是你的设计会产生问题的地方；它通常是代码中没有人费心去看的部分，因为时间紧迫，项目必须准时交付。

好软件是可测试的……

当设计软件时，有很多事情需要去思考：代码的重用性、干净的API、设计模式等。同等重要的是去考虑你的代码的可测试性。我们已经讨论过一些可测试性的衡量方法，如组织良好的代码和代码的测试覆盖率。然而，不要忘了，正因为你每次提交代码时就运行JUnit，但不能保证你的代码是没有问题的。

几个有关测试的坏习惯，你需要小心：

一堆未能切中要害的测试

如果你是测试驱动开发的新手，很容易编写很多不起作用的测试代码。例如，你可能编写了向Starbuzz下订单的测试代码，但在订单成立后，你没有检查礼券余额或收据信息，"没有发生例外，太好了，继续前进"。这就好像在说，"编译成功了，交付吧"。

焦点被模糊掉……

过于热切地想验证数据，很容易一头热地测试你一开始输送给系统的假数据。例如，假设你编写了一段测试代码去检查礼券值和有效日期在你调用getGC()时是正确的。这是一个简化的例子，但如果你的测试进入到代码的多个分层时，真的很容易忘记你原本打算要测试的东西。

过去的魔鬼

你需要特别地小心，每次你的自动化测试开始时，你的系统是处在一个已知的状态。如果你没有一个已建立的模式来规范如何编写测试代码（像在每个测试结束后，回滚数据库交易），很容易就会让一些乱七八糟的测试结果残留在系统之中。甚至更糟糕的是编写的其他测试代码依赖这些东西。例如，想像一下，如果我们端到端地测试一张订单，接着，后续的测试使用同一张礼券做"余额不足的礼券"的测试。当这一对测试第二次执行时，会发生什么事情？如果有人刚好重新运行第二个测试呢？每项测试都应该从一个已知的、可恢复的状态执行。

编写不良的测试代码的方式很多——这些只是当中的少部分。使用搜索引擎，做一个"TDD反面设计模式"的查询就会发现很多。然而，不要让这些不良的测试把你吓住了——正如其他的事情一样，你编写的测试代码越多，你就越能掌握其中的奥妙。

让测试通过并不容易……

你做到了——通过策略设计模式、关联性注入（看前面的没有愚蠢的问题）、模拟对象的帮助，你拥有了真正的能力，但又不是太笨重的单元测试套件。你现在还有一堆测试，以便确保系统一直做预先设定的任务。所以，为了保持系统在正轨上：

1 在你编写产品代码之前，总是先编写测试代码。

2 确认你的测试失败，然后实现最简单的、能使测试通过的事情。

3 每一项测试应该只测试一件事情；那可能表示有多个推断，但只针对一个真实的概念。

4 一旦你回到绿灯的状态（你的测试通过），你可以重构相关的代码，如果你看到有什么事情不是这样的话。没有新的功能——只是整理和重新组织。

5 开始下一项测试，当你把所有的测试都解决了，任务也完成了。

当你的测试通过时，你就完成了任务

之前，我们没有办法真地知道何时完成了开发任务。你编写了一堆代码，可能运行了几次以确认这些代码能运行，然后，继续前进。除非某个人说有问题，大多数开发人员不会回头看。通过测试驱动开发，我们准确地知道何时能完成——究竟什么东西能运行。

你认为哪个比较好？

我完全确定我完成了，事情似乎运行得不错。

对

又是Bob

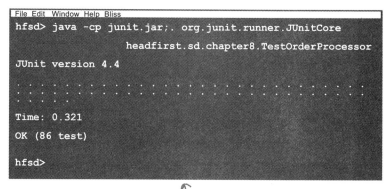

```
File Edit Window Help Bliss
hfsd> java -cp junit.jar;. org.junit.runner.JUnitCore
                    headfirst.sd.chapter8.TestOrderProcessor
JUnit version 4.4
.............................................
Time: 0.321
OK (86 test)

hfsd>
```

我们的测试套件在工作

*Bob，如果你还这么说，就把这本书捐给图书馆吧。

TDD填字游戏

以下是填字游戏的测试；填入答案使每一
个通过。

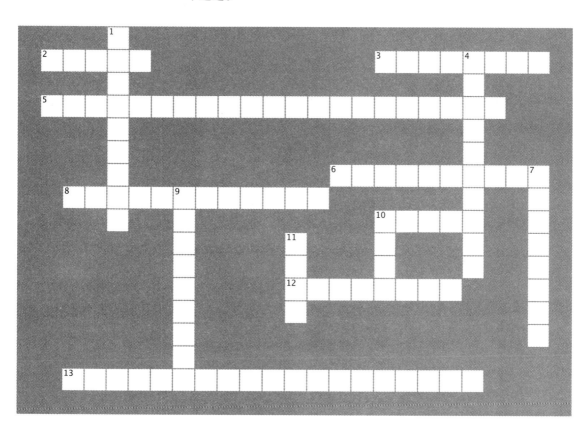

横排提示

2. You ain't gonna need it.
3. Red, Green, ...
5. TDD.
6. Mock objects realize ....
8. Bad approaches to TDD are called ....
10. TDD means writing tests ....
12. To do effective TDD you need to have low ....
13. To help reduce dependencies to real classes you can use ....

竖排提示

1. Fine grained tests.
4. When you should test.
7. Write the .... code that will get the test to pass.
9. .... testing is essential to TDD.
10. Your tests should .... at first.
11. To help reduce test code you can use .... objects.

→ 答案见315页。

测试驱动开发人员生命中的一天……

一旦你开发的应用程序通过了测试，你就知道你构建了什么样的系统，程序的编码工作已就完成了。把代码调入到版本控制工具中，版本控制工具会通知你的CI工具，它会聪明地检查你的新的代码、构建它并运行测试。夜以继日地工作，甚至当Bob将一些破坏你的代码调入时……

接着，邮件自动发出了……

（1）从你即将为其工作的任务开始。

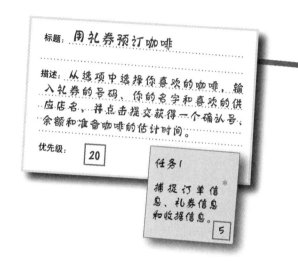

（5）编写代码让你的测试通过，重构代码，增加另外一个测试，再让它通过。重复这个循环，直到你完成所有增加进来的测试。

一旦你的代码通过测试，这时就该把代码调入到存储目录中，并继续下一项任务。

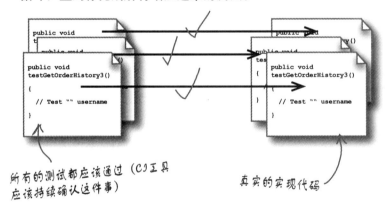

所有的测试都应该通过（CI工具应该持续确认这件事）

真实的实现代码

*但是，事实上，通过采用TDD，Bob会立刻知道，因为测试会失败，他会知道到底弄坏了什么代码。

② 为第一项功能片段编写第一个测试程序。现在你处在红灯阶段。

```
public void
testGetOrderHistory3()
{
    // Test "" username
}
```

③ 编写最简单的实现代码，并能让它通过测试。你现在处在绿灯阶段。

该项测试会失败。每个人都知道，没有关系！

```
public void
testGetOrderHistory3()
{
    // Test "" username
}
```

```
public void GetOrderHistory3()
{
    OrderHistory = new
OrderHistory();
    System.out.println("Hi
mom!");
}
```

④ 重构你想整理的代码，然后编写下一段测试代码……再次处在红灯阶段。

```
public void
testGetOrderHistory3()
{
    // Test "" username
}
```

```
public void GetOrderHistory3()
{
    OrderHistory = new
ORderHistory();
    System.out.println("Hi
mom!");
}
```

你的第一项测试应该还是通过的——但新的测试会失败，直到你实现新的、能让它通过的代码。

第8章

软件开发工具箱

软件开发的宗旨就是要开发和交付伟大的软件。在本章中，你学到了几项技术使你保持在正确的开发轨道上。本书完整的工具清单，见附录ii。

本章要点

- TDD意味着你将**多次重构代码**。很怕弄坏什么东西吗？只需要利用版本控制工具回滚到原先的地方，再试一次。

- 有时候，测试会**影响你的设计**——要知道当中的平衡点，谨慎地抉择，判断增加的可测试性是否值得。

- 使用**策略设计模式**并配之以**关联性注入**，以帮助去**耦合化**的类。

- 把测试保存在与源代码平行的目录之中，如 tests/目录。大多数的构建和自动化测试工具能很好地配合这样的设置。

- **尽量缩短构建和测试执行的时间**，所以，执行全部的测试套件不会妨碍你的开发进度。

开发技术

先编写测试代码，再编写应用程序代码让测试通过。

你的测试一开始会失败，然而，在它们通过后，你可以进行重构。

使用模拟对象，提供测试需要对象的各种变化。

这里是在本章你学到的一些关键技术……

……在这些技术背后的一些原则。

开发原则

TDD迫使你集中于系统的功能性

自动化测试让重构更安全；如果你弄坏了什么，你会立刻知道。

良好的代码覆盖率在TDD中比较容易成功。

TDD填字游戏答案

以下是填字游戏的测试；填入答案使每一个通过。

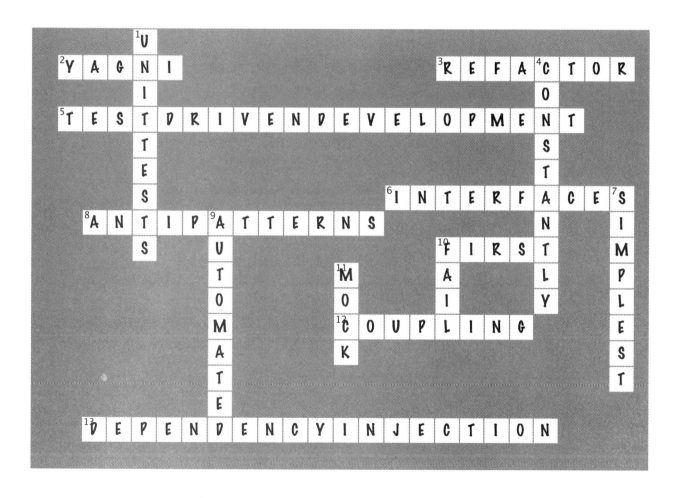

9 结束开发循环

涓涓细流归大海……

你先试试这个。我已经花了整个月的心思在这上面，它正是你所喜欢的。

你几乎完成了任务！团队工作努力，任务正在完成。你的任务和使用情节已经**完成**，然而，多花一天的时间进行工作收尾的最佳方式是什么？**用户测试**何时安排？你能挤出一回合做一轮**重构**和**重新设计**吗？确实还有许多棘手的**错误**……何时修正这些错误？这些是**开发循环结束时**所要面对的一切……因此，让我们开始进行收尾工作吧。

开发循环马上就要完成了……

你做得很不错！你已经成功地让流程就位了；使用情节已经写满了你的白板，每个人都准备稍稍踹口气。但是，在大家出去渡周末之前，我们还是先做一个快速的状态检查吧：

我们已经有的

- ☑ 以客户为导向的功能
- ☑ 编译代码
- ☑ 监控开发
- ☑ 持续测试代码
- ☑ 可靠的测试覆盖率
- ☑ 可靠的进展跟踪
- ☑ 适合团队的计划进度

借助测试驱动开发和自动化测试，你的代码能够运行，而且你对它什么时候停止工作了如指掌。

使用情节和经常性的客户交互确保你的软件能做客户想要它做的事情。

你知道，如果某个人试图调入不能构建的代码——而且，因为持续集成的关系，你知道你的代码总是可构建的。

工作量完成状况趋势图（burn-down图）和时间效率值把理想化的日程安排表转变为现实，时间是可确定的，任务是可交付的

那是一张令人印象深刻的清单——但这时先不能急于结束。假设经过一翻努力之后，在开发循环结束时有一两天富余的时间，还有什么事情可以做？

真的会有富余的时间吗？良好的时间效率值的计算专注于任务，以及准确的时间估计将会有助于你比你想象中还要快地完成任务。

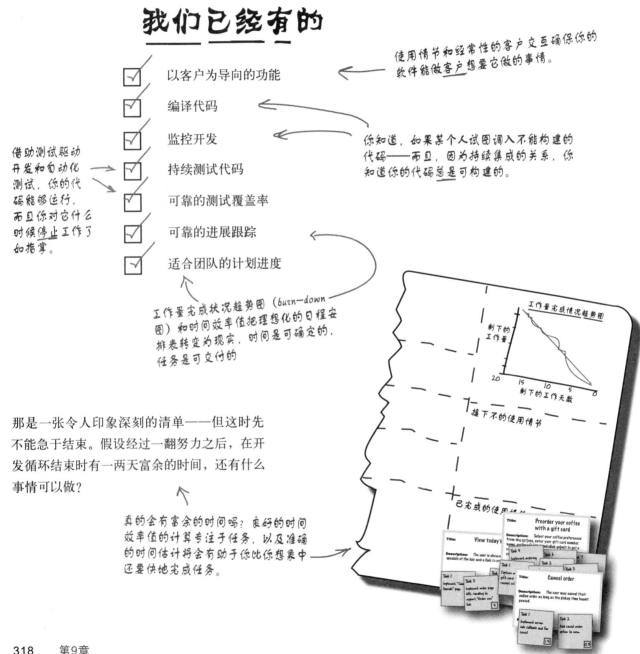

……但是，还有很多事情你可以做

在一个项目中，总是有更多的事情你可以去做。交互式开发的优势之一就是为你提供退一步的机会并思考大约每个月都开发了什么。但大多数时候，你最终会希望有些事情是以不同的方式完成的。也许，你会想到一些你希望还能做的事情……

我们没有的

你已经很努力地把流程整合起来，但交互式开发的重点是从每轮开发循环中学习……在下轮开发循环中，你如何改进你的流程？

- [ ] 流程的改进

每个人都会以文档方式说明其代码，对吗？有没有打字错误，拼错字，或说明不完整？

你已经做过单元测试，但用户还没有测试过系统，而且，用户总是能发现最优秀的测试人员遗漏的事情……

- [ ] 系统测试
- [ ] 利用所学的经验重构代码
- [ ] 代码清理和文档更新

不管你当初的设计有多么好，你总是会想到让事情变得更好一点的东西。你现在有这么做吗？

- [ ] 更多的设计模式？

有时候，当你不止一次地实现某件事情时，设计模式的优劣才真正地体现出来。也许，在第一、二轮开发循环中，你不需要工厂模式……但当你在第三轮开发循环中增加一些代码时，便呈现出需要某种设计模式的帮助。

- [ ] 开发环境更新
- [ ] 研发你正在考虑的新技术
- [ ] 探索新工具或者阅读的个人开发时间。

总是存在一些新的工具能彻底地改变你的构建环境——或许你正需要重组关联件。不管哪一种情况，你何时更新你的开发环境？

你现在或许在技术的尖端，但你何时有时间学习更新的技术并把它们应用到你的项目中去？

在这些事情当中，你觉得其中的哪些事情是你不得不做的？哪些事情你认为你应该做的？哪些事情是可以无限期推迟的？有什么是你想做但又不在清单上的？

碰头会议

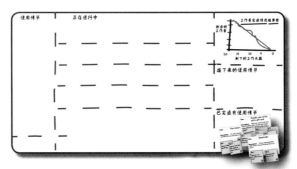

Laura：好的，我的代码全部调入了，但还需要两天时间进行重构。昨晚，在健身房时有个很好的设计思路出现在我的脑海中！

Mark：不行啦！你看过Bob放进来的一些文档吗？我说的是英文文档，但它还需要一翻功夫进行修改。因此，我们没有更多的时间用于代码的修改；我们必须先编写文档。

Bob：嘿，等一下。文档只是说明代码做些什么，对吗？而且，我们真的需要进行更多的测试。虽然每个人的测试都通过了，但是，我觉得用户会在浏览某些页面时混淆。另外，我想花至少一天的时间连续运行应用程序，以便确认应用程序没有在某个地方占用资源。

Laura：但是，我们必须在下一轮开发循环中增加更加复杂的订单处理功能；当前的系统框架将无法适应。在构建更多的东西之前，我们需要调整一下。

Mark：你们都在听吗？说明文档比较糟糕；那必须在剩余的时间内优先级解决。

Bob：我们必须把精力集中在项目上——我们的工作量完成状况趋势图在本轮开发循环中是怎样的？我们把时间都花在哪儿去了？

碰头会议的窍门

- 与会人员最多保持在十个人以内。

- 站立开会有助于时间简短——理想情况下，时间控制在15分钟以内，如果绝对必要，控制在30分钟内，然后散会。

- 每天在同一时间、同一地点碰头，最好是在早上，并且使之制度化。

- 只有对开发循环进度有直接影响的人才参加碰头会；通常是开发团队中的成员、测试人员和市场人员等。

- 每个人都能够诚实地畅所欲言，有效地沟通，使整个团队的精力集中于紧迫的问题。

- 总是报告你昨天做了什么、今天打算做什么以及什么问题阻碍了你。把焦点放在其正要解决的问题上。

- 更大的问题以后解决。切记，会议时间只有15分钟。

- 碰头会议应能建立团队的凝聚感，使之相互支持、解决难点以及有效沟通！

你认为开发循环结束时你将要做的工作应当基于开发循环进展的情况进行调整吗？下面是三种不同的工作量完成状况趋势图。你能判断出在每个工作例子中开发循环是如何进行的吗？将你认为会产生的结果写到规定的空白处。

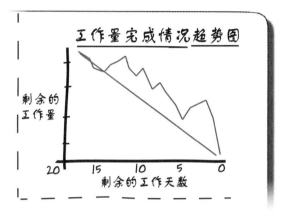

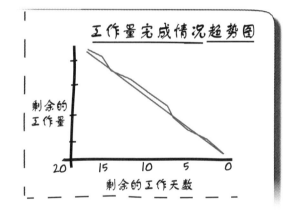

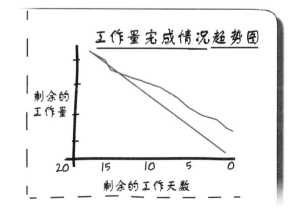

....
....
....
....
....
....
....
....
....
....
....
....
....
....
....
....
....
....
....
....
....
....
....
....
....
....
....
....
....
....
....
....
....
....
....
....
....
....
....
....
....
....

练习答案

在我们做练习之前，让我们先检查工作量完成状况。你的任务就是浏览每张图，判断出在开发循环期间可能发生的情况。

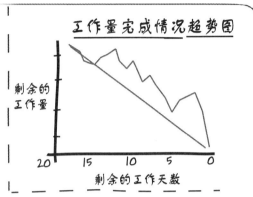

在这张图中，随着开发循环的推进，剩余工作量在不断地激增。开发团队可能在他们的使用情节中遗漏了一些内容；也许有很多计划外的任务——记住，红色的便利签可以表示这类任务——或者把使用情节分解成任务时，出现一些偏差大的估计。注意开发循环尾声的急剧下降——有可能团队不得不删去一些工作，或者完全地放弃某些使用情节，因为项目截止期越来越逼近了。

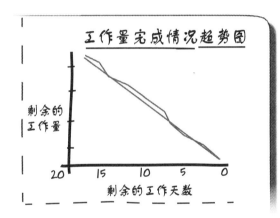

这是一张完美的图——每个团队都梦寐以求的图。该团队可能对他们所从事的工作有不错的理解，对使用情节和任务的估计与实际情况也相当接近，并且，他们以可预见的进度在实施任务和使用情节。记住，良好的开发循环在结束时留下太多时间——它应与计划中的时间安排相吻合。

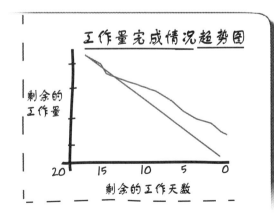

在这张图中，剩余的工作量不断地向理想的工作量完成状况的右边偏移。这可能是一个估计问题。剩余的工作量并没有激增，因此，不太可能是团队没有考虑到很多事情，但有可能他们严重地低估了任务完成所需要的时间。注意，在这个地方并回到0。团队可能应当放弃少数使用情节以按时结束开发循环。

没有愚蠢的问题

问： 你怎么知道第一张图是因为团队遗漏了一些工作内容？有可能是因为一些没有预计的工作吗？比如像额外的演示或者简报？

答： 绝对是这样的。工作量完成状况趋势图并不足以用来确定哪些额外的工作是来自何方。你必须对已完成的任务进行审视，并弄清楚额外工作是否来自于你所不能控制的外力，或者是团队对于要开展的工作不理解而造成的。不管是哪种情况，在下一个开发循环之前，重要的是要处理好这些额外的工作。如果这些工作来自外部，你能做一些事情限制它们再次发生或者至少把这些工作合并到你的工作任务中去进行时间估计吗？例如，假设市场营销团队总是向你要Demos，你能选择每周安排一天时间，帮他们做Demos吗？你可以把时间隔开，并把它计入剩余的总工作量之中。如果招聘或者面试团队新成员占用了开发时间的话，你也可以采用相同的方法。记住——你的工作就是做**客户想要的东西**。然而，知道你的时间花在哪儿以及适当地安排优先顺序也是你的责任。

如果额外的工作是由于没有理解所要进行的工作，那么，经过一轮开发循环之后，你是不是能理解得更好一些？你能多花一些时间把使用情节分解为若干任务并能从中让团队成员更好地理解所要进行的工作吗？或许，再多一些预先设计或者编写一些快速而粗略的代码，会有助于澄清细节。

问： 因此，花更多时间进行预先设计通常能产生更好的工作量完成状况趋势，对吧？

答： 也许是吧……但不一定就是

这样。首先，记住，在你开始设计之时，你已经进入开发循环了。理想上，你应更早地就发现这些问题了。

考虑何时是开发循环设计的正确时间，也是很重要的。有些团队为了更好地了解所要从事的工作，在开发循环开始就着手大量的详细设计。这并未必不是一种好的方法，但需要密切注意这种做法的效率。如果在你为一些剩余的使用情节做设计之前，已经先完成了两个使用情节，你会对开发循环的其余部分做更多的了解吗？设计工作会走得比较快吗？或者你会发现一些必须回头在前几个使用情节中需要修复的事情？在你开始编码之前，你需要从事多少预先设计？这是一个权衡。

说了这么多了，有时候，在白板上做一些粗略的设计，并且花费一点额外的时间对难以理解的使用情节进行估计，对于识别重要问题是很有禆益的。

问： 对于第三张图，时间效率值是不是问题的主要原因？

答： 毫无疑问，那是可能的。不是由于团队的估计出错了，就是事情的进展比预期的时间要长，或者他们的估计是合理的，但他们实施的进度没有达到预想的进度。在结束的那一天，结果都没有什么两样。只要团队对所做的估计有共识，那么时间效率值能补偿因高估或低估时间所带来的影响。你不想做的事情就是不断地变化你的估计。努力根据开发人员的平均水平来估计理想的工作量——假如一位开发人员被封闭在一个房间中，配备了计算机，并告知一个实例，那将需要多长的时间完成？然后，用开发进度来调整实际的工作环境并考虑到团队的平均水平。

问： 那么，对应于第三张图的团队为了完成额外的工作，仅需要在他们开发循环结束时增加工作时间就可以了？

答： 一般来讲，这不是一个好主意。典型情况下，当工作量完成状况趋势图呈现这种情形时，表明团队成员已经在努力工作、并充满了压力。记住大白板上这张图的好处之一就是沟通——每个参与碰头会的人都能看得到，他们知道进度落后。在关键时刻，增加一两天时间处理危机事情通常无可厚非，但你不能经常这样做。增加一周或者两……嗯，除非它是最后一轮开发循环，否则，可能不是一个好想法。把一、两个使用情节延迟到下一轮开发循环中去是一个比较好的想法。整理你已经完成的使用情节，使测试通过，让每个人喘一口气。在开始下一轮开发循环之前，你可以调整一下开发进度，处理之前犯的错误，然后带领重整旗鼓的团队、以更实事求是的进度进行开发。

问： 有个家伙总是低估完成任务所需要的时间，并且影响到我们的工作量完成状况趋势，该如何处理？

答： 首先，试图在作估计时处理掉不合理的估计，同时，记住，你应当以一个团队为基础作估计。提醒大家，不是只为自己作估计，而是为团队的平均开发能力作估计。如果这一招不奏效，那么，记录下任务移到"正在进行中"区域的日期，以及把任务移到"已完成"区域的日期。在开发循环结束时，利用记录的信息对估计进行校正。记住，这不是为了每个因为所花费的时间比预期长的人而感到沮丧，而是为了从头校正你的估计。

系统测试*必不可少*……

系统必须能运行，也就意味着必须**使用系统**。因此，要不你必须
有专门的端到端的系统测试期，要不你让真正的用户实际地在
该系统上进行工作（即使它是一个测试版本）。不管你采用哪种
方式，你都必须在你可控制的范围内，尽可能地接近真实的环
境来测试你的系统，这称之为**系统测试**，它是关于真实性，而且
把系统为一个整体，而不是单个部分进行测试的。

> 我们已经编写了很多测试程序来覆盖各种
> 条件。我们不是已经在做系统测试了吗？

到目前为止，我们一直在做**单元测试**。我们的测试集中在小段
代码上，每次一部分代码，同时审慎地隔离不同的系统元件以
减少关联性。这种方式对于自动化的测试套件很管用，但可能
会遗漏那些只有在系统的各元件相互作用时才发现的错误、或
者是当真实的用户开始轰炸你的系统时才会出现的错误。

这正是**系统测试**发挥作用的地方：把所有的系统元件整合在一
起，并且将系统作为一只黑箱子。你不是在考虑如何避免收集
无用信息，或者创建一个新的RouteFinder对象实例。相反
的，你专注于客户对系统功能提出的要求……确认系统实现了
相应的功能。

系统测试在真实的环境、
黑箱子场景中，少前端到
后台应用系统的**功能性**。

……但是，由<u>谁</u>来做系统测试？

你应该竭尽全力地组织**不同的人来进行**系统测试。这倒不是说开发人员不是真正聪明的人；而是专业的测试人员会给你的项目带来测试的思想方法。

<u>开发人员</u>做测试

> 棒极了！我的测试通过了，新的接口程序正如我计划中的那样功能强大。

开发人员预先知道很多关于系统的知识和底层的运作。无论开发人员如何竭尽全力地测试，在使用系统时，很难让他们像**站在最终用户的角度**那样，将心比心地评价系统。开发人员一旦知道了内容，你就难以回头。

<u>测试人员</u>做测试

> 嗯，没有人能发现这个问题。所有这些额外的选项用来干吗？它们把我都弄糊涂了。

测试人员能经常给项目带来耳目一新的观点。他们以根本不同的角度来看待系统。他们尝试找出错误，他们并不关心你的多线程的、模块化的、大规模的并行配置文件是如何卓有成效的。*他们只希望系统能运行。*

没有愚蠢的问题

问： 这么说，开发人员不能当测试人员？我们担负不起一个独立的测试团队！

答： 理想的情况下，你安排开发人员采用自动化的方法来进行单元测试，而让其他不同组的人员进行完整的、黑箱的系统测试。但是，如果不可行，那么，**至少**，不要让开发人员采用黑箱方法测试他们自己的代码。他们对自己代码的了解比较深，太容易避开代码中失败的部分。

不要亲自对自己的代码进行系统测试！你<u>太过</u>了解，无法在测试时做到公正。

系统测试取决于一个可供测试的完整系统

如果你的开发进度相当的准确，而且你估计值也是，你应当有一轮安排合理的开发循环。这也意味着你没有大量空闲的时间做系统测试……最重要的是，一直到开发循环结束，你才会有一个可供测试的系统。

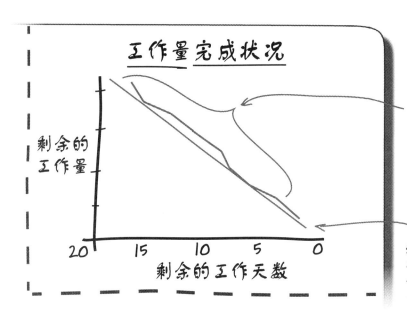

你应该一直在做，但那是单元测试——专注于很多小的系统构件。你没有一个运行系统可以提供重点、功能级别的测试。

没到开发循环结束，你是不可能有一个真正可测试的系统。系统会在开发过程中的每一步构建，但这不等于说你已经拥有足够的功能可以提供实际应用了。

至少，在每轮开发循环结束时，系统必须用来提供做系统测试。在开发循环之初，系统的功能还不完备，但它通常应具备一些已完成的使用情节可以提供功能性测试。

没有愚蠢的问题

问： 我们能早一点开始系统测试吗？

答： 从技术上来讲，在一轮开发循环中，你可以早一点开始做系统测试，但你要考虑清楚，这样做有没有益处。在一轮开发循环之内，开发人员经常需要对代码进行重构、分解、修复、整理和执行代码。因为要在开发循环中途交付构建版本给另外一组人，会令团队成员分心，并且导致不成熟的功能。你也会想要避免在开发循环期间进行错误修复的构建版本——开发循环的时间量是团队必须对系统做变更的固定时间量。

在开发循环期间，他们必须有足够的自主权来完成相应的任务，而无须担心代码要放进哪个构建版本。构建版本会在开发循环结束时发布——在开发循环期间就好好地保护好你的团队吧！

问： 那么，那些负责做测试的人该怎么做？他们在什么时候参与进来？

答： 安排一组独立的人员来做系统测试绝对是最好的，但是，当你的主要团队正在编写代码时，这组人应该做什么？这是一个好问题，即使你让其他开发人员从事系统测试，这个问题依然存在……

良好的系统测试需要两组开发循环

开发循环有助于你使团队全神贯注，仅仅处理可管理的使用情节数量，并且让你免于因为没有与客户一起检查而导致开发项目偏离进程。

但是，就良好的系统测试来说，你需要做同样的事情。因此，要是有**两轮**开发循环在进行会怎样呢？

这是假定你拥有两组独立的团队：一组负责开发代码，另一组负责系统测试。如果你的第二组是开发人员，相同的原则也适用。

开发团队　　测试团队

测试团队有一轮完整的开发循环的时间做准备。他们不断地熟悉纳入本开发循环中的使用情节，准备测试的环境，构建系统测试等。

开发团队努力地开展他们在第一轮开发循环中的工作。

开发循环 1 → 准备 [循环1]

"It 1"表示开发循环1，"It 2"表示开发循环2等。

在交付了开发循环1之后，开发团队开始从事开发循环2、开发循环3的工作等……

开发循环 2

测试团队送回错误报告并纳入都后续的开发循环之中。

测试 [循环1] 的构建版本

在每轮开发循环结束时，开发团队交付本轮开发循环的构建版本给测试团队。

开发循环 3 → 测试 [循环2] 的构建版本

有时候，你需要一个专门的错误修正开发循环。在这种情况下，你应该在每个开发循环内提交数个构建版本。

补丁修复 → 测试 [循环3] 的构建版本

事情在项目即将结束时，往往变得很紧迫。

此时此刻，测试团队同意可运行的版本、或者里程碑版本，或者可发布的版本。

越多的开发循环意味着越多的问题

系统测试最好由两个独立的团队来实施，并进行两组独立的开发循环。但循环的数量增加时，会带来更多的问题——这些问题还不容易解决。

执行两组循环意味着你必须处理以下事情：

更多的沟通

现在，你不仅要处理团队内部的沟通问题，还要试图使两个团队一起协同工作。测试团队在循环过程中会碰到问题，尤其是错误的条件，而开发团队希望接着去进行下一个使用情节的开发，而不是回复测试团队的询问。有助于解决这个问题的方法就是从测试团队中选出一个代表作为观察员来参加你们的碰头会议。这个代表将有机会了解每天要继续做什么、能看到开发循环进行的过程中是否在大白板上有任何注意事项或者红色便利签。然而，记住，碰头会议是**你**组织的会议，不是对错误进行优先级排序或者询问如何运行软件的时间。

情理上，测试团队需要知道开发团队可能还不知道的一些细节。比如错误代码、无效值、API信息、如何设置环境等。

测试团队正在预测开发循环1结束时可能产生的结果，即使这时开发人员正在编写代码。

在固定的开发循环周期内进行测试

如果你让两组开发循环保持同步——那是让测试团队跟上进度的最好方式——你正在迫使测试适应不是太理想的时间长度。为了有助于让测试团队表达开发循环中的意见，你可以让他们给你提供一个对你正在计划中的使用情节的测试时间估计值。即使你不利用测试时间估计值来调整你的开发循环（记住，你受优先级的驱动），测试时间估计值也可以让你洞悉测试团队在什么地方出现了问题或者需要什么帮助才能通过艰难的开发循环。

固定的开发循环时间长度迫使测试工作与软件开发处于同样的时间要求。但如果你有不同的团队和不同的进度安排，这可能会难以处理，甚至不可能。

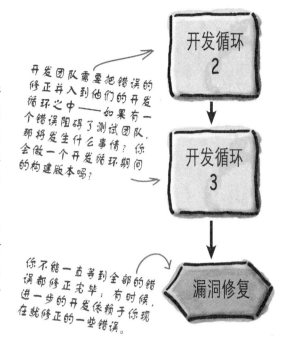

在开发的同时也进行漏洞修复

开发团队会在刚进入*第三轮*开发循环时，拿到第一轮开发循环的错误报告！然后，你要判断错误报告的重要程度，是要立刻修正错误，还是并入当前的开发循环，或是可以往后推迟。我们马上会深入地对此进行讨论，但直接的处理方式就是把错误当作另外一个使用情节。如果必须很快解决它，只好先挤掉优先级低的使用情节。

另一种方式是你每周分出一点时间来专门用于错误的修正。当你在做开发循环计划的时候，要将这段时间从可用的时间中安排出来，这样你就不必担心它会影响到你的开发速度。例如，你可以让每个人一周利用一天的时间（大约20%的工作时间）用于修正错误。

开发团队需要把错误的修正并入到他们的开发循环之中——如果有一个错误阻碍了测试团队，那将发生什么事情？你会做一个开发循环期间的构建版本吗？

你不能一直等到全部的错误都修正完毕；有时候，进一步的开发依赖于你现在就修正的一些错误。

为变动的目标编写测试程序

使用情节中的功能性——即使已被客户认可——还可能发生变更。因此，很多时候，测试工作和辛勤的劳动就投入到30天后发生变更的事情上，那是令测试人员产生很多恼怒和感觉挫折的原因。在这种情况下，你除了充分**沟通**外，别无它法。一旦你认为事情可能发生变化，就要及时地进行沟通。要确保测试团队清楚某些讨论正在进行或者某些内容可能会被修订。召开一个正式的会议，说明新的功能，错误的修正以及已知的问题。一个人们经常忽略的小技巧就是*沟通流程如何运作*。确认测试团队知道预期要发生的变更。如果处理变更是你工作的一部分，而不是妨碍你完成工作的变更，处理变更要简单得多。

开发工作在继续进行……而使用情节可能已经变更了。

开发循环 3

测试 [循环 2] 的构建版本

测试团队正在为尚未稳定的代码编写测试程序。记住，因为客户可能更改优先级或者变更东西，因此，每轮开发循环中，功能特性可能都会被改变。

> 但是，这与我们处理过的事情没什么两样，对吗？没有什么真正新的东西……

更多的开发循环事实上仅仅意味着更多的沟通。

在一轮开发循环中，有一些纷繁芜杂的事情需要处理：多个团队成员、客户变更需求和使用情节、不同功能片段的优先级，有时候，在完成你的需求之前，需要估计你将要构建的是什么样的系统。

增加另一轮开发循环可能表示更多相同的问题出现，但你不会碰到任何新的问题，这意味着你可以依赖你一直在做的同样的事情：碰头会议、记录你的大白板上每件事、利用时间效率值来说明真实的开发状况，大量的与你的开发团队、测试团队、当然还有你的客户开展沟通工作。

在软件开发过程中，你碰到的大多数问题的关键在于沟通。当你有疑惑时，与你的团队、其他团队以及你的客户展开讨论。

 准备练习

以下是一些不同的测试方法，全都仅仅涉及一轮开发循环。
这些测试方法有哪些优点？有哪些缺点？

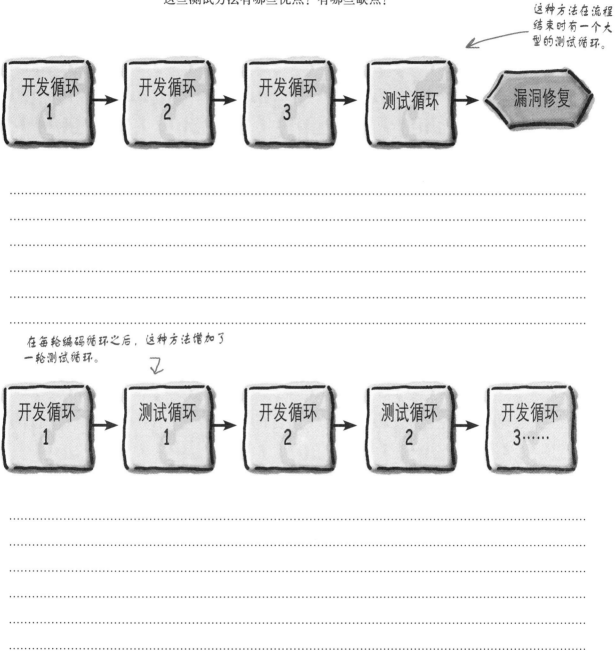

这种方法在流程
结束时有一个大
型的测试循环。

| 开发循环 1 | → | 开发循环 2 | → | 开发循环 3 | → | 测试循环 | → | 漏洞修复 |

在每轮编码循环之后，这种方法增加了
一轮测试循环。

| 开发循环 1 | → | 测试循环 1 | → | 开发循环 2 | → | 测试循环 2 | → | 开发循环 3…… |

以下是一些不同的测试方法，全都仅仅涉及一组开发循环。
这些测试方法有哪些优点？有哪些缺点？

如果你有团队，这种方法也不赖。该方法一个比较大的缺点是重要的系统测试其在流程中的最后才开始。如果你采用这种方法，关键的是把每轮开发循环的结果反馈给至少一组 Beta 版的用户和客户，你不能等到第三轮开发循环结束时才开始测试和收集反馈信息。

如果你需要在客户签字确认你的开发项目之前与客户进行正规测试，这种方法也是行之有效的。由于在每轮开发循环期间你都一直采用自动化的测试，并且在每轮开发循环结束时提交软件给用户，因此，你对于自己是否构建了正确的软件系统，会胸有成竹，能按照预期的方式运行。测试开发循环结束时，正式的同意会在开始展望 2.0 版本之前发生。

这通常称之为
验收测试。

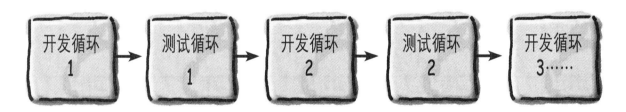

这种方法需要进行大量的循环工作，你的时间的50%花费在测试上。实际上，这种方式只会出现在一种情形：你的客户乐意花费大量的时间用于测试和排除故障。假如说你的客户有热衷于每月能向公众发布软件的想法，在用户的眼里，让网站保持着更新并且具有活力。但是，客户又坚持在代码投入使用之前要有正式的验收流程。如果你没有一个单独的验收和系统测试团队，就会看到类似的做法。

有效系统测试的前十个显著特点

10 在客户、开发团队和测试团队之间保持**良好而频繁的沟通**。

9 **熟悉系统开始和结束状况**。确认你是从使用一组已知的测试数据开始，数据最终能像你预期的一样结束。

8 **做好测试文档**。别依赖一个对系统的内外都了如指掌的测试人员总在身边回答各种问题。记录每个测试人员的所作所为，并且在每轮系统测试中做同样的事情（与新增的测试一起）。

7 **建立清晰的成功标准**。系统何时才算足够好了？测试人员可以永远地测试下去——在你开始之前就知道什么情况才算完成，你首先要明白这一点。**零错误反弹**（zero-bug-bounce）（当你得到零个错误时，即使事后错误的数量又反弹了）是一个接近成功的标志。

6 在客户、开发团队和测试团队之间保持**良好而频繁的沟通**。

5 **只要有可能，采用自动化的方式进行测试**。人们不擅长于细心地执行重复性的工作，但计算机是可以的。让测试人员把他们的智力投入到新的测试上，而不是把时间花费在一而再，再而三的相同的工作之上。

4 **开发团队与测试团队之间合作的动力**。人人都希望他参与开发的软件系统坚固、能有效运行，令他们引以为自豪。记住，测试人员能促使开发人员变得更优秀。

3 **测试人员清楚地了解整个系统情况**。要确认所有你的测试人员都了解整个系统的情况以及不同部分之间的衔接情况。

2 **准确无误的系统文档**（包括使用情节、用户案例、需求文档、手册以及任何相关的内容）。除了测试文档之外，你应当记录所有在开发循环期间，尤其在两轮开发循环之间所发生的细微变化。

1 在客户、开发团队和测试团队之间保持**良好而频繁的沟通**。

错误的生与死

终于，测试人员将开始发现软件错误。事实上，他们可能会找到很多软件错误。结果会怎么样呢？你仅仅是修正错误，就不担心吗？你把它记录下来了吗？实际上，这些错误都做了什么处理？

就像版本控制和构建系统一样，有大量好的工具可用于跟踪和保存软件错误。

嗯，没有人尝计划弄明白这个问题。这些额外的选项是用来于什么的？它们真令人感到困惑。

在系统测试层面，错误并不总是代码问题；有时它们是令人感到困惑的问题或者功能异常的用户接口问题。

② **测试人员提交软件错误报告**
这是最关键的步骤之一：*你必须记录软件错误！* 谁来报告软件错误并不重要，文档细致的程度是关键。毫无例外地记录下你尝试要做的事情，如果可能的话，你还要记录下重新产生错误的步骤、任何出错信息，在软件错误出现之前，你立刻做了什么处理，而且，你预期发生的事是什么。

① **测试人员<u>发现一个软件错误</u>**
软件错误并不是那些明显失败的事情。它也可以是文档中模棱两可之处、遗漏的功能特性或者web站点风格的不一致。

⑥ **<u>更新</u>软件错误报告**
一旦测试人员（以及原来的报告人）对软件错误的修复工作感到满意，软件错误报告就可以终结了。更新后的软件错误报告可以做为重新测试的参考，不要删除它……因为你不知道何时你需要回头参阅它。

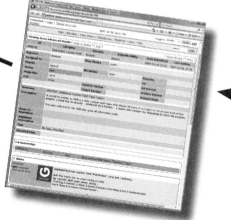

有些团队和他们的客户一起通过软件错误追踪器来对修复哪些软件错误的先后顺序排序，对于那些在当前开发循环期间不准备修正的软件错误，并不创建相应的使用情节或者任务。有些团队则写上创建使用情节和任务，并且让客户像对其他使用情节一样，对软件错误的处理进行优先级排序。不管是哪种方式，只要事先经过客户进行优先级排序，都是卓有成效的。

一个软件错误就像一个计划之外的任务。一旦它被写到白板上，对它的处理方式就像处理其他使用情节和任务一样。

3 为修复软件错误创建一个使用情节（或者任务）

软件错误的处理只是系统必须被完成的工作——有时候，是在当前的开发循环中完成，有时候，则是在后续的开发循环中完成。你必须捕捉它们，并与你的客户一起确定修正软件错误的先后顺序。然而，对这些工作的估计并不容易，因为究竟哪里出错并不清楚。有些团队具有一个名为"错误修复"的使用情节，在需要的时候，他们就增加相应的任务到该使用情节。

一个构建版本通常有多个要修复的错误，但也可取决于取错误的重要性。

4 修复软件错误

开发团队把修正错误作为开发循环的一部分。一开始以编写测试程序暴露软件系统中的错误（在你修改代码之前，该测试会先失败）。一旦团队修正了某个软件错误（该测试会让你知道），他们应当在软件错误把它标记为"已修正"。但不要把它标记为"已测试"，"已终止"，或者"已验证"状态——这是最初的报告人的工作。这有助于你得到一份准备转交给测试团队的清单。

5 检查已经修复的错误，并验证它确实有效

测试人员（或者最初的报告人）验证了新的构建版本，并且确认对修正结果感到满意。现在，软件错误可以被标记为"已终止（或者已验证）"状态。

你发现了一个错误……

不管你多小心、多努力地编写代码，有些软件错误还是会成为漏网之"鱼"进入软件系统。有时候，它们属于编程上的错误；有时候它们则是在编写使用情节时就忽略掉了的功能性问题。不管是哪种情况，软件错误都是你必须应对的问题。

软件错误应在错误记录器中

处理软件项目中出现错误的最重要的事情就是确认它们已经被记录并且被跟踪。对于大部分情况来说，你采用哪一种软件错误记录软件并不重要；免费的软件错误记录软件有 Bugzilla和Mantis，商业的软件有TestTrackPro和ClearQuest。主要是要确保整个团队都知道如何使用你所选择的软件。

记录器也不应当只用来记录软件的错误。确认你：

1 **记录和沟通优先级**
软件错误记录器能够记录下错误的优先级和严重程度方面的信息。与大白板结合起来处理这些信息的一种方式就是：选择一个优先级别——比如说优先级1——并且把具有这个优先级级别的软件错误都转换成一个使用情节，与开发循环中的其他使用情节一起进行优先级的排序。任何低于优先级1的错误暂不处理，直到你处理完优先级1的错误为止。

> 软件错误记录器通常把优先级记录为1、2和3，即使使用情节的优先级通常为10，20和30。

2 **记录每件事情**
软件错误记录器能够记录下有关对错误的讨论、测试、代码变更、验证以及处理决定的历经过程。通过记录所有的事情，整个团队都知道对错误处理的进展情况，如何做的测试或者了解原开发人员认为要怎么修正错误。

3 **产生统计数据**
软件错误记录器能够让你深入了解项目的进展情况。新错误的提交率是多少？提交率是上升了还是下降了？大量的软件错误都来源于代码的同一区域吗？还有多少剩余错误等待修正？它们的优先级是怎样的？有些团队甚至在讨论产品的发布之前，先开始寻找零错误反弹；那意味着在产品发布之前，所有重要的错误已经被修正（错误数量为零）。

> 我们将在第12章更深入地讨论软件的提交。

软件错误报告的剖析

虽然不同的软件错误记录系统为你提交错误报告提供了不同的模板，但基本的要素是一致的。从一般的经验上讲，在错误报告中提供的信息越多，效果就越好。即使你在处理的软件错误还没有完全修正，你也应该把你已经做的处理、以及你认为还需要做的其他工作都记录下来。当你以后回到给软件错误上来时，你——或者另一个开发人员——可能因参考那些信息而节省不少的时间。

良好的软件错误报告应包括：

☐ **摘要**：用一、两个句子描述你的软件错误。这应当是一个详细的动作短语，如"单击接收信息丢出ArrayOutOfBoundsException，"而不是"异常抛出"这样的描述。你应当能读懂摘要的内容，并且对问题是什么有一个清晰的理解。

☐ **重现产生错误的步骤**：描述软件错误是如何产生的。你也许并不总是知道确切的重现产生软件错误的步骤，但可以列出你认为有关联的每种可能。如果你能重现软件错误，就要对步骤作详细的说明：

1. 在信息框输入"test message"。
2. 单击"sendIt"。
3. 在第二个应用程序中单击接收信息。

☐ **预期会发生什么和实际发生什么**：说明你认为会发生什么，然后说明实际上发生了什么。当用户期望开发什么而开发人员又不知道时，这种做法特别有助于发现使用情节或者用户需求方面的问题。

☐ **版本，平台和定位信息**：你正在使用的软件的版本是什么？如果你的应用程序是基于web的，你访问的URL地址是什么？如果把应用程序安装到你的机器上，它是什么安装版本？是测试版吗？还是你自己源代码编译而获得的构建版本？

☐ **严重性和优先级**：软件错误的影响有多坏？它会造成系统崩溃吗？会造成数据残缺不全吗？或者只是令人烦恼？修正该错误的重要性有多大？严重性和优先级通常是两码事。会不会存在这种可能，有些事情的发生具有严重性（杀死一个用户会话或者使应用崩溃），但只发生在一个人为操纵的环境（如用户必须安装一个特殊的防毒软件，以非系统管理员用户进行运行，并且在下载文件的时候，他们的网络垮掉了），那么，这是一个低优先级的、待修正的错误。

在软件错误报告中，你还想看到其他哪些内容？你想从用户那里看到哪一类的信息？系统的各种输出是怎样的？

但仍然有很多遗留的工作你能做……

是的，你已经完成了系统测试，并且处理了你想在这轮开发循环中要解决的主要软件错误。现在该做什么？

我们还没有完成的工作内容

☐ 流程优化

☑ 系统测试

☐ 回顾开发循环，看看哪些工作有效，哪些是无效的工作？

☐ 应用你学会的经验进行代码重构。

☐ 进行代码整理和文档更新。

☐ 更多设计模式？

☐ 开发环境更新。

☐ 研发你正在考虑的新技术。

☐ 探索新的工具或者阅读新知识的个人开发时间。

系统测试已完成，并且你已经完成了你的软件错误报告（或者你正在等待内容归档）。

对项目而言，做正确的事情是要在正确的时间把事情做对。

没有一成不变的规则，你可以自己做决定。

良好软件流程的全部就是**优先级**。你应该确认在项目实施过程中，你一直都在做正确的事情。

开发能有效运行的软件是至关重要的，但代码的质量呢？如果你的流程优化了，你能编写出更优质的代码吗？或者，把新的永续框架（Persistence framework）整合进来，会减少了几千行代码吗？

以下有三个工作量完成状况趋势图，由你决定下一步该做什么。

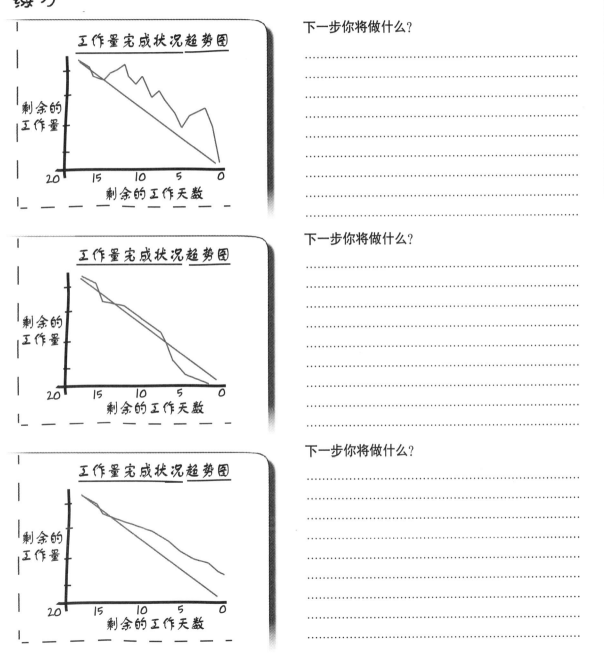

下一步你将做什么？

....
....
....
....
....
....
....
....
....

下一步你将做什么？

....
....
....
....
....
....
....
....
....

下一步你将做什么？

....
....
....
....
....
....
....
....
....

以下有三个工作量完成状况趋势图，由你决定下一步该做什么。

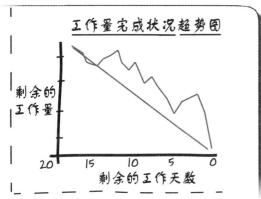

下一步你将做什么？

在此，团队刚好结束开发循环，因此，很可能没有什么工作可以挤进来。然而，在结束时，尾端的急剧下降可能表示有些事情被跳过或舍弃了。

在开发循环后，测试工作变得至关重要，并且，你可能期望在下一轮开发循环中安排一些时间进行代码重构和整理，以便从匆忙中调整过来。你可能要修改任务分解方式，以及看看是否有必要调整时间效率值。

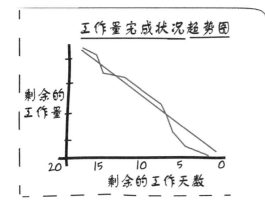

下一步你将做什么？

在这轮开发循环中，任务提前完成；团队在开发循环结束后可能有一、两天的空闲时间。如果项目被持续地实施一段时间，你可能会有积压的软件错误要开始标记出来。或者，依据你的使用情节的大小，你可能可以抓出原准备在下一轮开发循环实施但具有最高优先级的使用情节，现在就开始着手实施。

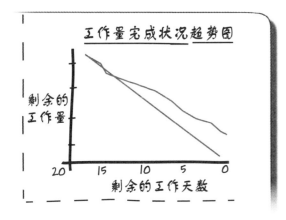

下一步你将做什么？

没什么好说的！这个团队的进度已经慢了。在开始下一轮开发循环之前，你应当检查减速的原因，看看是否有开发进度的因素、估计的因素或者其他一些因素。很有可能还存在尚未完成的代码，这意味着软件错误将迎面而来。要确认在下一轮开发循环中，你留有时间去处理这些问题。

当你还没有看到团队所开发的代码时，你怎么能决定下一步做什么呢？

每个项目都有那么点不同之处

记住，软件开发并不仅仅只是编写代码。它还在于在项目预算内，按时交付可运行的软件的良好习惯和方法。除此之外，我们已经有：

- ☑ 编译代码

- ☑ 自动化的单元测试

- ☑ 捕捉什么是必须发生的使用情节和任务

- ☑ 按优先级进行任务排序的流程

- ☑ 我们可以提交给用户的、可运行的构建版本

因此，这就关系到给额外的、锦上添花（nice-to-have）的任务进行优先级排序——假如你有额外时间的话。另外，这也关系到*你处在项目中的哪一个阶段*。在项目的早期，你可能会需要更多的代码重构以便优化你的设计，在项目的后期，当项目变得更稳定一些时，你可能会花费更多的时间在文档上或者对团队六个月前开始采用而且逐渐过时的代码进行审视，看看是否有替代的方案。

开发循环回顾

到此，开发循环结束了。你遗留的工作为零，你已经到达开发循环的最后一天，开始准备下一轮的开发循环了。

但是，在你对接下来的使用情节按照优先级排序之前，要记住：我们不只是以反复进行的方式开发软件，你也应该以反复进行的方式发展和定义流程。在每轮开发循环结束时，与你的团队一起花一些时间进行一次开发循环回顾。每个人都需要用到这个流程，因此，要确认你吸纳了他们的观点。

开发循环回顾的要素

1 **事前准备**

开发循环回顾是针对开发循环执行情况提供输入的机会，而不是你演讲的时间。然而，重要的也是保持回顾期间的精力集中。准备一份你想要与他们讨论的议题清单，在议题不清晰时，让他们回到议题上来。

2 **展示未来**

如果最后一轮开发循环带有悲剧色彩或者其中一个开发人员不断地产生软件错误，也没有关系，只要团队在下一个开发循环中有应对的方法就行。人有时候需要吐吐苦水，但不要让开发循环回顾变成牢骚大会，否则它最后会使每个人意志消沉。

3 **计算统计数据**

要知道刚刚完成的开发循环的开发进度和测试覆盖率如何。一般来说，为了获得时间效率的值，最好是把所有"已完成"任务的估计值加起来，再除以开发循环中理论上的人日。是否要在开发循环回顾期间透露实际的进度取决于你自己（有时候，不提供实际的数据，有助于让团队对下轮开发循环作时间估计时，不至于有偏见），但你应该说明团队的时间效率是上升或下降。

完成任务实际花费的时间与估计时间的比较并不是太重要，因为你的进度的计算应当考虑两者的不一致。在下一一中，我们将再次对开发度进行讨论。

4 **为回顾准备一组标准的问题**

在每轮开发循环结束时，准备一组问题用于检查。当有人想增加一些问题或者某个问题而对于你的团队来说它们是没有意义时，这组问题是可以变更的。准备一些反复讨论的话题表示人们会预期问题并且会为回顾做准备（甚至在开发循环期间也会无意识地想到这些问题）。

一些开发循环回顾问题

这里是一组回顾的问题，你可以把这些问题与你的第一次开发循环的
回顾放在一起。任何时候你的团队，都可以增加或者减少问题，但要
尽量触及到每个领域。

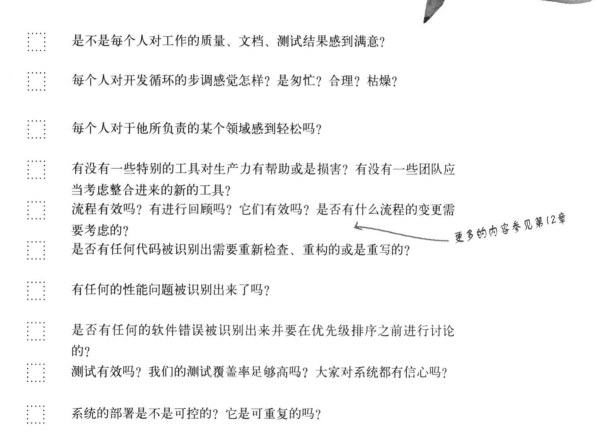

开发循环回顾的问题

☐ 是不是每个人对工作的质量、文档、测试结果感到满意？

☐ 每个人对开发循环的步调感觉怎样？是匆忙？合理？枯燥？

☐ 每个人对于他所负责的某个领域感到轻松吗？

☐ 有没有一些特别的工具对生产力有帮助或是损害？有没有一些团队应
当考虑整合进来的新的工具？

☐ 流程有效吗？有进行回顾吗？它们有效吗？是否有什么流程的变更需
要考虑的？

☐ 是否有任何代码被识别出需要重新检查、重构的或是重写的？

☐ 有任何的性能问题被识别出来了吗？

☐ 是否有任何的软件错误被识别出来并要在优先级排序之前进行讨论
的？

☐ 测试有效吗？我们的测试覆盖率足够高吗？大家对系统都有信心吗？

☐ 系统的部署是不是可控的？它是可重复的吗？

更多的内容参见第12章

这些问题中的任何一个都要变成下一轮开发循环中你要完成的事情。记住，
你应该受使用情节的驱动，因此，你要确认你想提出的任何变更支持某项
客户的需求（不管是直接的还是间接的），并且与其他的事情一起进行优
先级的排序。这可能意味着你需要为客户坚持做技术或流程的变更，但你
首先要牢记你为什么要编写软件，这是至关重要的。

为完成额外事情的一般性优先级列表······

你已经弄清楚什么是适合你项目的最好方法，但是，这里有一些你可以检查的一般性事情，如果你在开发循环中有结余时间的话。

修复软件错误

显然，这取决于软件错误累积的实际情况。也要记得与客户一起对软件错误的处理进行优先级的排序。可能有一些错误对客户来说是极其重要的，而另外的一些错误，他们并不太关心。

提前为下一轮开发循环准备使用情节

既然客户已经安排且定好了优先级的使用情节的数量多于一轮开发循环所能完成的使用情节的数量，你现在就可以先尝试本属于下一轮开发循环的使用情节的实现。然而，这样做的时候要小心，客户对于使用情节的优先级排序或者想法可能在开发循环期间发生变化。也最好能确认团队是否有时间对你所增加的使用情节做测试。

为下一轮开发循环提供原型解决方案

如果你有了哪些事情要进入下一轮开发循环的思路，你可能会希望利用额外的一、两天的时间先行探索。你可以尝试编写原型代码，或者研究一下可能要用到的测试技术或者程序代码库。你可能不会提交这些代码到存储目录中，但是，你可以为下一轮开发循环中打算用到的东西预先取得一些经验。当你回头进行计划扑克牌游戏时，这可能地对你的估计起到帮助的作用。

培训或学习时间

培训或学习时间可能是针对你的团队或者你的用户的。也许，团队在工作时间会参与用户群组的会议。请人演讲或者做技术演示，为团队举办一场帆船运动或者漆弹射击游戏等。**关心和照顾你的团队**是项目成功的重要组成部分。

没有愚蠢的问题

问： 郑重其事地讲，在开发循环结束时，真会有时间结余吗？

答： 是的，绝对是的！通常的情况是这样的：第一、二轮开发循环都不是太理想。项目刚开始的时候，大家通常会低估完成事情所需要的时间。在每轮开发循环结束时，你会调整团队的时间效率值，因此，你会让后续的开发循环比较符合要求。当团队的经验日益丰富时，他们的估计就越准确，并且他们对项目也越来越熟悉。这意味着以前的开发循环中的时间效率值实际上是太低了。从而，在开发循环结束时，时间上就留有余地——至少，直到你重新计算团队时间效率值。不管你信与不信，有时候，事情会往好的方向发展，而且你得到节余的时间。

问： 等一等，你说前面的两轮开发循环将不太理想？

答： 你并不希望事情是这样的，但是，你会发现大家通常会低估完成事情所需的时间——或者会花多少时间在那些没有人考虑过的小事情上，如配置一个协同工作的环境，或者回复用户邮件清单中的问题。

这些都是重要的事情，但必须考虑在你的工作估计中。这就是为什么第一轮开发循环中最好以0.7作为时间效率值的部分原因。在你真正地了解事情是如何在进行之前，它为你提供了一些喘息的空间。另外，你也会对使用情节一下子塞满你的开发循环感到惊讶，尝试在"塞进更多的使用情节"与"符合实际的执行状况"之间做好平衡。

问： 在我们开发循环结束时，似乎总是都有节余的时间——甚至很多，这是怎么回事？

答： 一种可能性是你的时间效率值可能偏差太大。在每轮开发循环结束时，你更新了时间效率值吗？（我们将在第10章中进行深入的探讨）。另外一种可能性是你的估计不正确——偏高。如果你刚完成了一轮紧凑的开发循环，那么，大家自然地对下一轮开发循环的估计更加谨慎。但这没有什么关系。如果你有很多时间，在开发循环末尾，增加一个或两个使用情节，在你更新你的时间效率值时，再平衡一下。

问： 我们尝试将下一轮开发循环中的使用情节拉到当前的开发循环中来，但现在，这项工作都没有完成，我们即将超过时间了。

答： 延展该使用情节。记住，不管如何，你是走在预订进度之前的。比较好的做法是延展该使用情节并且把它归回到下一轮开发循环，而不是提交半成品代码，未测试代码，把它交给下一轮开发循环完成。记住，你即将交付本轮开发循环所完成的构建版本，你希望它稳定而又有规则。

如果在开发循环的末尾，有一些节余的时间，有些团队会在他们把任何额外的事情放到存储目录之前，把他们编写的代码做标识。通过这种方式，万一事情进展得不好，通过利用标识，释放一个稳定的构建版本就没有什么问题。

问： 你总是说要对软件错误的优先级排序……但我们正处在开发循环的中间。那么，这些错误该怎样处理？

答： 有些项目会安排时间，大约一周一次，定期与客户一起进行软件错误的审查，为尚未处理的软件错误进行优先级的排序。在那样的情况下，如果有时间，总是会安排一些时间进行错误的修正工作。如果你没有定期地与你的客户讨论软件错误的问题，你可能会想要这么做……虽然，务必把你将花费的时间在工作量完成状况趋势图和大白板上反映出来。记住，如果某个错误的修正非常重要，你应当像处理其他一切事务那样，把它安排到开发循环中。

值得注意的是，我们在此讨论的是在开发当前使用情节之外发现的软件错误。如果你在正在实施的使用情节中发现了错误，你总是会修正它（在增加一个测试程序之后）。事情一直到能够按照使用情节的要求运行，才算称之为完成——而那些测试能证明这一点。

你不应节余很多时间。因此，选择小的任务来处理……并为下一轮开发循环做准备。

第9章

软件开发工具箱

软件开发的宗旨就是开发和交付伟大的软件。在这一章中，你学会了如何有效地结束一个开发循环。本书中完整的工具列表，可参见附录ii。

本章要点

- 如果在开发循环结束时还有时间节余，那是即将来临的**新的使用情节**开展头脑风暴的好时机。它们将需要与所有的其他事情一起进行优先级的排序，但是获取新的使用情节是最重要的。

- **要经得住诱惑**，不要在开发循环的最后一、两天忘记你所养成的良好习惯。不要贪图完成下一轮开发循环的低优先级的简单功能，或者做一点没有什么用处的重构工作。你刚刚努力地完成或提前完成了任务，**不要把事情搞砸了**。

- 努力地与你的**测试团队**保持**健康的关系**。如果沟通不畅，两个团队可能会使对方下场悲惨。

- 任务实际花费的时间与估计时间的比较并不是十分必要，因为你的时间效率值将说明估计错误的原因。但是，如果你知道某件事真是弄错了，那么，这件事就值得在开发循环的回顾中进行讨论。

开发技术

注意你的工作量完成状况——尤其在开发循环结束之后。

开发循环的步调是至关重要的——如果你需要保持其顺利，你可以减少某些使用情节。

别因为有人提前完成工作就处罚他——如果他们的工作有效果，让他们利用额外的时间继续向前或者学习一些新的东西。

这是在本章中，你学到的一些关键技巧……

……这些技巧背后的一些工作原理

开发原则

开发循环是一种设定中间期限的方式——要坚持。

总是以平均团队成员的能力估计理想的工作日。

规划开发循环时，心中要保持整体图像——那可能会包括系统的外部测试。

通过开发循环回顾反复完善你的流程。

 # 开发循环填字游戏

你已经到了开发循环的结尾，休息片刻，然后享受一下好玩的填字游戏。

横排提示

4. Estimate for the .... day and the .... team member.
5. Pay attention to your .... rate to help understand how your team is doing.
6. Make sure your testing team understands the ....
9. Standup meetings are about ....
11. Try really hard to end an iteration ....
12. A quick and dirty test implementation is a .... solution.
13. System testing is usually .... testing, but sometimes .... testing.

竖排提示

1. Since testing can usually go on forever, make sure you have this defined and agreed to by everyone.
2. When your bug fixing rate exceeds your bug finding rate for a while.
3. You should estimate consistently because random disruptions are included in your ....
7. A good way to work through a bug backlog is to treat them as ....
8. .... system testing whenever possible.
10. System testing should really be done by a .... team.

 开发循环填字游戏答案

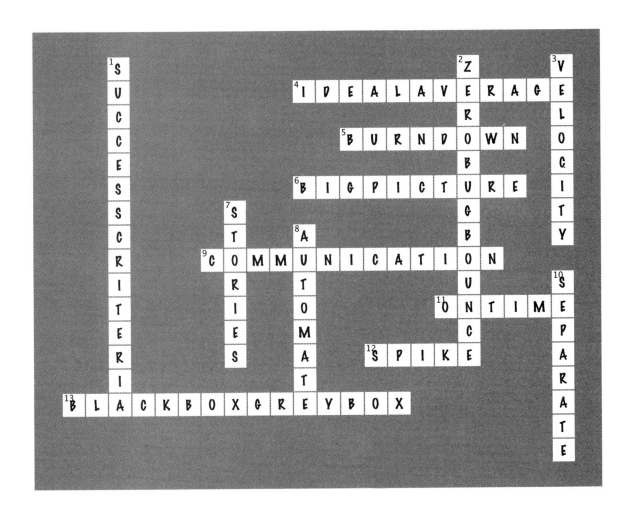

10 下一轮开发循环

无事就要生非

接着他说："这次我不想穿白色衬衫；我想穿蓝色的。" 我该怎样回应他呢？

事情会顺利吗？

　　等等，事情也许会发生变化的……

你的开发循环进行得很顺利，而且你正在如期交付能运行的软件。该进行下一轮开发循环吧？没有问题，对吗？不幸的是，根本不是这么会事。软件开发就是一个要应对不断**变化**的过程，**进入下一轮开发循环**也绝无例外。在本章中，你将学会如何准备下一轮开发循环。你必须重建你的**白板**，调整你的**使用情节**以及预期，基于客户现在需要什么，而不是一个月前要什么。

何谓可运行的软件？

在开发循环开发结束时，你应当拥有一个可构建的软件片段。但
完整的软件并不仅仅是一组程序代码，它还得……

……完成你的开发循环工作

你拿了报酬，就要完成一定量的工作。无论你的代码有多精巧，
你都要成功地完成全部的工作任务。

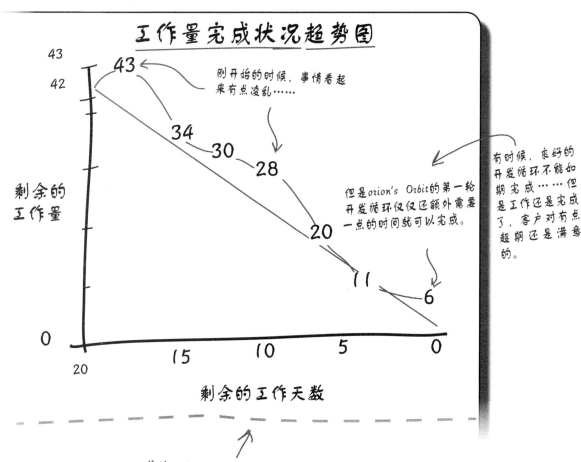

工作量完成状况趋势图

剩余的
工作量

刚开始的时候，事情看起
来有点凌乱……

但是orion's Orbit的第一轮
开发循环仅仅还额外需要
一点的时间就可以完成。

有时候，良好的
开发循环不能如
期完成……但
是工作还是完成
了，客户对有点
超期还是满意
的。

剩余的工作天数

你的工作量完成状况和白板上其余的部
分是开发，循环进展情况的最佳指标。

······通过所有的测试

单元测试、系统测试、黑箱和白箱测试······如果你的系统没
有通过你的测试，那么它是不能正常运行的。

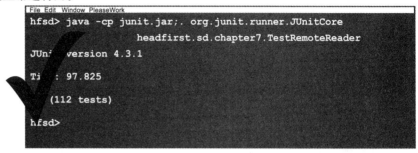

······让你的客户满意

当软件能按你当时设定的要求兑现时，通常会使客户感到兴
奋。在大多数案例中，它表示你会有另一个开发循环的工作
可以做。

好极了，你打算明天就开始下一
轮循环开发，对吗？

动脑筋

你会做什么以继续进行下一
轮开发循环？

你需要为下一轮开发循环作计划

在你投入到下一轮的开发循环之前， 在做准备工作的时候，有不少因素会起决定性的作用，以下是需要注意的关键事项：

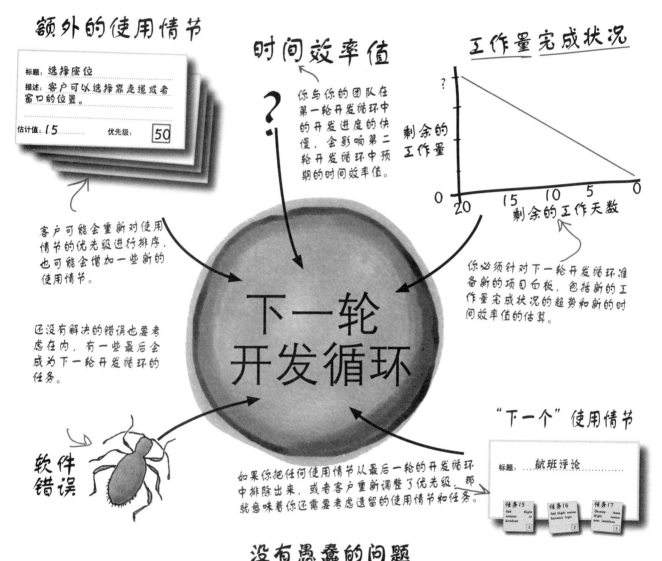

额外的使用情节

标题: 选择座位
描述: 客户可以选择靠走道或者窗口的位置。
估计值: 1.5   优先级: 50

客户可能会重新对使用情节的优先级进行排序，也可能会增加一些新的使用情节。

还没有解决的错误也要考虑在内，有一些最后会成为下一轮开发循环的任务。

时间效率值

?

你与你的团队在第一轮开发循环中的开发进度的快慢，会影响第二轮开发循环中预期的时间效率值。

工作量完成状况

剩余的工作量

20   15   10   5   0
剩余的工作天数

你必须针对下一轮开发循环准备新的项目白板，包括新的工作量完成状况的趋势和新的时间效率值的估算。

下一轮开发循环

软件错误

如果你把任何使用情节从最后一轮的开发循环中排除出来，或者客户重新调整了优先级，那就意味着你还需要考虑遗留的使用情节和任务。

"下一个"使用情节

标题: 航班评论

任务15   任务16   任务17
Add
reviews
to
database
1   Add flight review business logic   2   Develop
flight
review
user interface   3

没有愚蠢的问题

问： 那么，开发循环1的大白板上，出现了什么情况？

答： 一旦开发循环结束，你可以对开发循环1中白板上的一切内容进行归档。为了达到归档的目的，你可能会对这些内容进行拍照存档，但重点是，了解该开发循环中计划了多少工作量，完成了多少工作量。当然，也要把最后出现在"下一个使用情节"区域作为开发循环2中的候选使用情节。

我们可以在下一轮开发循环中放入更多的使用情节，对吗？我们现在应当具有很多基础设置，更好地理解全部应用程序，对吗？

在每一轮开发循环开始时，重新计算估计值和时间效率值，把上一轮开发循环中获得的东西应用于当前的开发循环之中。

你需要重新修正使用情节、任务估计值和团队的时间效率值。

在原本规划Orion's Orbits时，你与你的团队为1.0版本中的每一个使用情节都得到了一个估计值，并接着将相关的每个使用情节分解为若干任务。现在，是开始另外一轮开发循环的时候了，你对事情将如何进行已经有相当地了解。因此，是修正剩下的使用情节和任务的估计值的时候了。

另外，当你原来计算有多少工作能在第一轮开发循环中完成时，你还不知道你的团队开发软件和完成他们的任务的速度有多快。你可能把0.7作为你的团队时间效率值的初始值。但是，那只是粗略的估计……，现在你与你的团队完成了第一轮循环。那就表明你已经获得了具体的数据，并利用它们重新计算时间效率值，得到更为准确的数字。

记住，你的估计值和时间效率值关系到向你的客户提供有信心的承诺，声明哪些工作能够被完成并且何时能完成。在每一轮开发循环开始时，你应该重新修正你的估计值和时间效率值。

时间效率值说明了估计值中的一些时间开销。0.7的时间效率值说明你预计你的团队有30%的时间是用于其他的事情，而不是软件开发工作。回头看看第3章，可以获得更多关于时间可用率的知识。

大练习

现在，该是为Orion's Orbits另一轮开发循环作规划的时候。首先，根据你的团队在上一轮开发循环中的表现估算他们新的时间效率值。然后，估算能够放入下一轮开发循环的最大工作量。最后，利用新的时间效率值、给予你的时间以及你的客户的估计，把要安排在该开发循环的使用情节和其他任务，填写到你的项目大白板上。

1 估算新的时间效率值

根据你的团队在上一轮开发循环中的表现，估计本轮开发循环中的时间效率值。

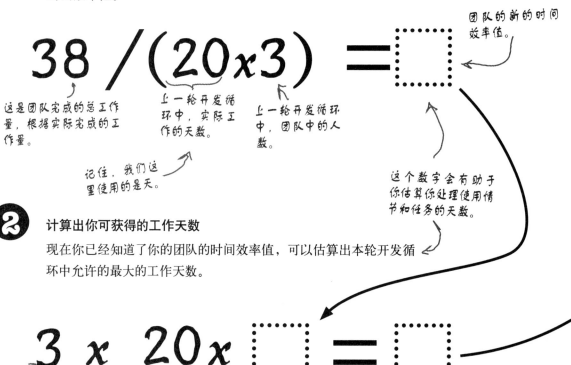

$$38 / (20 \times 3) = \boxed{}$$

团队的新的时间效率值。

这是团队完成的总工作量，根据实际完成的工作量。

上一轮开发循环中，实际工作的天数。

上一轮开发循环中，团队中的人数。

记住，我们这里使用的是天。

这个数字会有助于你估算你处理使用情节和任务的天数。

2 计算出你可获得的工作天数

现在你已经知道了你的团队的时间效率值，可以估算出本轮开发循环中允许的最大的工作天数。

$$3 \times 20 \times \boxed{} = \boxed{}$$

你的团队中的人员数量

下一轮开发循环又是一个月，20个工作日。

你刚刚计算出来的新的时间效率值。

团队在下一轮开发循环中处理的工作量，以人日为单位。

❸ 用新的工作来充实你的项目大白板

由于你知道团队能执行多少人天的工作量，因此，剩下的就是安排候选的使用情节与修复错误的工作，以及上一轮开发循环遗留下来的使用情节，并把它们添加到你的项目大白板中，你要确保有一个可控制的工作量。

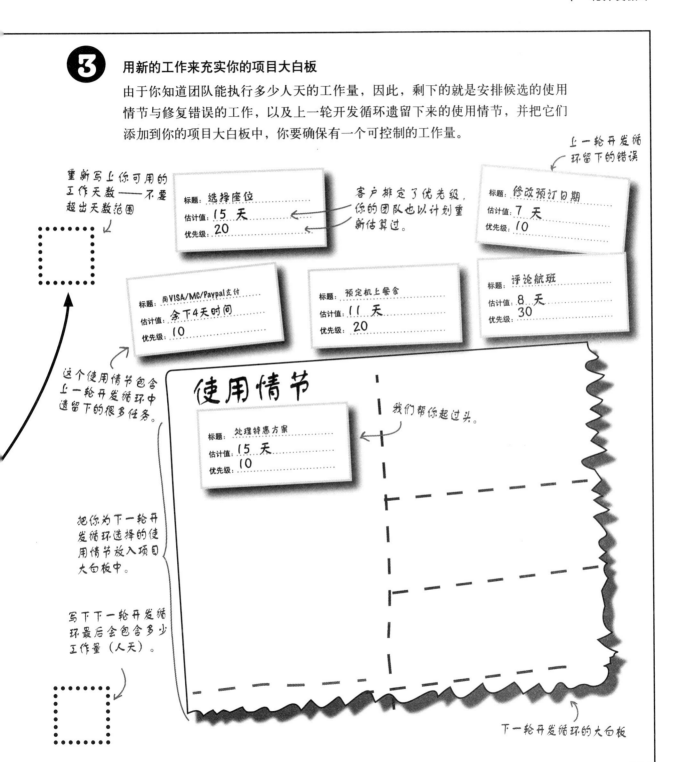

重新写上你可用的工作天数——不要超出天数范围

标题　选择座位
估计值　15 天
优先级　20

客户排定了优先级，你的团队也以计划重新估算过。

上一轮开发循环留下的错误

标题　修改预订日期
估计值　7 天
优先级　10

标题　用VISA/MC/Paypal支付
估计值　余下4天时间
优先级　10

标题　预定机上餐食
估计值　11 天
优先级　20

标题　评论航班
估计值　8 天
优先级　30

这个使用情节包含上一轮开发循环中遗留下的很多任务。

使用情节

标题　处理特惠方案
估计值　15 天
优先级　10

我们帮你起过头。

把你为下一轮开发循环选择的使用情节放入项目大白板中。

写下下一轮开发循环最后会包含多少工作量（人天）。

下一轮开发循环的大白板

大练习答案

你的任务是计算团队新的时间效率值，下一轮开发循环中允许的最大的工作量，接着，把使用情节和其他进入下一轮开发循环的任务填写到项目大白板上。

1 估算新的时间效率值

根据你的团队在上一轮开发循环中的表现，估计本轮开发循环中的时间效率值。

$$38 / (20x3) = \boxed{0.6}$$

团队完成38人天的工作量，包括在大白板上计划外的任务。

你的团队的时间效率值实际在下降。

记住，时间效率值是衡量你与团队能够多快完成"大白板"上的工作任务。而不管工作任务是在计划内还是在计划外。

2 算出你可获得的工作天数

既然你已经知道了团队的时间效率值，你可以估算本轮开发循环允许的最大的工作量（人天）。

$$3 x 20x \boxed{0.6} = \boxed{36}$$

团队在本轮开发循环中所能完成的总的工作量

3 把新的工作填到大白板上

你知道团队能执行多少人天的工作量,因此,剩下的事情是要安排候选的使用情节和修复错误的工作,以及上一轮开发循环遗留下来的使用情节,并把它们添加到你的白板中,确保你有一个可控制的工作量。

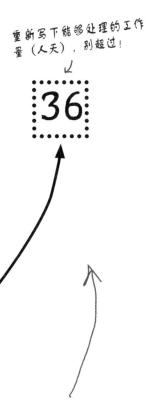

重新写下能够处理的工作量(人天),别超过!

36

下一轮开发循环要完成的工作每超过36天

34

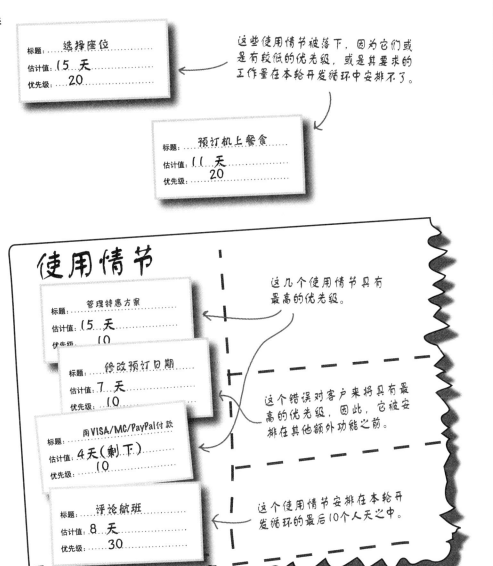

标题 选择座位
估计值 15 天
优先级 20

这些使用情节被落下,因为它们或是有较低的优先级,或是其要求的工作量在本轮开发循环中安排不了。

标题 预订机上餐食
估计值 11 天
优先级 20

使用情节

标题 管理特惠方案
估计值 15 天
优先级 10

标题 修改预订日期
估计值 7 天
优先级 10

标题 用VISA/MC/PayPal付款
估计值 4天(剩下)
优先级 10

标题 评论航班
估计值 8 天
优先级 30

这几个使用情节具有最高的优先级。

这个错误对客户来将具有最高的优先级,因此,它被安排在其他额外功能之前。

这个使用情节安排在本轮开发循环的最后10个人天之中。

没有愚蠢的问题

问： 团队的时间可用率才为0.6?! 甚至比之前的还低，怎么回事？

答： 基于上一轮开发循环中所完成的工作，结果表明团队的实际时间效率值比0.7低一些。

问： 随着开发循环的进展，时间效率值不应该变得更高一些吗？

答： 未必是这样。记住，时间效率值是衡量你的团队完成其工作任务快慢的尺度，当你没有参考值时，0.7这个值也仅仅是一个初始的估算。在第一轮开发循环中，难度很大是平常的，这样会导致下一轮开发循环时使用较低的时间效率值。但是，在以后的几轮开发循环中，你可能会看到时间效率值会变得比较高，因此，未来还是值得你期待的。

问： 嗯，我注意到有些Orion's Orbits使用情节的估计值改变了，不同于我们在第三章所见的那样，为什么？

答： 很好，很细心！基于你和你的团队在上一轮开发循环中所积累的知识，你应当对你开发原来全部的使用情节和任务所需要的时间进行重新的估算。现在，你对开发工作所涉及的内容更加了解，因此，新的时间估算应当更加准确，你也应当避免漏掉一些重要的内容，并且，应避免实际的完成时间超过你的预期。

问： 那么，对开发使用情节和任务的时间估算值会变得比较小吗？

答： 不一定，时间估计值可能会变得更大也可能会变得更小，但重要的是，随着你的开发循环不断地推进，它们将会变得越来越准确。

问： 我注意到修正错误也代表一个使用情节。这是不是有点破坏使用情节的定义？

答： 有一点，但使用情节不过是你要完成的工作——当它被分解成任务的时候，修正错误无疑是你要完成的工作。在这种情况下，使用情节是对软件错误的一种描述，任务则是修正软件错误所必须做的工作（只要你和你的团队能从描述中做出判断就可以了）。

问： 我真地难以估算出修正错误的时间，我应该尽我所能地去猜测吗？

答： 不幸的是，确实如此。当软件系统有错误时，我们需要做出保守的估算。总是要给自己一段觉得宽松的时间，要记住：你必须弄清楚导致错误的原因及修正该错误，两者都需要时间。你能够利用的一个技术是寻找过去出现的类似的错误，并看看要花费多长时间去发现原因和修正错误。当你对一个特定的错误估算发现和修正的时间时，这些信息至少能为你提供一些方向。

问： 如果我有一组软件错误，该如何决定哪些要放入大白板上，并在下一轮开发循环中进行修复呢？

答： 这不是由你决定的。优先级是由客户来决定的。因此，客户为每个错误的修正确定优先级，他们会告诉你在每轮开发循环中处理哪些事情。除此之外，这样的方式还让客户明白把修正错误增加到开发循环中，其他的工作，如开发新的系统功能，必须被牺牲。开发新的系统功能还是修复错误的两难抉择，客户必须做出选择。因为决定在下一轮开发循环结束时交付什么终究是客户的权利。

问： 我理解为何具有高优先级的使用情节需要列入下一轮开发循环的白板上，但是，这样是否是一个比较好的想法？即把另一个突破了最大工作量限制的高优先级的使用情节加入到下一轮的开发循环中，而不是安排一个在最大工作量限制之内的低优先级的任务。

答： 在一个开发循环之中，绝不能让你的团队执行超过最大工作量限制的任务。36人天这个值就是以20天为周期的开发循环中，你的团队所能处理的确切最大工作量：即**最大工作量**。

你能够把更多的工作量增加到开发循环中的唯一途径就是延长开发循环。如果开发循环被延长，比如延长为22天，你就能够增加更多的工作量，但你这样做的时候，需要非常小心。正如你在第一章中看到的，开发循环的过程维持得比较短，其目的是为了能与客户一起经常性地检查软件。较长的开发循环就意味着检查次数的减少，并且更有可能偏离客户的需求。

时间效率值说明了……
真实的情况

时间效率值是为下一轮开发循环作计划的一个关键因素。你在寻找一个时间效率值的值，该值能真实地反映你的团队实际的时间效率值，同时该值是基于团队成员在过去的开发过程中的表现而确定的。

这就是你为何只考虑上一轮开发循环实际完成的工作，而与任何被延期的工作无关，你应该知道哪些工作已经完成，以及花费了多长时间才完成这些工作。这是关键的信息，它能告诉你下一轮开发循环能完成什么。

时间效率值告诉你下一轮开发循环预期能完成什么

对你的估计要有信心

时间效率值为你提供了一种预测生产力的准确的方式。利用时间效率值以确保在下一轮开发循环中安排了合适的工作量，并且你能按照你的承诺将软件交付给客户。

不再只是我认为我们会按时交付……而是我知道我们能按时交付。

通过计算时间效率值，你会把你和你的团队如何在进行开发的**真实**一面加以考虑，以便你能**成功**地规划下一轮的开发循环。

还是关系到客户

假设你已经计算出了新的时间效率值，并且把软件错误都收集到了错误记录器。你费力地整理好所有未完成的或延误的任务和使用情节，并且让客户为下一轮开发循环中要开发的使用情节进行优先级的排序。你的大白板也准备就绪了。

你还是得就全盘计划取得客户的认可，而这也是事情会开始出错的地方……

看起来不错，但我获悉一个重大新闻……我们刚刚收购了 Mercury Meals，银河系第一家提供星际外餐饮服务的公司，我们需要把他们的订餐系统和我们的 ASAP 代码集成在一起！抛开其他的一切工作，现在这个任务才具有最高优先级。

如果客户做出一个重大改变你原来通过计划扑克牌得到的估计值、使用情节、井井有条的大白板，都不得不丢弃。

突然出现了一堆你一无所知的代码，并且这堆代码会取代掉很多你已经为下一轮开发循环准备好的工作。

请等一等！突然冒出来这么多工作，不能早一点与客户确认吗？或者有什么措施，可以避免这类浪费时间的蠢事吗？

软件与变化同在

有时候，客户会在最后时刻提出一个重大的变更，或者，当你的明星程序员跳槽了，你的最佳计划泡汤了。又或者，你任职的公司解雇了整个部门……

即使你正在工作的内容发生了变化，但规划的机制是不变的。你有了新的时间效率值，并且你知道团队有多少天可以利用。因此，你仅需要简单地构建新的使用情节来对优先级排序和重新作计划。

你已经知道如何……

☐   计算团队的时间效率值

☐   估计团队的使用情节和任务

☐   计算开发循环的规模，也就是团队能处理的工作量（以人天为单位）

你拿到了一堆你从未见过或使用过的新代码。为了估计把这些代码集成到Orion's Orbits系统所需要的时间，首先要做的事情是什么？

别人开发的软件<u>也是</u>软件

即使Mercury Meals代码库中的代码不是你编写的代码，但你要像其他软件开发工作一样，把这些代码集成到Orion's Orbits系统中去。你必须处理好完全相同的基本工作：

有时候，你会安排一个使用情节专门用来集成新的代码；另外一些时候，你可能将这项工作分散到涉及这些代码的使用情节当中。

使用情节

软件的每一项变更都源自使用情节并把它作为使用情节记录下来。在此情况下，你的使用情节卡将描述：Mercury Meals的代码是如何为Orion's Orbit系统所用，以便纳入一些特定的功能片段。

估计

每个使用情节都需要一个评估值。因此，每一个Mercury Meals代码库所参与的使用情节都需要进行估计。构建那样的功能需要花多少时间？包括集成Mercury Meals代码所花费的时间。

优先级

当然，整个拼图的最后一个块是优先级。每个关联到Mercury Meals代码的使用情节都必须从你的客户那里确认其优先级，以便你为下一轮开发循环做好计划，并以客户希望的先后顺序。

标题：**集成代码**
估计值：**9 天**
优先级：**10**

class Foo{
public...
}

↑
程序代码

你已经有了一些与Mercury Meals有关的新的使用情节，以及一些原本在下一轮开发循环中要开发的使用情节。你的任务是利用团队的时间效率值和客户确认的优先级重新布置大白板（我们已经略去那些不要的使用情节）。

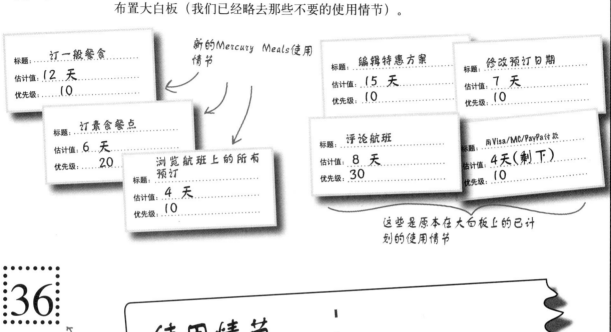

新的Mercury Meals使用情节

标题：订一般餐食
估计值：12 天
优先级：10

标题：订素食餐点
估计值：6 天
优先级：20

标题：浏览航班上的所有预订
估计值：4 天
优先级：10

标题：编辑特惠方案
估计值：15 天
优先级：10

标题：修改预订日期
估计值：7 天
优先级：10

标题：评论航班
估计值：8 天
优先级：30

标题：用Visa/MC/PayPa付款
估计值：4天（剩下）
优先级：10

这些是原本在大白板上的已计划的使用情节

36

由于这是你对本轮开发循环在大白板上的第一次尝试，团队中的人员数和时间效率值都没有变化，所以，本轮开发循环能处理的最大工作量并未改变。

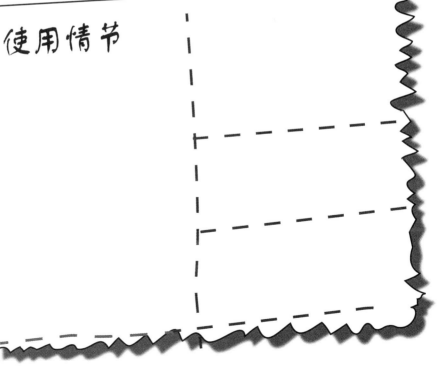

使用情节

为下一轮开发循环汇总新的总的工作量。

你的任务是利用团队的时间效率值和客户确认的优先级重新布置大白板。

练习答案

标题: 订素食餐点
估计值: 6 天
优先级: 20

标题: 评论航班
估计值: 8 天
优先级: 30

标题: 修改预订日期
估计值: 7 天
优先级: 10

Mercury meals的使用情节把修正错误安排在的优先级比较低，因此，它需要等到后续的开发循环中再处理。

虽然它具有高的优先级，我们不能把他安排在本轮开发循环之中，因此，它会是后续开发循环中的优先工作——假设客户到时候还想要做该项工作的话。

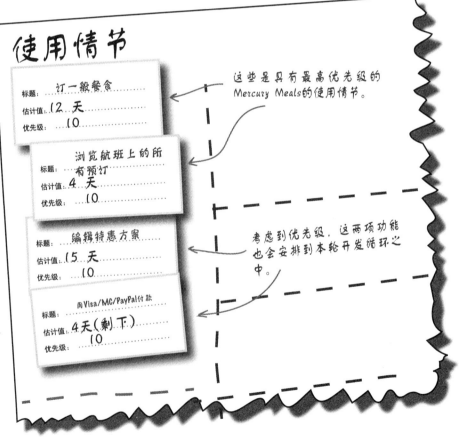

36

考虑到时间效率值的因素之后，预算的工作量为36个人日。

使用情节

标题: 订一般餐食
估计值: 12 天
优先级: 10

标题: 浏览航班上的所有预订
估计值: 4 天
优先级: 10

标题: 编辑特惠方案
估计值: 15 天
优先级: 10

标题: 用Visa/MC/PayPal付款
估计值: 4天(剩下)
优先级: 10

这些是具有最高优先级的Mercury Meals的使用情节。

考虑到优先级，这两项功能也会安排到本轮开发循环之中。

...... 你规划的工作量为35个人日。

35

客户认可吗？核查一下！

再一次强调，一旦所有的事情都计划完毕后，你还是要得到客户的认可。这一次，应该不会有任何意外……

看起来很棒！可惜无法做到每件事，但看到我们利用了新的Mercury Meals的代码，我感到非常兴奋。我迫不及待地想告诉首席财务官！我将马上让她知道，我还将向她提到你的名字。

是的，真是有可能得到来自客户的这样的反应。良好的计划和不断的反馈是让客户掌握软件开发状况及感到满意的肯定途径。

没有愚蠢的问题

问： 你能再次说明为什么我们要利用使用情节来处理第三方的代码吗？另外，你为什么为订餐系统估算了12天的工作时间？采用第三方代码的目的不就是可以节省我们的时间吗？

答： 使用情节主要关心的是用户要求软件系统做什么，而不是编写代码。因此，不管由谁编写代码，如果你负责系统的功能性，那么把它捕捉为使用情节。

至于估计值为什么那么大，是因为代码重用固然好，但是你还是需要编写一定量的代码与第三方软件进行交互。但是，你想一想，如果要你自己编写Mercury Meals的全部代码，那要花多长的时间！

问： 是不是有些时候我不应考虑重用别人的代码库或API代码？

答： 代码重用确实能够为你的开发工作带来活力，但在利用第三方的代码时要保持谨慎。当你利用别人的软件时，你就对那个软件产生了依赖，你成功与否取决于你所利用代码的原开发人员。

因此，当你利用别人的劳动成果时，你最好能确认别人的代码是可信赖的。

集成第三方代码

现在，该是为Mercury Meals的两个使用情节编写代码的时候了，即"预订一般餐食"和"浏览航班上所有的预订"。在左边的这一页里，你有Mercury Meals的代码接口，这是一组你能在自己的代码中调用它们的方法。在右边的这一页里，你需要完成你的代码，以便能利用Mercury Meals的API，将这两个使用情节付诸实现。

真实性检查：假你的团队为了Mercury Meals的API花了几天时间弄出来类图。

你必须实现这两个使用情节

标题：订一般餐食
估计值：12 天
优先级：10

标题：浏览航班上的所有预订
估计值：4 天
优先级：10

你怎样访问Mercury Meals对象程序。

Mercury Meals代码的主要接口程序。

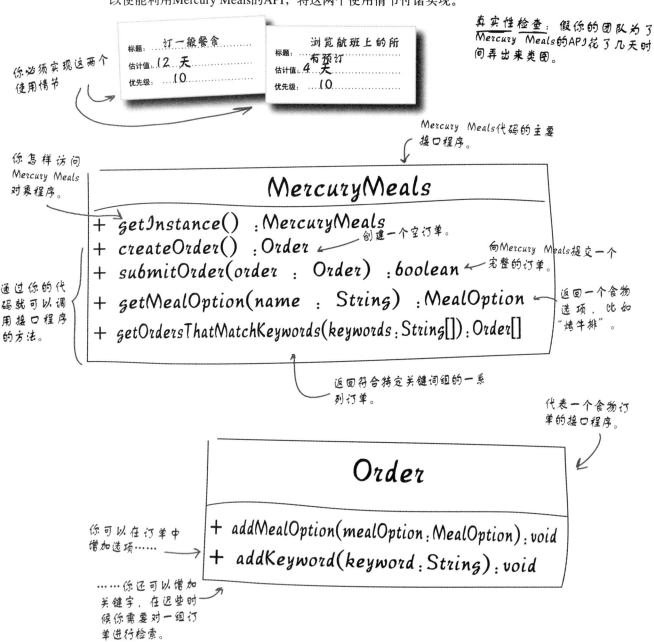

MercuryMeals

+ getInstance() : MercuryMeals
+ createOrder() : Order ← 创建一个空订单。
+ submitOrder(order : Order) : boolean ← 向Mercury Meals提交一个完整的订单。
+ getMealOption(name : String) : MealOption ← 返回一个食物选项，比如"烤牛排"。
+ getOrdersThatMatchKeywords(keywords : String[]) : Order[]

通过你的代码就可以调用接口程序的方法。

返回符合特定关键词组的一系列订单。

代表一个食物订单的接口程序。

Order

+ addMealOption(mealOption : MealOption) : void
+ addKeyword(keyword : String) : void

你可以在订单中增加选项……

……你还可以增加关键字，在迟些时候你需要对一组订单进行检索。

你可以从网址http://www.headfirstlabs.com/books/hfsd
下载Mercury Meals 的代码。

```
//...
// Adds a meal order to a flight
public void orderMeal(String[] options, String flightNo)
                        throws MealOptionNotFoundException,
                               OrderNotAcceptedException {

    for (int x = 0; x < options.length;x++) {

    }
}

// Finds all the orders for a specific flight
public String[] getAllOrdersForFlight(String flightNo) {

}
// ...
```

return mercuryMeals.getOrdersThatMatchKeyword({flightNo});

代码的第一行已经为你添加了。

```
MercuryMeals mercuryMeals = MercuryMeals.getInstance();
```

```
Order order = mercuryMeals.createOrder();
```

```
order.addKeyword(flightNo);
```

把这些代码段加到主程序中。

```
MercuryMeals mercuryMeals = MercuryMeals.getInstance();
```

```
if (!mercuryMeals.submitOrder(order)) {
    throw new OrderNotAcceptedException(order);
}
```

```
MealOption mealOption = mercuryMeals.getMealOption(options[x]);
```

```
if (mealOption != null) {
    order.addMealOption(mealOption);
} else {
    throw new MealOptionNotFoundException(mealOption);
}
```

你的任务是完成代码的编写，以便这些代码可以利用Mercury Meals的API程序实现这两个使用情节。

```
//...

// Adds a meal order to a flight

public void orderMeal(String[] options, String flightNo)
                                throws MealOptionNotFoundException,
                                       OrderNotAcceptedException {
    MercuryMeals mercuryMeals = MercuryMeals.getInstance();

    Order order = mercuryMeals.createOrder();

    for (int x = 0; x < options.length;x++) {

        MealOption mealOption = mercuryMeals.getMealOption(options[x]);

        if (mealOption != null) {

            order.addMealOption(mealOption);

        } else {

            throw new MealOptionNotFoundException(mealOption);

        }

    }

    order.addKeyword(flightNo);

    if (!mercuryMeals.submitOrder(order)) {

        throw new OrderNotAcceptedException(order);

    }

}


// Finds all the orders for a specific flight

public Order[] getAllOrdersForFlight(String flightNo) {

    MercuryMeals mercuryMeals = MercuryMeals.getInstance();

    return mercuryMeals.getOrdersThatMatchKeyword({flightNo});

}

// ...
```

这段代码产生了一个Mercury Meals对象，提供利用。

创建一个新的空订单。

对于每一个选中的选项，一个新的选项会增加到订单中。

如果，所选的选项不存在，则引发一个异常处理过程。

航班号也作为一个关键词加入订单中，以便可以检索某个指定航班的机上订餐。

这段代码尝试向Mercury Meals提交新的完整订单。

检索并返回符合某一航班号关键词的所有订单。

没有愚蠢的问题

问： 这么容易，为什么我们不将Mercury Meals代码的集成估计为16天呢？

答： 这里还有集成代码以外的事情在进行。首先，你和你的团队成员必须掌握Mercury Meals的文档说明。还有一些序列图和类图需要我们去弄清楚，这些都需要花费时间。考虑将你自己的程序设计更新，想想如何最好地集成那些代码，而且你手头上还有一堆工作要做等这些因素。事实上，事前考虑清楚往往比真正动手实现需要的时间更长。

问： 第三方代码是否被编译过有没有影响？

答： 如果程序代码能正常运行，那么它是否是源代码还是编译过的代码都没有关系。如果它是源代码的形式，那么你必须花费额外的时间来进行编译，但往往只是简单的命令行的工作，就能够得到编译过的程序代码库。

但是，如果程序代码因某种原因不能正常运行，那么，与你是否能获得源代码就很有关系。如果你重用已经编译的代码，那么，你便被限制在只能根据附带的文档说明使用该程序代码库。或许，你可以对代码进行反编译，但是如果你不小心的话，你可能会违反了第三方软件的授权范围。使用编译过的程序代码库，你通常无法对代码本身进行深入研究并修正错误。如果碰到问题，你不得不找回原来编写代码的人。

然而，如果你实际上拿到的是该代码库的源代码——如果它是开源代码或者是你已经购买回来的东西——那么，你便可以深入代码库，修正任何错误。这些听起来都不错，但要铭记，两种情况下，你都是相信第三方代码库是正常运行的。要不然，你不是得常常向原作者问一堆问题，就是得花费额外的时间去修正代码本身。

问： 万一第三方软件不起作用怎么办？

答： 那么，你对该程序代码库的信任就荡然无存了，并且你有两种选择：你可以选择继续坚持使用该代码库，特别是在你拥有源代码的情况下，你可以进行一些认真地调试看看会出什么错。或者，如果有其他的程序代码库，你可以放弃该程序代码库。或者，如果你知道如何编程，你也可以尝试自己编写代码。

不管你作哪种选择，你都将承担额外的工作。这就是为什么当你考虑利用第三方代码时，你必须要考虑细致。有时候，你被迫直接接受那些代码，比如Mercury Meals，但往往你还是可以选择的。你只需要意识到你在多大的程度上信任代码库中的代码。

当你决定重用某些代码时，一定要小心。当你重用代码时，你就假设那些代码是能正常运行的。

现在是下载代码的好时机！

你可以从网址 *http://www.headfirstlabs.com/books/hfsd/* 下载Mercury Meals的代码，跟着指示的链接，下载第10章的代码。

测试你的代码

确认你已经从Head First Labs下载了Mercury Meals和
Orion's Orbits的代码。增加第368页所示的程序代码，
编译所有的代码，试试看……

你应该有某种构建工具，那会让这项工作变得很简单。

```
> java OrionsOrbits
Adding order...
```

看起来不对劲……应用程序挂起来了。没有输出，没有错误，什么也没有……

你在开玩笑吧？客户的CFO对新的进展感到非常兴奋，她自己还预订了Orion's Orbits的首航班机，你现在竟然告诉我她连挑选餐点都不行。

休斯顿，我们有麻烦了……

所有的辛勤付出却换来一无所获。你的代码……或者说Mercury
Meals的代码……**有些**代码不能正常运行。你的客户，你的客户的
老板真的要心烦意乱了……

准备练习

你刚完成大量的第三方代码的集成，有些代码不能正常运
作，而时间很紧，压力很大。

你将怎么做?

....
....
....
....
....
....
....

碰头会议

好了，伙计们，真见鬼，我们完成了编码，但却不能正常运行。

Laura：我们假定Mercury Meals的代码能正常运行，但它明显地不行，或者至少不是我们所期望的方式。真是糟透了。

Bob：嗯，对我而言，那听起来是一个合理的假设。换作"我们"，决不可能发布不能正常运行的代码……

Mark：是的，但那是"我们"。谁知道Mercury Meals的开发人员在搞什么？

Laura：我们只是接受这些代码，并假定它能正常运行，也许我们应当首先对它进行测试……

Bob：那么，你认为Mercury Meals的开发人员只是发布了一些没有用的代码？

Laura：看起来确实如此。谁知道它是否正常运行过，它或许是一个未完成的项目。

Mark：但现在变成了我们的代码与问题了……

Bob：而且，现在想要从头开始的方式太迟了……

Mark：……我们更本不了解Mercury Meals系统是如何运行的……

Laura：更糟糕的是，我们怎样跟CFO说呢？真的是火烧眉毛了……

相信自己

谈到别人所编写的代码时，其实就是一个信任问题，这里所学到的真正的教训就是：当谈到软件代码时，别相信别人。除非你亲眼看到代码正常运行，或者针对该代码你执行自己的测试程序，否则，别人所编写的代码都将会是一颗不知何时要爆炸的炸弹——就在你最需要它的时候。

当你从第三方拿到代码时，你正依赖那些代码能运行正常。如果你没有尝试去使用它，要是它在你需要它的时候不能运行，那么你也怨不了别人。除非你看到它正常运行，否则，最好还是要假定第三方代码根本就是不正常运行的。

你的软件……你的职责

你的职责就是让软件能运行，不管在软件中出现错误的代码是不是你编写的，根本不重要。软件错误就是软件错误，身为一个专业的软件开发人员，你要对你所交付的软件负全责。

第三方不是你。这听起来似乎有点像废话，但是，当你只因为进行了良好的测试和开发流程时，你就假设别人也会这么做时，这句话就特别重要。

切勿假设其他人会遵循你的流程

对别人所开发的每一行代码持怀疑态度，除非你测试过它，因为不是每个人都能像你那样采用专业的软件开发方法。

谁编写的代码并不重要。如果这些代码在你的软件系统中，那么，它就是你的责任。

Mercury Meals的类现在是**你的**代码……但它们比较杂乱。在下面的代码中，你把所发现的代码问题圈出来并且做出注释，从代码的可阅读性到功能性都算。

```java
// Follows the Singleton design pattern
public class MercuryMeals
{
    public MercuryMeals meallythang;

    private Order cO;

    private String qk = "select * from order-table where keywords like %1;";


    public MercuryMeals() {

    }


    public MercuryMeals getInstance()

    {

        this.meallythang = new MercuryMeals();

        return this.instance;

    }

        // TODO Really should document this at some point... TBD
        public Order createOrder {
            return new Order();}


    public MealOption getMealOption(String option)
    throws MercuryMealsConnectionException {
        if (MM.establish().isAnyOptionsForKey(option))
        { return MM.establish.getMealOption(option).[0] };
        return null;

    }
```

```
// Mercury Meals class continued...



    public boolean submitOrder(Order cO)
{
    try {
      MM mm = MM.establish();
      mm.su(this.cO);
    catch (Exception e)
    { // write out an error message } return false; }



    public Order[] getOrdersThatMatchKeyword(String qk)
                                    throws MercuryMealsConnectionException {
      Order o = new Order[];
      try {
          o = MM.establish().find(qk, qk);
      } catch (Exception e) {
          return null;
      }
      return o;
    }}
```

发现重用代码中的问题

你的任务就是圈出和注释你从Mercury Meals代码中发现的问题。

```
// Follows the Singleton design pattern
public class MercuryMeals
```
指出除了它试图实现单例Singleton模式外，这个类没有实际的文档说明。

```
    public MercuryMeals meallythang;
```
属性名称不具描述性

这个属性是公用的！这不是面向对象的良好做法

```
    private Order cO;
```
为什么会有Order属性？即使几行注释都好……

```
    private String qk = "select * from order-table where keywords like %1;";
```
这应该是常数吧？qk真的是良好的变量的名称吗？

```
    private MercuryMeals instance;

    public MercuryMeals() {

    }
```
为什么声明什么事都没有做的构造符？

```
    public MercuryMeals getInstance()

    {

        this.instance = new MercuryMeals();

        return this.instance;

    }
```
等等！这个类应该实现单例模式，但看起来每次方法调用时都创建一个新的Mercury Meals实例。

```
    // TODO Really should document this at some point... TBD
    public Order createOrder {
        return new Order();}
```
看起来当时的开发人员还有一点未完成。

这个方法在此视乎没有做任何有价值的事情。你可以简单地创建一个Order对象，而无需Mercury Meals类。代码的缩排格式也怪怪的。

```
    public MealOption getMealOption(String option)

    throws MercuryMealsConnectionException {

        if (MM.establish().isAnyOptionsForKey(option))

        { return MM.establish().getMealOption(option).[0] };

        return null;

    }
```
这个连接为何只建立一次？

返回空值是不好的实践。比较好的思路是引发异常，提供更多信息给调用程序。

```
// Mercury Meals class continued...
```

此类的任何方法都没有文档说明。撰写一些方法准备去做什么的描述，会让代码更具可读性。

```
public boolean submitOrder(Order cO)
{
    try {
        MM mm = MM.establish();
        mm.su(this.cO);
    catch (Exception e)
    { // write out an error message } return false; }
```

不要奇怪，软件没有给出是否工作的任何提示（除开被挂起……）。这个方法"吞"掉了所有的异常。这是典型的类异常的反面例子。如果异常被触发，你又不能在现场处理，然后把它交给调用程序，这样，它们至少知道什么弄错了。

代码注释到处都是，使得阅读性较差。

```
public Order[] getOrdersThatMatchKeyword(String qk)
                    throws MercuryMcalsConnectionException {
    Order o - new Order[];
    try {
        o = MM.establish().find(qk, qk);
    } catch (Exception e) {
        return null;
    }
    return o;
}}
```

哪个qk正在被使用？意义不明，可能是个错误。

再次隐藏异常！方法的调用程序绝不需要处理MercuryMeals或其他异常，因为这个方法隐藏了所有错误并只返回了空值。

不管你相信不相信，该大括号结束了该类，但这样不清不楚的缩排，会让你难以理解。

不按流程的你

现在，事情看起来希望渺茫，没有流程管理，你将
陷入困境……

遵循流程的你

这不是一个完美的世界。当你的代码——或者你所依赖的其他人的代码——不能正常运行时，客户对你纠缠不放，很容易让你感到恐慌，或想到搭乘下一次航班飞到一个不能引渡的国家去。但在这个时候，一个好的流程管理将是你最好的朋友。

本章要点

- 当你准备下一轮开发循环时，要经常**和你的客户一起检查**，以便确认你计划的工作正是他们想要完成的工作。

- 在每一轮开发循环结束时，你和你团队的**时间效率值都需要重新进行计算**。

- 对新的一轮开发循环，让你的客户基于该开发循环所能允许的工作量，**重新为使用情节进行优先级的排序**。

- 不管你是在编写新的代码还是重用别人的代码，它们**都是软件，遵循的流程保持不变**。

- 你的软件中的每一段代码，不管是你自己编写的还是第三方的，诸如Mercury Meals，都必须至少通过一个使用情节来表示。

- 不要你对所重用的代码作任何假设。

- 代码库有好的接口不能保证代码能正常运行。除非你亲眼看到它能正常运行，否则什么代码你也不要相信。

- **一次编写代码，多次阅读代码（被其他人）**。必须像你要呈现给其他人看你的工作片段一样，对待你编写的代码。它们必须具有可阅读性、可靠性和易理解性。

没有愚蠢的问题

问： 目前，事情看起来很不妙。如果我们最后还是陷于这种糟糕的状况的话，我们的流程还有什么用？

答： 这里的问题是，当你重用Mercury Meals的软件时，你与团队引进了不同于你们的流程所开发出来的代码，它们具有完全不同的结果——残缺的代码。

并不是每一个搞软件开发的人都是先做测试、使用版本控制与持续集成，以及错误追踪。有时候，你必须决定接受别人开发的软件，并且要好好地处理它……

问： 那么这种情况有多普遍？我就不能总是使用我自己的代码吗？

答： 当今，许多软件的开发时间都是很紧迫的。你不得不具备良好的生产力，并且能越来越快地、成功地交付大型的软件。因此，随着客户的要求更多，流程的节奏更快。

在这样情况下，节省时间的最好的方法之一就是重用代码——往往这些代码不是你的团队成员编写的。因此，你越精于软件开发，就会有越多"重用代码"成为你正常程序的一部分。

当你开始重用代码时，总是会碰到一些代码不能正常运行的艰难状况，而且修正代码比从头开始编写代码还要困难一些。但是不要放弃……第11章都是关于如何处理这方面的事情，不需要放弃你已有的流程。

处理不能正常运行的代码是软件开发工作中的一部分！在第11章，你将会看到你的流程是如何解决这些难题的。

软件开发填字游戏

让我们利用学过的内容提供应用，多点开动你的脑筋！祝你好运！

横排提示

2. If your software doesn't work, it's your .... to get it fixed.

6. If you .... that a piece of code works you are heading for a world of pain.

8. The .... decides what is in or out for iteration 2.

11. Your velocity helps you calculate how many .... days you can handle in iteration 2.

12. .... deals with the real world when you're planning your next iteration.

13. Mercury Meals, other frameworks, code libraries and even code samples are all cases where you will want to consider .... code.

14. .... are also included in the candidate work for the next iteration.

竖排提示

1. Code .... is one very useful technique to get you developing quickly and productively.

3. Any work for the next iteration should appear on the .... for the iteration.

4. Trust .... when it comes to reusing software.

5. Never .... any code you haven't written or run in some way.

7. You should let your customer .... your user stories, bug reports and other pieces of work before you begin planning iteration 2.

9. You treat third party code the .... as your own code.

10. You may be following a great ...., but don't assume that anyone else is.

软件开发填字游戏答案

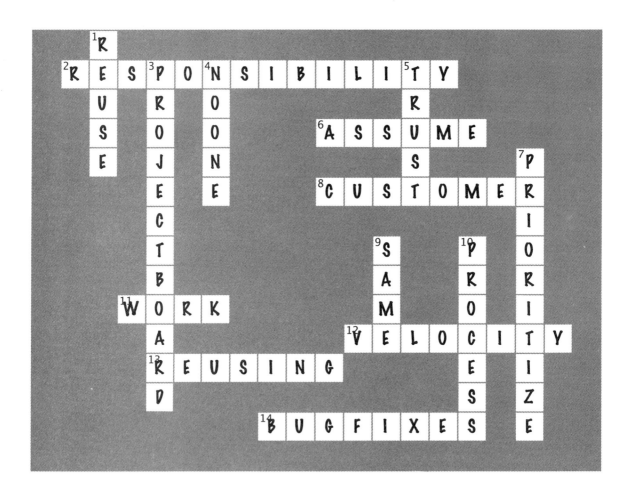

11 软件错误

专业排错

有人认为我虚荣，但我却为自己的表现而自豪。为达到完美无暇的境界是需要付出许多辛勤劳动的。

你编写的代码，你的责任感……你的代码错误，你的名声！

当事情陷于困境的时候，让它从泥潭中回到正轨是你的责任。**软件错误**，不管它们出现在你所编写的代码中，还是在你所利用的软件中，这都是在软件开发过程中无法改变的事实。像其他事情一样，你处理软件错误的方法与流程的其他部分是一致的。您需要**准备好大白板**、**让你的客户参与其中**、**满怀信心地估计**修正软件错误的工作量，并且把代码**重构**与**预构**（Prefactoring）应用于软件错误的修正，以避免在未来出现软件错误。

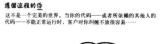

开发循环2
前情提要

在第10章的结尾，情况是多么糟糕。你把Mercury Meals的
代码加到Orion's Orbits的代码中，正准备把Demo给CFO看
时，就在这时你碰到了麻烦。是的，实际上是**三个方面**的问
题——造成事情变得**一团糟**……

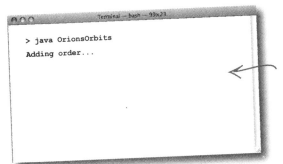

当你试图运行程序
时，系统却没有任何
响应。

Orion's Orbits的程序不能正常运行。

你的客户所增加的三个新的使用情节，它们都依赖于
Mercury Meals的新代码。一切看起来很顺利，大白板也安
排得很好，你完成了集成工作。突然间，计算机发出异常的
声音，你运行你编写的代码，却什么动静也没有，应用系统
没有响应……

你得到许多编写得很糟糕的代码

当你深入Mercury Meals的代码中，你会
发现其中存在一堆问题。是什么原因造成
Orion's Orbits的程序出错？你又该从哪里
开始查找问题的来源？

三个使用情节依赖于代码的运行。

一切都糟糕透了，更麻烦的是有三个使用情节依赖
于Mercury Meals代码的运行，而不是仅仅一个。

使事情更加糟糕的是，Orion's Orbits的CEO已经跟
CFO提到过你，两个人都希望看到软件能运行起来，
而且是马上……

✎ **准备练习**

您的软件不能运行，你需要对代码进行修改，Orion's Orbits的CEO死死盯住你不放，因为CFO也死死地盯住他。你该怎么做，才能面对这一切呢？

下一步你打算怎么做? ....
....
....
....
....
....
....

请等等！在你准备翻到下一页之前，请先认真考虑下一步打算怎么做，并且把想法填写到空白处……

你也是没耐心的开发人员……在得出令人满意的答案后，然后转入下一页的内容。

首先，你必须与客户加强沟通

每当事情发生变化的时候，与你的团队进行讨论。如果影响比较大，不管是在功能方面还是在进度方面，都必须回去与客户进行沟通。这是一个大问题，拿起电话吧，尽管非常痛苦……

很好，我都快疯了，但我还是会告诉CFO，说明项目的进度有点倒退。但我需要一个确切的日期……什么时候能完成？不要告诉我你不知道，我已经为你的无知付了不少薪水了。

客户是对的。你必须让事情稳定下来，要修正混乱的局面需要多长时间，给出有信心的估计，还要尽快。

碰头会议

你知道吗，我恨不得捏死Mercury Meals 的开发人员，他们编写的代码太烂了……

Laura：嗯，这就是他们在公司合并后被炒鱿鱼的原因。但是，当初代码是怎么编写的已经不重要了，现在，这些代码是我们的了……

Bob：我知道，我知道。但那些差劲的代码真让我恼火，它让我们觉得像个白痴。

Mark：想一想，我们还能继续往前吗？下一步我们该怎么做？

Laura：嗯，我们被这些代码卡住了。所以，最好开始把它们当我们编写的代码。

Mark：我猜你已经想到什么办法了……

Laura：我们已经知道如何处理自己的新代码，如果我们用同样的方式来对待Mercury　Meals的代码，这至少应该给我们一个良好的开端。

Bob：啊……你是说我们必须管理好它的配置、构建它，测试它，是吗？还要包括编写脚本和持续集成？

Mark：是的，我们将必须维护这些代码，所以，第一步最好是先把Mercury　Meals的全部代码加入我们代码的存储目录之中，并且在开始修正错误之前，先正确地构建好它。

这是你的代码，因此第一步就是构建好它……

错误代码磁铁

下面是一堆你可以为Mercury Meals的代码做的事情，以你认为你应该做的有哪些事情，把它们按照顺序放好。但是，要小心，可能存在一些你认为不值得做的事情。

判断这些代码是否有关联性，是否对**Orion's Orbits**的代码有影响。

想想该如何打包编译出来的版本，以便包含在**Orion's Orbits**系统中。

把源代码组织好，放到标准的`src`, `test`, `docs`, `etc.`,目录。

把代码放进存储目录。

在错误跟踪器中准备一个地方放置议题。

撰写测试，模拟该如何使用这个软件。

把代码集成到CI配置中。

为代码准备说明。

编写构建脚本。

找到议题记录错误。

计算代码行数，并估计要花多少时间修复。

产生测试覆盖率报告，看看必须修改多少代码？

对代码进行安全性审核。

使用UML工具，为代码进行逆向工程，并建立类图。

提示：有些事情可能需要做一次以上。

把磁铁按照你要做的工作有序
地放入下表中。

待处理事情的清单

错误代码磁铁

下面是一堆你可以为Mercury Meals的代码做的事情，以你认为你应该做的有哪些事情，把它们按照顺序放好。但是，要小心，可能存在一些你认为不值得做的事情。

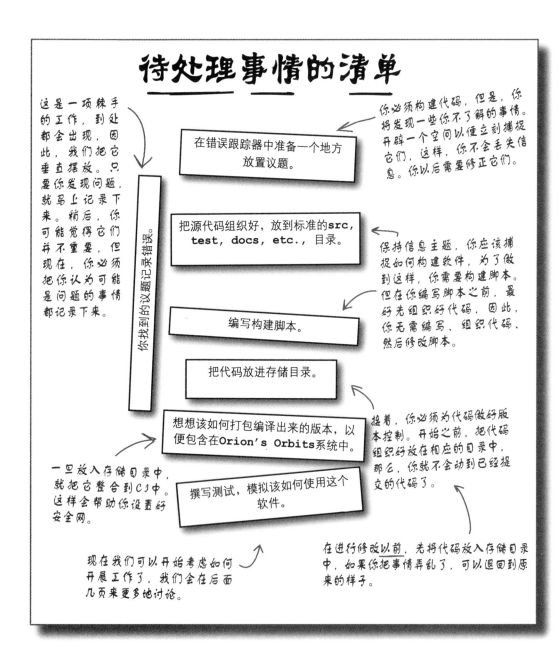

待处理事情的清单

这是一项棘手的工作，到处都会出现，因此，我们把它垂直摆放。只要你发现问题，就写上记录下来。稍后，你可能觉得它们并不重要，但现在，你必须把你认为可能是问题的事情都记录下来。

你找到的议题记录错误。

你必须构建代码，但是，你将发现一些你不了解的事情。开辟一个空间以便立刻捕捉它们，这样，你不会丢失信息。你以后需要修正它们。

在错误跟踪器中准备一个地方放置议题。

把源代码组织好，放到标准的**src, test, docs, etc.,** 目录。

保持信息主题，你应该捕捉如何构建软件，为了做到这样，你需要构建脚本。但在你编写脚本之前，最好先组织好代码，因此，你无需编写、组织代码、然后修改脚本。

编写构建脚本。

把代码放进存储目录。

接着，你必须为代码做好版本控制。开始之前，把代码组织好放在相应的目录中，那么，你就不会动到已经提交的代码了。

想想该如何打包编译出来的版本，以便包含在**Orion's Orbits**系统中。

一旦放入存储目录中，就把它整合到CI中。这样会帮助你设置好安全网。

撰写测试，模拟该如何使用这个软件。

在进行修改以前，先将代码放入存储目录中，如果你把事情弄乱了，可以退回到原来的样子。

现在我们可以开始考虑如何开展工作了。我们会在后面几页来更多地讨论。

那么，所有我们没有使用的磁铁呢？它们未必都是坏主意，但是在这里，为什么没有被放入清单中？

判断这些代码是否有关联性，是否对 Orion's Orbits 的代码有影响。

这很重要，但我们还不知道对代码作何修改。我们还没有准备把注意力放在代码库的版本上。

想想该如何打包编译出来的版本，以便包含在 Orion's Orbits 系统中。

一旦代码稳定，这将是重要的工作。但是，在代码被测试和运行之前，担心在我们的代码库之外如何打包是没有用的。

为代码准备说明。

这一项很重要。几乎与垂直摆放的"把你发现的某类错误记录到文档中"一样。但由于我们还没有对代码做任何修改，甚至不知道我们将需要什么部分，我们决定把该项从清单中省略掉……，虽然以后我们可能会回到该问题上来。

产生测试覆盖率报告，看看必须修改多少代码？

这一项还不会发生。我们还没有进行测试，我们不知道我们实际上需要什么代码，而且我们知道其中的一些代码不能运行。软件测试覆盖率此时不会告诉我们有价值的东西。

计算代码行数，并估计要花多少时间修复。

这一项看起来挺诱人的，它会提供实际可理解的数字，看似一件好事。伴随着的问题是我们不知道将需要多少行代码，并且我们绝不知道丢失了多少行代码。要是有个类被删除了，而代码库中有假设有这个类会怎样呢？类似这样的考虑使这里的统计没有用处。

对代码进行安全性审核。

这在某些地方将是一个好主意，但像其他任务一样，我们还不知道需要什么样的代码，不管怎样，我们准备开始修改代码，所以，现阶段，我们还是先暂缓一下。

使用 UML 工具，为代码进行逆向工程，并建立类图。

在所有的任务中，我们没有选择它，它是最可能放入清单中的。但现在，我们不知道需要用到多少软件代码中的代码。让我们好好研究一下需要用到什么；接着，我们将尝试并弄清楚它应该如何运行。

优先考虑的事情：使代码可构建

代码在软件版本控制中，你已经编写了构建脚本，并且利用 CruiseControl加入了连续集成。Mercury Meals的代码仍然是一堆没有用的东西，但至少你应当能对代码进行一些控制……，这就是你要优先考虑的事情。

当Mercury Meals代码的构建版本在运行时，由持续集成工具生成电子邮件。

没有出错，没有警告信息，这是一个良好的开端。

现在我们可以开始处理错误了……

假定你已经修正了使Mercury中的类不能被编译的错误，但你必须克制马上修改其他代码的冲动。

好极了，你是一个真正的神童；花了那么多时间，却什么进展也没有，嘿，还要提拔你吗？

现在花一<u>点</u>时间，日后可以节省<u>大量</u>时间。

原有的软件错误还没有得到修正，但这没有关系。你已经建立了一个开发环境，代码在版本控制之下，你还能够轻松地编写测试程序，并自动地运行它们。也就是说，你刚刚防止了在前面几百页所遇到的所有问题，避免那些东西悄悄地破坏你的开发工作，造成雪上加霜的困境。

你知道代码还不能运行，但现在，一切都已经被安排到你的流程中了，你准备用一种明智的方式来处理这些错误。你已经将Mercury Meals视作己出，从这里开始，你所做的任何修改都将被保存下来……，整个流程将帮你节省不少时间。

在你修改任何东西<u>之前</u>，包括修正错误，先将代码纳入版本控制并成功地构建。

我们可以修改代码了……

现在，是弄清楚哪些代码需要修改的时候了。在第十章的末尾，你
检查了Mercury Meals的代码，诊断的结果并不好……

只有当你浏览一下Mercury Meals
中的第一层代码后，你就会发现
全部问题。

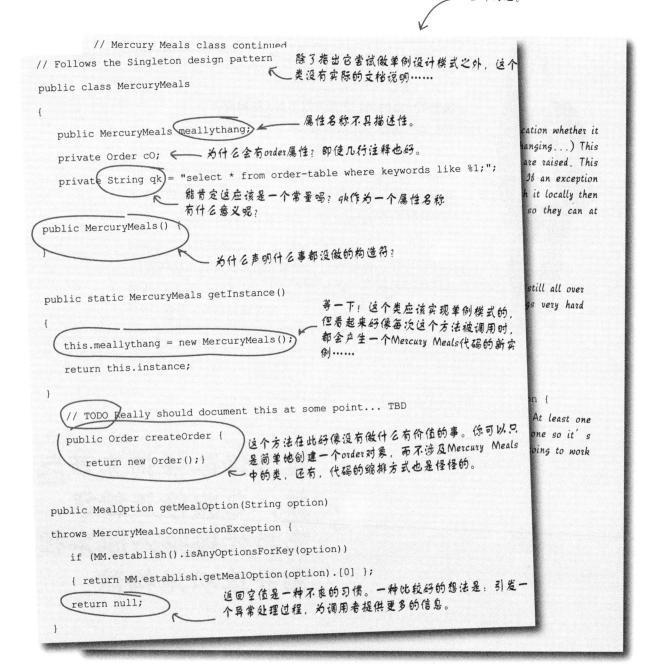

```
                // Mercury Meals class continued
// Follows the Singleton design pattern
                                              除了指出它尝试做单例设计模式之外，这个
public class MercuryMeals                     类没有实际的文档说明……
{
    public MercuryMeals meallythang;      属性名称不具描述性。

    private Order cO;      为什么会有order属性？即使几行注释也好。

    private String qk = "select * from order-table where keywords like %1;";
                   能肯定这应该是一个常量吗？qk作为一个属性名称
                   有什么意义呢？
    public MercuryMeals() {

    }
              为什么声明什么事都没做的构造符？

    public static MercuryMeals getInstance()

    {                                     等一下！这个类应该实现单例模式的
                                          但看起来好像每次这个方法被调用时，
        this.meallythang = new MercuryMeals();   都会产生一个Mercury Meals代码的新实
                                          例……
        return this.instance;

    }

    // TODO Really should document this at some point... TBD

    public Order createOrder {
        return new Order();}      这个方法在此好像没有做什么有价值的事。你可以只
                                  是简单地创建一个order对象，而不涉及Mercury Meals
                                  中的类。还有，代码的缩排方式也是怪怪的。

public MealOption getMealOption(String option)

throws MercuryMealsConnectionException {

    if (MM.establish().isAnyOptionsForKey(option))

    { return MM.establish.getMealOption(option).[0] };
                            返回空值是一种不良的习惯。一种比较好的想法是：引发一
    return null;            个异常处理过程，为调用者提供更多的信息。

    }
}
```

······但我们必须修正功能性

但是，事情并不像看起来的那么糟。你不必修改Mercury Meals中*所有*的错误；**你仅仅需要修改那些影响你所需要的功能的错误就可以了**。你不必操心其余的代码，你只需要致力于使用情节的功能性方面即可。

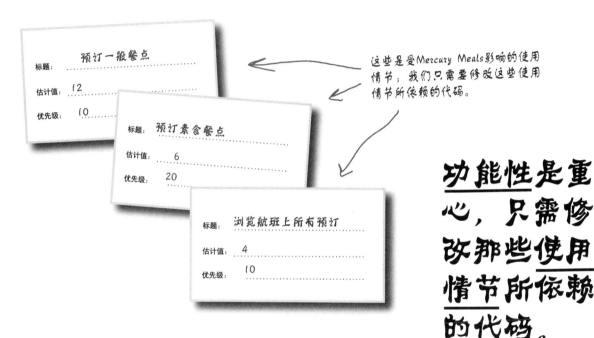

这些是受Mercury Meals影响的使用情节；我们只需要修改这些使用情节所依赖的代码。

功能性是重心，只需修改那些使用情节所依赖的代码。

本章要点

- 一切都围绕面向**用户的功能性**而展开。

- 你编写和修改的代码以**满足使用情节的要求**。

- 你仅仅修改那些损坏的代码，你知道哪些代码已损坏，因为这些代码让你的**测试失败**了。

- **测试是你的安全网**。通过测试，你可以确认你并未损坏任何代码，并且能知道是否完成修改。

- 如果某功能性**没有被测试**，那就等同于该功能性是损坏的。

- 虽然漂亮的代码很伟大，但符合**功能性的代码总是比它还要重要**。但这不表示让事情得过且过，要牢牢记住你修改这些代码的首要原因，即：**符合用户所需**。

弄清楚什么功能可运行

在把Orion's Orbits的代码与Mercury Meals的代码库集成在一起之前，你知道它的运行是正常的。因此，我们把注意力放在Mercury Meals的代码上。第一步是查明有什么能实际在运行，也就是，要进行测试。记住：如果代码不可测试，就假定它是损坏的。

这是与Mercury Meals的主接口。

Mercury Meals使用单例模式；你调用静态的getInstance()方法来取得一个实例，而不是通过"new"关键词来实例化该类。

MercuryMeals

+ getInstance(): MercuryMeals
+ createOrder(): Order
+ submitOrder(order: Order): boolean
+ getMealOption(name: String): MealOption
+ getOrdersThatMatchKeywords(keywords: String[]): Order[]

设计摘要：用公司来命名一个类是很好的想法——何况Mercury Meals真是个糟糕的开发机构。

在有两个基础接口可以操作，还有一些辅助代码隐藏在这些类中。

Order

+ addMealOption(mealOption: MealOption): void
+ addKeyword(keyword: String): void

记住：我们想采用航班号来作为订餐的关键词。

你的工作任务是构造一个测试单元，应用使用情节所需要的全部功能。"订一般餐点"测试建立一张订单，并为它添加订一般餐点的选项（在本例中，就是添加"鱼和炸马铃薯条"），然后把订单提交给Mercury Meals。利用左页的类图，在下面的空白处，为"订一般餐点"使用情节的测试编写测试代码。

```
package test.com.orionsorbits.mercurymeals;
import com.orionsorbits.mercurymeals.*;
import org.junit.*;

public class TestMercuryMeals {
  String[] options;
  String flightNo;

  @Before
  public void setUp() {
    options = {"Fish and chips");
    flightNo = "VS01";
  }

  @After
  public void tearDown() {
    options = null;
    flightNo = null;
  }

  @Test
  public void testOrderRegularMeal()
    throws MealOptionNotFoundException, OrderNotAcceptedException {

    MercuryMeals mercuryMeals = MercuryMeals.getInstance();
```

标题: 预订一般餐点
估计值: 12 天
优先级: 10

此测试所针对的使用情节。

这应该是一个有效的餐点选项。

setup()和tearDown()的代码已经就位。

如果没有找到餐点，就抛出MealOptionNotFoundException。如果订单不能提交，就抛出OrderNotAcceptedException。

多少需要几行代码实施你的方案……这就是我们要完成的测试。

```
  }
}
```

你的工作任务是构造一个测试单元，应用使用情节所需的全部功能。"订一般餐点"测试建立一张订单，并为它添加订一般餐点的选项（在本例中，就是添加"鱼和炸薯条"），然后把订单提交给Mercury Meals。

```
package test.com.orionsorbits.mercurymeals;
import com.orionsorbits.mercurymeals.*;
import org.junit.*;

public class TestMercuryMeals {
    String[] options;
    String flightNo;

    @Before
    public void setUp() {
        options = {"Fish and chips"};
        flightNo = "VS01";
    }

    @After
    public void tearDown() {
        options = null;
        flightNo = null;
    }

    @Test
    public void testOrderRegularMeal()
        throws MealOptionNotFoundException, OrderNotAcceptedException {

        MercuryMeals mercuryMeals = MercuryMeals.getInstance();
        Order order = mercuryMeals.createOrder();
        MealOption mealOption = mercuryMeals.getMealOption(options[0]);
        if (mealOption != null) {
            order.addMealOption(mealOption);
        } else {
            throw new MealOptionNotFoundException(mealOption);
        }
        order.addKeyword(flightNo);
        if (!mercuryMeals.submitOrder(order)) {
            throw new OrderNotAcceptedException(order);
        }
    }
}
```

> 标题： 预订一般餐点
> 估计值： 12 天
> 优先级： 10

这是测试Mercury Meals的功能性的使用情节。

即使你不确切地知道代码是如何工作的，但应该清楚它应该做什么。

创建一张订单，并在测试之前准备好唯一的餐点选项。

为订单增加"鱼和炸薯条"餐点选项，并与航班号绑定，接着，把订单提交给Mercury Meals。

这些异常只是为了导致测试的失败，说明Mercury Meals的API程序不能运行。

现在，你知道有什么不能运行

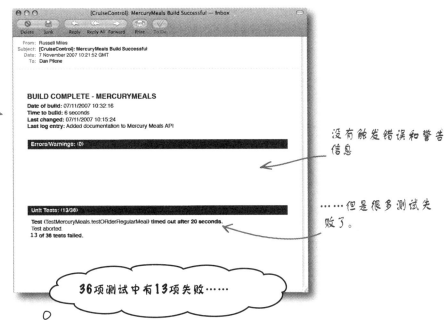

这是由自动化测试工具发出的构建和测试报告的电子邮件。

没有触发错误和警告信息

……但是很多测试失败了。

36项测试中有13项失败……

Laura：是的，在我们需要用到的代码中有30%没有通过测试。

Mark：但那并没有告诉我们要完成代码的修改需要多少工作量。

Bob：还可能有一些代码整块被漏掉的情况。我不知道我们将需要编写多少新的代码。

Mark：我们如何估计呢？

Bob：必须有更好的方法，对不对？

你会怎么做？

利用峰值测试（Spike Test）做估计

你编写的测试程序中有30%失败了，但是，你真的不知道是不是一、两行代码就能解决大部分存在的问题，或者需要新的类和几百行代码才能搞定。现在没有办法知道，那13项失败的测试背后到底存在多大的问题。因此，要是我们花点时间研究一下这些代码，看看我们能处理哪些，并由此推断出解决其他问题需要的工作量，结果又会是怎样呢？

这种方法称为**峰值测试**（Spike Test）：在一段时间内，你正解决一部分问题，看看你完成什么，并利用这些结果来估计完成其他事情需要工作多长时间。

 花一周的时间来进行峰值测试

让客户给你五天的时间来处理你手上的问题。那并不是很长的时间，并且，在最后，你应该能提供合理的估计。

听着，我的耐心快被你磨光了，你最好在本周末给出一个实在的估计，要不然，我们得郑重其事地谈一谈，懂吗？

到如今，客户可能也不耐烦了，但是，如果你提交给他们是一个完完全全编造出来的估计，那将会使情况更糟糕。

取得客户同意后，你可以计划用一周的时间来做峰值测试。

② 从那些失败的测试中随机采样

从那些失败的测试中随机地挑选出一个例子，并尝试修正那些测试。但要记得选择是随机的——不要故意挑选简单的或者复杂的，因为你想找出使事情走上正轨的思路。

以正常的方式编写代码……不要赶时间。你是在进行估计，不是在比赛，因此，你要确认是在按照流程行事，即便是在峰值测试中。

好的，我们分头修正错误。我们把错误一个一个查找出来，看看我们是否能尽快修正。然后，我们再接着处理下一个错误……

利用软件错误记录器，简要说明你在做什么，发生了什么，以及你如何做的修正。记住，峰值测试应融入到你的正常开发流程。

③ 在周末的时候，计算一下错误修正速率。

看看你与团队能多快地修正软件错误，并得出更可信的估计，以此估计推算修正所有的软件错误需要多长的时间。

$$\text{被修正的错误的数量} \;/\; 5 \;=\; \text{日修正率}$$

整个团队的总的修正错误数量。

峰值测试的天数

每天可能修正的错误的数量，假设比率保持稳定。

峰值测试的结果告诉你什么？

你的测试结果给你这样一个概念，即在你的代码中有多少是失败的。
通过峰值测试的结果，你应该获得这样一个概念，即修正剩余的软
件错误需要多长的时间。

在一周的峰值测试期间，修正的
总的错误数量。

$$4 \quad / \quad 5 \quad = \quad 0.8 个错误/日$$

↑ 峰值测试的总工作天数

峰值测试期间，团队的错误修正率

接着，你可以估算出团队需要多长时间来修正全部错误

峰值测试后，剩下的错误数量

$$0.8 \times (13 - 4) = 7 天$$

错误修正率

你的团队修正全部剩余的错误所需要的时间

> 我们已经修正了一些错误，并且我们知道整个团队需要多长时间修正全部的错误。但是我还是觉得信心不足……

嗯，你确信团队总是能像他们在峰值测试中那样修正错误吗？你怎样确信在7天内修正全部的错误？

当提到排错时，我们并不是信心十足

归纳起来讲，峰值测试只是给你一个比纯粹的猜测更为精确的估计，它并不是100%的准确，甚至还有可能连接近都说不上。

但峰值测试确实给你提供**定量的数据**（Quantitative data），可作为估计的基础。你知道你修正了多少错误，这是一个随机样本。因此，从某种程度上，你可以有信心的说，你应该可以用大约相同的时间来修正相同数量的软件错误。

然而，峰值测试并没有给你提供**任何定性的数据**（Qualitative data）。那表示我们真是只知道对于刚刚处理过的软件错误，我们修正的速率有多快，但真是不知道等待修正的软件错误有多么的糟糕。在Mercury Meals系统，仍然可能存在一个潜在的错误，该错误能让你的估计打水漂。不幸的是，当论及修正错误时，尤其是涉及第三方软件时，你会发现这就是事实的真相。

团队成员的真实感受很重要

你能够添加一些定性的反馈到修正错误的估计中的一种快速的方式是：考虑团队的
信心因素。在一周的峰值测试期间，你们都在某种程度上看过Mercury Meals的代码，
因此，现在应该让团队根据他们对代码掌握的信心，适度地调整错误修正率。

嗯，我比其他任何人都深入
了解代码，因此，对于那个时
间估计值，我只有**60%**的信
心……

我对十二个工作日的估计
只有**70%**的信心。

看起来相当合理，我
认为我有**80%**的信心在
十二个工作日内修正剩下
的全部错误。

为你的估计增强信心

$$\frac{(80\% + 60\% + 70\%)}{3}$$

取团队的平均信心水平，在本例中，这个值是70%，把它用于你的估
算中，以便得到一些回旋的空间。

$$\left((13-4) / 0.8\right) \times \frac{1}{70\%}$$

提供给客户的估计值

$$= 16\ 工作日$$

修正剩余的错误

没有愚蠢的问题

问： 峰值测试需要多少人参加？

答： 在理想的情况下，你应该让即将参与修改软件错误的人都参加到峰值测试中来。这意味着，你不仅仅获得一个更准确的估计，其原因是实际参与修改错误的人都将参与估计工作，那些人也花了一周的时间来熟悉代码。

当你要求团队成员针对峰值测试所得到的估计进行估计时，这是特别有帮助的。他们将会看过代码并且对可能存在的问题的复杂性做到心中有数，因此，他们的真实感受会比较有价值。

问： 当我有数千个失败的测试时，如何选择合适的测试作为峰值测试的一部分？！

答： 试着随机采样，但也要注意所选择的软件错误具有不同的难度。所以，你首先要寻找的是一个随机样本，然后，你应确认你所选择的错误分布在不同的方面，稍微注意一下，至少应该具有挑战性，而不是都选择一些容易修改的错误。

问： 在测试驱动开发中，我们先编写测试程序，再编写代码修正它。我们不再用TDD方法了吗？

答： 肯定地讲，这仍然是属于测试驱动开发。但是，这里所做的是针对现有的代码，而不是为新代码编写测试程序。你还不想停下来去尝试修改每一个错误，我们现在需要的只是代码的整体图像。

然而，当你利用CI时，这种方式还确实导致问题，并且，当测试失败时，你的构建工作也跟着失败。如果

是那样的话，当你得到很多失败的测试后，不妨稍微做一点作弊，先把这些失败的测试注释掉，然后，在某个时刻再把它们都添加回来。这种做法是有风险的，并且你可能马上让你变成"TDD的头号通缉犯"，但实际上来说，你可能会想要这么做。最重要的事情是你让测试全部通过了，而没有留下需要注释的代码。

问： 我们为什么还要把信心因素再加进来？

答： 将信心因素纳入进来能为估计提供定性的数据，让团队成员有机会表达他们觉得修改剩余错误的困难程度有多大。你可以更进一步，针对软件错误进行计划扑克那样的游戏，但要记住，你在评估信心方面花的时间越长，能够实际用于排错的时间就越短。总是存在两方面的妥协，一方面是对修正错误将需要多长时间的绝对估计（并且，实际上这只能在完成排错之后才获得），另一方面你能多快地修正错误并把估计值交给客户时的足够良好的感觉。

问： 为什么峰值测试的时间为五天？

答： 这是一个很好的问题。五天是一个很好的时间长度，因为这仅需要让你的团队致力于一周的峰值测试（而不是在那一周内要尝试做多个任务），并且，能让每个人有足够的时间来认真地修正软件错误。

问： 我能用更短的时间吗？

答： 可以，但这将会影响你的团

队处理错误的数量，并且也影响到你估计结果的信心。最糟糕的情况是，在峰值测试期间，你却什么错误也没排除，留给你的只有困惑，没有真正的结果。

五天时间已经足够用来处理一些比较严重的软件错误，对剩下待修改的其他错误来说，五天时间也能让你根据峰值测试的结果对估计取得一定的信心。最理想的情况是：团队在峰值测试期间解决了所有的错误。

问： 那么，对于已开发的代码，我也应该这样做吗？

答： 实际上，你不应该这样做。首先，你不应该堆积一堆失败的测试。如果测试失败，构建工作应该也跟着失败，你应该立刻修改错误。至于软件错误，你应该把它与其他工作一起做优先级的排序，因此，不太可能在刹那间出现一大堆你需要修改的错误。最后，你与你的团队应该对所开发的代码非常熟悉。你的覆盖率报告提供了有价值的信息，并且你知道任何特定的错误都不会涉及太多的代码。

问： 即使考虑到团队的信心因素，我怎么能100%的确定，十天的时间是足够可以修改所有的错误？

答： 这一点做不到。十天的时间仍然仅仅是一个估计值，因此，你认为需要花多少时间，所依据的是你的峰值测试的情况和团队的真实感受。你已经尽全力去获得一个更有说明力的估计值，但它依然只是一个估算值。当论及排错时，你要意识到，估计有风险存在，估计可能会是错的，这个信息你也应当传递给你的客户……

把排错的时间估计告诉你的客户

你已经得到相当有信心的估计，因此，回头去找你的客户吧。告诉客户要修正Mercury Meals代码中的错误将需要多长的时间，并看看是否能得到客户的同意。

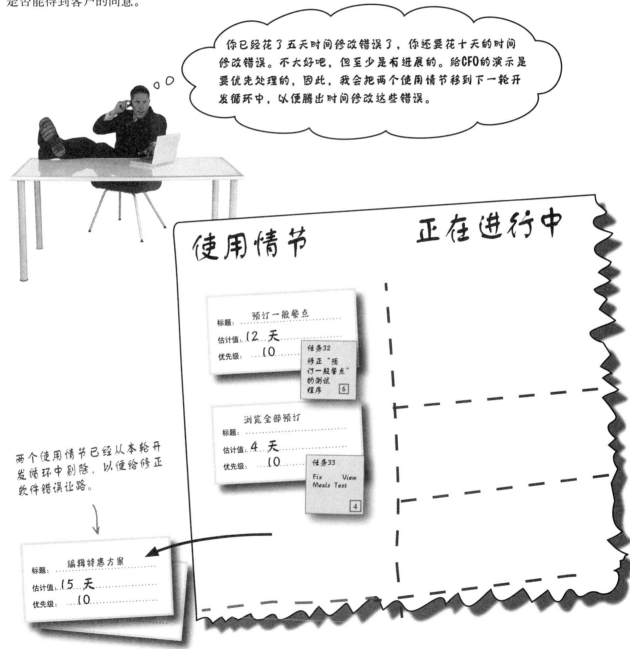

你已经花了五天时间修改错误了，你还要花十天的时间修改错误。不大好吧，但至少是有进展的。给CFO的演示是要优先处理的，因此，我会把两个使用情节移到下一轮开发循环中，以便腾出时间修改这些错误。

使用情节　　　　　正在进行中

标题：　预订一般餐点
估计值：12 天
优先级：10

任务32
修正"预订一般餐点"的测试程序 6

标题：　浏览全部预订
估计值：4 天
优先级：10

任务33
Fix View Meals Test 4

两个使用情节已经从本轮开发循环中删除，以便给修正软件错误让路。

标题：　编辑特惠方案
估计值：15 天
优先级：10

回到391页练习中我们没有用到的磁铁，现在你是不是打算做一些练习?为什么？你还可能增加一些在清单中没有的内容吗？

判断这些代码是否有关联性，是否对Orion's Orbits的代码有影响。

你现在会做这项活动吗? 为什么? ....

....

....

....

想想该如何打包编译出来的版本，以便包含在Orion's Orbits系统中。

你现在会做这项活动吗? 为什么? ....

....

....

....

为代码准备说明。

你现在会做这项活动吗? 为什么? ....

....

....

....

产生测试覆盖率报告，看看必须修改多少代码?

你现在会做这项活动吗? 为什么? ....

....

....

....

计算代码行数，并估计要花多少时间修复。

你现在会做这项活动吗? 为什么? ....

....

....

....

对代码进行安全性审核。

你现在会做这项活动吗? 为什么? ....

....

....

....

使用UML工具，为代码进行逆向工程，并建立类图。

你现在会做这项活动吗? 为什么? ....

....

....

....

回到391页练习中我们没有用到的磁铁，现在你是不是打算做一些练习?为什么? 你还可能增加一些在清单中没有的内容吗?

判断这些代码是否有关联性, 是否对Orion's Orbits的代码有影响。

你现在会做这项活动吗? 为什么? 可能。软件错误的前后可能存在代码库的冲突。无论如何, 在开发循环结束前, 你会弄清楚, 让一切顺利进行。

想想该如何打包编译出来的版本, 以便包含在Orion's Orbits系统中。

你现在会做这项活动吗? 为什么? 只有当目前打包的方式不适用才会。这基本上是在打包级上的重构, 如果能运行、可维护, 你应该跳过这项。

为代码准备说明。

你现在会做这项活动吗? 为什么? 绝对的。你接触的每个文件应该包含清晰的文档说明。至少, 必须解释修正错误时涉及到的代码。

产生测试覆盖率报告, 看看必须修改多少代码?

你现在会做这项活动吗? 为什么? 或许你现在有一组测试, 界定出你需要系统的多少部分。这会给你实际上用到多少代码的一个概念, 这是一个有用的统计。

计算代码行数, 并估计要花多少时间修复。

你现在会做这项活动吗? 为什么? 不会。这还不是一项有用的统计。谁会关心代码库有多大? 除非关系到你需要让其运行的系统的功能性。

对代码进行安全性审核。

你现在会做这项活动吗? 为什么? 是的, 任何与测试有关的代码都应该检查其安全性。如果你能修正的任何问题可以作为测试的一部分通过, 你就去做吧。如果不是, 将它捕捉起来, 在下一轮开发循环中确定其优先级。

使用UML工具, 为代码进行逆向工程, 并建立类图。

你现在会做这项活动吗? 为什么? 有可能, 取决于代码有多复杂。如果你了解某代码块试图做什么有困难, 这项活动可能会帮助你了解并掌握它。

没有愚蠢的问题

问： 我注意到第406页上的两项错误修改任务都有估计，这些估计值是从哪里得来的？

答： 好问题！修改错误的任务就像其他任务一样，它们也需要做估计，而且有几种方式做估计。

你可以通过"要修正的软件错误的数量"除以你已经计算出的"错误修正速率"，或者可以通过与团队成员玩计划扑克的方式，得到估计值。无论你采用哪种方法，修正错误的总的计划任务决不能大于通过峰值测试计算出来的总工作量（以人天为单位）。

问： 修正错误时，我应该花多少时间来清理我注意到的其他问题，还是仅仅一般性地清理有关的代码？

答： 这是一个棘手的问题。能把遇见的每一个错误或者问题都进行修复固然好，但你可能会因此而延迟完成任务的时间，或者更糟糕的是，你要无休止地重构你的代码。

最好的准则是在分配给你修正错误的时间内，让代码处于一种正常运行的、令人满意的状态，然后继续下一项任务。第一要务是让代码正常运行，第二要务是使代码尽可能具有可读性和可理解性，以便在将来不会意外地引入错误。当你发现问题但却无法解决时，把它们记录为新的错误，并在后续的开发循环中确定其优先级。

问： 五天的峰值测试对我们开发循环的时间长度有何影响？

答： 目前，我们就要准备下一轮开发循环，因此，我们目前处于两轮开发循环之间。如果有一张主要日程表，这五天时间是需要进行说明的，但就开发循环本身而言，基本上是在正规时间之外。整理好大白板并得到客户的认可后，你应该开始一次正规的开发循环。如果你被迫在开发循环中间做峰值测试时，在那样的情况下，你可以将开发循环结束日期延后一周，假定每个人都参加峰值测试。

如果只有小部分的人员参加峰值测试，而其他人继续进行

↖ *记住，这是指每人五天时间，而不是指总共五人天。*

开发循环时，你可能会想要拿掉那五天的工作量，然后按照预定日期结束开发循环。

问： 你提到要努力使得代码处于一种令人相当满意的状态，实际上是什么意思呢？

答： 这其实是个判断问题，事实上，这是你追求代码美学的地方，该主题本身就需要用一整本书来阐述。不过，还是有一些经验方法有助于你判断什么时候你的代码质量已经足够好，你可以继续前进了。

首先，**代码必须根据你的测试能运行**。这些测试必须彻底地应用你的代码，对于代码是否能按照应该有的方式运行，你应该非常有信心。

其次，**代码应当具有可读性**。是否含有含义模糊的变量名？这些代码行阅读起来是否像梵文一样难懂？你是不是因为自己擅长而采用了太多的复杂句法？这些都是代码在可读性方面需要加强的显著信号。

最后，**你应该对自己的代码感到骄傲**。当你的代码是正确的，并且易于被另一个开发人员阅读时，你便已经完成了你的工作。没有必要十全十美，"令人相当满意"始于做代码应该做的事，止于具有可读性。

问： 听起来像我们先前所谈到的"完美的设计"对"足够好的设计"方法一样，对吗？

答： 是的，它们确实基于同一原则。正如你可以花几小时来完善设计，努力达到完美状态一样，你也可能花费同样的时间在编写代码上。不要落于"完美"的陷阱，如果你能达到目标，那很好，但你的目标是代码应该做它应该做的事情，并且代码又能被其他人阅读与理解。就这样吧，做个专业的编程人员。

出色的代码固然很棒，但按时交付测试过、具可读性的代码更重要。

事情看起来不错……

你已经解决了Orion's Orbits的代码中所有的软件错误，而根据
你连续集成构建的结果，所有的功能都运行正常……

你的CI工具又有令人开心
的结果了，所有的代码
构建成功并通过测试。

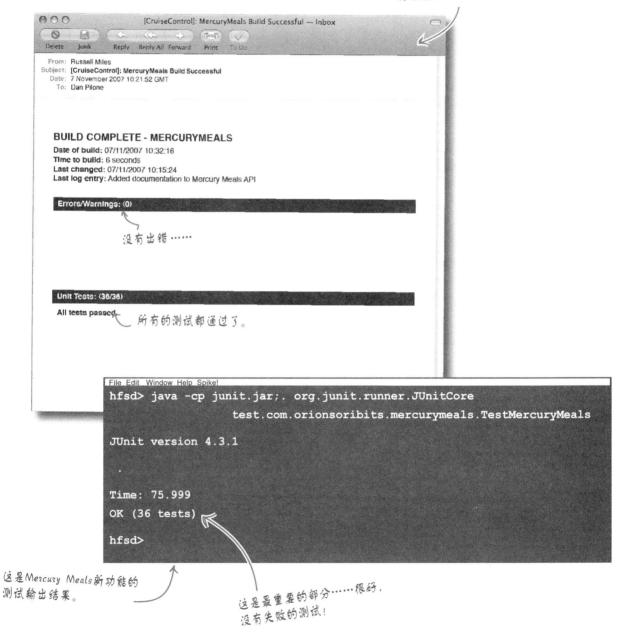

BUILD COMPLETE - MERCURYMEALS
Date of build: 07/11/2007 10:32:16
Time to build: 6 seconds
Last changed: 07/11/2007 10:15:24
Last log entry: Added documentation to Mercury Meals API

Errors/Warnings: (0)

没有出错……

Unit Tests: (36/36)

All tests passed 所有的测试都通过了。

```
hfsd> java -cp junit.jar;. org.junit.runner.JUnitCore
                test.com.orionsoribits.mercurymeals.TestMercuryMeals

JUnit version 4.3.1

  .

Time: 75.999
OK (36 tests)

hfsd>
```

这是Mercury Meals新功能的
测试输出结果。

这是最重要的部分……很好，
没有失败的测试！

……你成功地完成了开发循环！

你的开发循环工作已经接近尾声，通过良好的管理工作，并且让客户持续地参与其中，你已经成功地克服了Mercury Meals 系统中软件错误的梦魇。最重要的是，你已经成功地开发出了客户所需要的东西。

记住，成功的含义随开发循环的继续而发生改变。在该案例中，成功意味着暂时放弃了两个使用情节，但完成了给CFO的Demo。

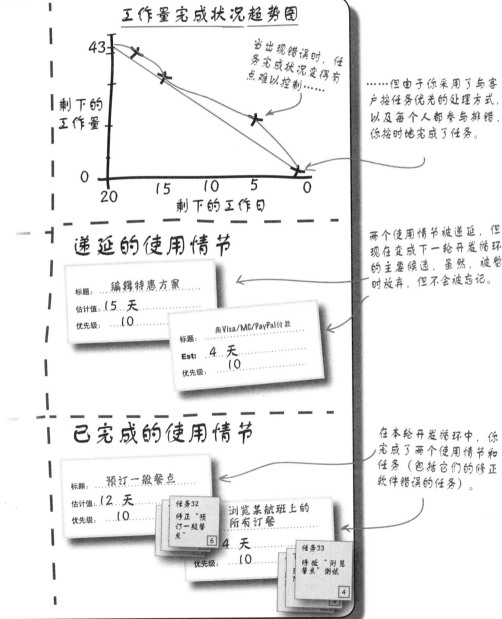

工作量完成状况趋势图

剩下的工作量：43 ... 0

剩下的工作日：20 ... 15 ... 10 ... 5 ... 0

当出现错误时，任务完成状况变得有点难以控制……

……但由于你采用了与客户按任务优先的处理方式，以及每个人都参与排错，你按时地完成了任务。

递延的使用情节

标题：编辑特惠方案
估计值：15 天
优先级：10

标题：用Visa/MC/PayPal付款
Est：4 天
优先级：10

两个使用情节被递延，但现在变成下一轮开发循环的主要候选，虽然，被暂时放弃，但不会被忘记。

已完成的使用情节

标题：预订一般餐点
估计值：12 天
优先级：10

任务32
修正"预订一般餐点"
6

浏览某航班上的所有订餐
4 天
优先级：10

任务33
修改"浏览餐点"测试
4

在本轮开发循环中，你完成了两个使用情节和任务（包括它们的修正软件错误的任务）。

功能性获胜

最重要的

还有，是，客户也高兴

你与开发团队中的成员，通过最佳的实践和专业的流程，已经战胜了集成第三方代码可能存在的危机，修正了集成过程中所产生的软件错误，并且按时地提交了Demo。只在乎系统能否运行的CFO，相当高兴。

完成**Mercury Meals**代码集成工作了吧！？那真是好极了，伙计们；你们真的如期交付了！你们的名字将出现在我给董事会的报告之中——准备订购 **PlayStation**当奖品吧！

全新的Orion's Orbits系统，支持Mercury Meals的功能。

Orion's Orbits的CFO……你知道的，这位女士负责给你薪水的支票上签字（同意增加工资）

稍等一下，Mercury's Meals中是不是还有很多代码我们没有测试？我们仅仅测试了我们的使用情节使用到的Mercury's Meals代码，但那不是意味着你提交的软件可能包含一堆软件错误？那是不对的，是不是？

你揭露了一个不幸的事实

是的，代码里面可能还存在错误，尤其是你所继承的Mercury's Meals的代码。**但是你交付的代码，它是正常运行的。**

是的，有可能在代码库中的大量的代码还没有被我们的测试所涵盖。**但你已经测试了所有被用于完成使用情节的全部代码。**

最低限度来讲，所有的软件都会有一些错误。然而，运用你的流程，可以避免那些难看的错误在你的软件功能性中抬头。

记住，你的代码不必是最完美，足够好就是足够好了。但是，只要代码中的任何问题不会导致软件错误（或者软件膨胀），而你提交的功能是客户所需要的，那么你就会成功的，就可以得到报酬。

安全性问题是个例外。你必须要小心，没有测试的代码不能被人使用——不管是有意的还是无意的。你的测试覆盖率报告能够帮助你识别实际上你所使用的代码。

真正的成功是在乎是否提交软件的功能性

软件开发工具箱

软件开发的宗旨就是为客户开发和交付伟大的软件系统。在本章中，你将学会如何像一个专家那样来排除故障。本书中，完整的工具清单见附录ii。

开发技巧

在修改任何一行代码之前，你要确认是可控的和可构建的。

当遇到你不清楚的错误代码时，使用峰值测试来估计修复错误所需要的时间。

在估计修正剩余的错误所需的工作量时，把团队的信心因素考虑其中。

运用测试告诉你错误何时被修正好了。

←这里是本章你学到的关键技术……

……这些技术背后的一些原则。

开发原则

诚实地对待客户，尤其是有坏消息的时候。

正常运行的软件是要优先考虑的事情。

具有可读性和易理解性的代码是第二要务。

如果你没有进行代码测试，那么就假定它是不正常运行的。

修正功能性。

为你编写的代码而骄傲。

软件中的全部代码，甚至不是你写的那些，都属于你的责任。

本章要点

- 在你修改代码行之前，先把它加入到你的构建流程与源代码的管理中，充分**掌握**对代码的**控制权**。

- 对你的软件中的所有代码**负责任**，如果你发现一个问题，不要抱怨"这是别人的代码"，编写一个测试程序，**修正它**。

- **不要假定任何一行代码**是运行正常的，直到有**测试程序**可以证明它能运行。

- **正常运行的代码第一，出色的代码第二**。

- 采用**自豪感测试**。如果你乐于让别人阅读你的代码并且依赖你的软件，那么这些可能是良好的代码。

排错填字游戏

完成以下填字游戏，活动一下你的左脑。以下所有的词汇都能在本章找到。

横排提示

2. At the end of a spike test you have a good idea what your team's .... is

4. When you apply your refactoring experience to avoid problems up front, that is called ....

9. When new bug fix tasks appear on your board, your customer might need to re-.... the work left in the current iteration.

10. When fixing bugs you are fixing ....

11. Fixing bugs becomes .... or sometimes full stories on your board.

12. A spike test should be around a .... in duration.

14. Close second priority is for your code to be .... and understandable by other developers

15. You should always be .... with your customer

16. The first step when dealing with a new chunk of unfamiliar code is to get it under source code ....

17. Before you change anything, get all your code ....

竖排提示

1. Take .... for all the code in your software, not just the bits that you wrote

3. The best spike tests include attempting to fix a .... of the bugs.

5. You should be .... of your software.

6. When you change code to make it work or just to tidy it up, this is called ....

7. You can account for your team's gut feeling about a collection of bugs by factoring in their .... in your big fixing estimate.

8. To help you estimate how long it will take to fix a collection of bugs in software you are unfamiliar with, use a ....

13. Top priority is for your code to ....

排错填字游戏答案

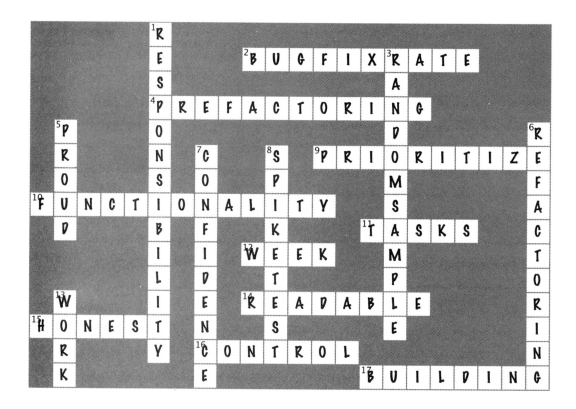

12 真实的世界

落实流程

现在，并不是任何事情都会让我碰钉子！关键在于工具要用对地方。

你已经学到了很多有关软件开发的知识。但是，在你把工作量完成情况趋势图钉在每个人的办公室之前，还有一些事情是你在处理每个项目时需要知道的。项目与项目之间都存在很多**相似性**和**最佳的实践**，但是，项目还存在独特的地方，你应当为这些**独特**的地方做好准备。现在是该看看如何把你所学到的知识应用于**某个特定的项目**的时候了，以及还有哪些需要**学习**。

定义软件开发的流程

你已经阅读了不少有关软件开发流程的知识了，但我们还没有对软件开发流程给出一个明确的定义。

软件开发流程
强加在软件产品开发上的一种程序结构。

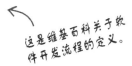

这是维基百科关于软件开发流程的定义。

注意，在定义中并没有说："软件开发流程是一个一个为期四周的开发循环所组成，从面向客户的观点把需求写在需求卡片上……"，**软件开发流程是一种能让你开发高品质软件的框架。**

没有万能的流程

没有一种流程，能奇迹般地使软件开发获得成功。一个良好的软件流程是能让你的开发团队取得成功的流程。然而，各种有效的流程之间还是存在一些共同特点：

☐ **反复式开发**。许许多多的项目与流程都已经表明：大霹雳式（Big Bang）的交付和大瀑布般的开发流程是非常冒险的，而且容易造成失败。无论你选定何种开发流程，你都要确认它包括了开发循环。

☐ **不断评估和核定**。没有一个流程从一开始就是完美的。就算你的流程真的很好，你的项目也将随着开发工作的继续而发生变化。开发人员可能会提升或者辞职，新的开发人员将会加入开发团队，需求将会发生变化。确认把某种评估方式整合进来，以便评估你的流程运行的好坏，并且愿意对流程中原本合理的部分进行调整。

☐ **整合最佳实践**。不要跟着趋势走，但也不要固执己见，就因为是趋势，你就回避它。在大多数人们理所当然地认为是良好的软件开发的流程，其实都是从笨点子开始的。对于其他流程处理问题的方式，要具有批判性——但也要公平，当其他方式有助于你的项目时，就把它们整合进来。有些人把这种做法称为流程怀疑论（Process skepticism）。

伟大的软件开发流程，就是能使你的开发团队成功的流程。

良好的流程交付良好的软件

比如说你的团队"过度热衷"于他们的流程，但假设你的团队还需要按时地完成项目，或者需要交付运行正常的软件。如果情况是那样的话，你可能会碰到一些流程本身引发的流程问题（Process problem）。对一个流程的最终评判是由此流程所开发的软件有多好，因此，你与你的团队成员可能需要适时地调整一些东西。

在你改变事情之前，你必须小心谨慎——改变事情有很多错误的方式。如果你正在考虑改变流程的某个部分，以下几个规则可供考虑：

1 **除非情况紧急，否则不要在开发循环的中期改变事情。**

对项目而言，不管事先计划得有多好，改变事情通常会是破坏性的。对于其他的开发人员，取决于你把破坏性减小到最低程度。开发循环提供一个非常自然的转折点，而且，一个好的开发循环总是过程较短，因此，如果你必须改变你的流程，**就等到当前开发循环结束吧**。

2 **建立衡量标准来确定你的改变是否有帮助。**

如果你准备进行一些改变，最好有好的理由。同时，你还应该有一种方式来衡量是否你的改变有效。这就意味着，每次的改变都至少被检查两次：首先，决定是否要做改变，然后，至少在一轮开发循环之后，再衡量是否改变是一个好的想法。也要试图去避免对成功做太主观和过于情感化的衡量。要检查像软件测试覆盖率、错误数量统计、开发速度、碰头会议的持续时间那样的事情。如果你得到更好的数字和更好的结果，那么你已经做了一个好的改变。否则，那就等待下一轮开发循环，并且愿意再做改变。

3 **重视你团队中的其他成员**

决定一个项目成功与否的最大的决定因素是你团队中的成员。没有流程能战胜糟糕的开发人员，但优秀的开发人员有时能战胜一个糟糕的流程。在评估你的流程和你想要做的改变时，尊重你的团队成员——以及他们的观点。这并不一定表示你做每一件事情都要通过委员会来决定，但这确实表示只要可能，你应当尝试建立共识。

如果你可以改变你当前软件流程中的某一件事情，它会是什么？为什么？你是如何衡量你的改变是否有效的？

下面是一些你在前面章节里就已经学会的最佳的实践。对于每一种技术，写下你认为它提供给软件流程的是什么，然后，写下你如何衡量这些技术是否能对*你的*项目有帮助。

大白板

这项技术提供的是什么？..
....
....

你怎么知道它有效？..
....
....

使用情节

这项技术提供的是什么？..
....
....

你怎么知道它有效？..
....
....

版本控制

这项技术提供的是什么？..
....
....

你怎么知道它有效？..
....
....

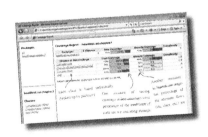

连续集成（CI）

这项技术提供的是什么？ ....

....

....

你怎么知道它有效？ ....

....

....

测试驱动开发（TDD）

这项技术提供的是什么？ ....

....

....

你怎么知道它有效？ ....

....

....

测试覆盖率

这项技术提供的是什么？ ....

....

....

你怎么知道它有效？ ....

....

....

下面是一些你在前面章节就已经学会的最佳的实践。对于每一种技术，写下你认为它提供给软件流程的是什么，然后，写下你如何衡量这些技术是否能对你的项目有帮助。

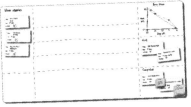

大白板

这项技术提供的是什么？ 让团队中的每个成员知道他们现在进行到哪里了，还有其他哪些是必须要完成的，开发循环中发生了什么。你也可以看看项目是否在按进度执行。

你怎么知道它有效？ 应该有极少的错误来自漏掉的功能，较好的计划外任务项的处理，对于在开发循环期间确实完成了什么能够充分掌握。

使用情节

这项技术提供的是什么？ 一种分解软件需求，记录这些需求的方式，并且能确认客户所想要的系统的功能性是否正确地捕捉到了。

你怎么知道它有效？ 应该只有极少数对于系统功能性的错误理解，开发项目的进度得以提高，因为开发人员知道要构建的是什么。

版本控制

这项技术提供的是什么？ 对代码的修改可以分发到团队中的每个成员，而且没有文件丢失和重写的风险。你也可以用标记与分支方法，产生多个软件版本。

你怎么知道它有效？ 没有代码因为错误的文件合并被重写和被丢失。并且，对软件其中一部分的修改不应该影响其他代码段并导致软件的中断。

连续集成 (CI)

这项技术提供的是什么？ 存储目录中的软件总是可构建的，因为编译和测试是软件调入的一部分，存储目录中的代码总是能运行。

你怎么知道它有效？ 没有人在调出代码时，发现代码是不可运行的，或是不可编译的。错误报告的数量应该减少，因为代码只有在经过了测试之后，才被调入。

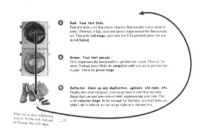

测试驱动开发 (TDD)

这项技术提供的是什么？ 一种保证代码在软件开发之初就一直可测试的方法。同时，把具有测试友好 (Test-friendly) 的模式引入到代码中。

你怎么知道它有效？ 因为测试工作开始在软件开发的早期，因此，极少的软件错误产生。具有较好的测试覆盖率，每一行代码都有用。可能有较好的设计和较少无用的代码。

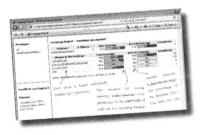

测试覆盖率

这项技术提供的是什么？ 比较好地衡量多少代码被测试通过和被使用的方法。发现错误的一种方式，因为软件错误通常存在于没有被测试和覆盖的代码之中。

你怎么知道它有效？ 软件错误集中产生在边界情形，因为代码的主要部分是经过良好的测试的，极少没有使用或无用的代码存在。

要求正式……

有一些项目你可能必须采用比索引卡和便利贴更为正式的形式，有些客户和公司要求更正规一点的文档。这没有关系，你学过的每一项技术仍然可以采用，不需要丢弃任何东西，也能够让你的软件开发工作更正式一点。

首先，要记住，除非是绝对必要，否则，你一定要等到你当前的开发循环结束后才对流程进行变更。其次，你要清楚为什么要做流程上的变更并且要清楚如何衡量你的变更的有效性。"除非我们提供设计文档，否则客户不付报酬"，这句话是让你的流程更为正式的一个非常合理的出发点。然而，知道如何去衡量流程变更的有效性仍然很重要。大多数的客户真正关心（正当地）的是他们自己的业务，并不是想给你更多额外的工作。

如果你打算把更多的文档资料、项目计划、用户案例或者其他的东西组织在一起，要确认这样是对你的客户是有帮助的——希望也有助于你的团队——能更好地进行沟通。那才是对你的项目有益的结果。

做你正在做的工作……只是要更规范些

你正在从事的大多数工作都可以被捕捉并以更为正式的方式报告。通过软件工具的帮助以及进行额外的修饰，从你的大白板到使用情节的每一件事情都可以转换成符合你的客户需要的东西。

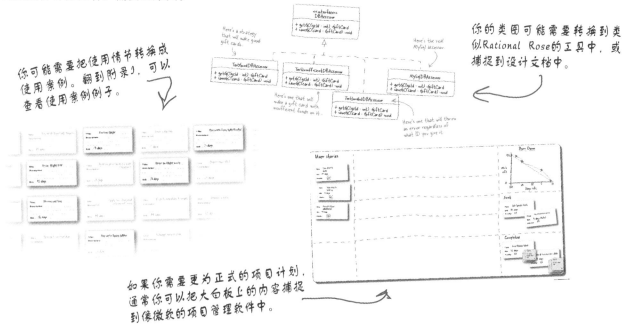

你可能需要把使用情节转换成使用案例。翻到附录I，可以查看使用案例例子。

你的类图可能需要转换到类似Rational Rose的工具中，或捕捉到设计文档中。

如果你需要更为正式的项目计划，通常你可以把大白板上的内容捕捉到像微软的项目管理软件中。

没有愚蠢的问题

问： 不是不太正式会更好些吗？我说服客户不使用索引卡就可以了吗？

答： 这不是关于文档是比较正式还是不太正式的问题，问题是关于什么样的工作能使软件的编写正确。对于大多数团队来说，包含有使用情节和任务的大白板非常有效，因为大白板简单、直观，而且在沟通需要去做什么方面比较有效。但对于有外部团队参加的项目就没有效，外部团队可能依赖于你的软件，或者市场营销部要安排重要的版本发布并且开始派发产品印刷品之时。你不必为正式而正式，但是，有时你需要不只是索引卡。

问： 如果我们必须使用项目计划管理工具，我还应该用大白板吗？

答： 是的。这可能需要一些重复劳动，但是小规模的团队用大白板可以运行得很好，算是最有效的了。团队成员亲自动手移动贴在大白板上的任务比看屏幕截或打印的文件更有同步的感觉。

问： 我的客户想要完整的设计文档，他就是不接受我的设计只是通过"演变"而产生的……

答： 对待这个问题要小心。对于熟悉其产品有经验的团队来说，代码重构和渐进式设计可以运行得很好，但还是非常容易出错。最重要的是，不提供给客户想要的设计文档就是要求他们凭空对你正在做的工作产生信心。大多数成功的团队在每轮开发循环之前都至少做一些预设计。你必须确认客户要求的设计文档是有价值的，不过，与设计相关的资料通常对你和客户都是相当有用的。要确认有考虑到估计所涉及到的工作，不要让测试驱动开发或者"渐进式的设计"成为 "这是昨天深夜我输入的随机代码"的借口。

问： 我的客户需要一份需求文档，但是，使用情节对我的团队工作更有效，我该怎么办？

答： 如果你的客户拥有使用较为正式需求文档的经历，那么要让客户过渡到采用使用情节就可能比较困难。

一般来说，你并不想要多个需求文档来指导你如何进行实施工作。要保持文档和使用情节的同步是很困难的，并且，总是会有人被冲突卡住。

相反，试着从使用情节开始，并在开发循环结束时，把使用情节分解为"用户将要"的陈述句，这些陈述句能符合正式的需求文档。或者，如果想要的东西与使用情节没有什么关系，你可以尝试另外一个方向：把几个"用户将要"的陈述句放到一个使用情节之中，并从这些使用情节开始工作。但要注意，那些"用户将要"的需求常常不能以整体的方式给你提供关于应用的大量背景，以及它在做什么。

两种方法都不理想，但有些折衷方法还是可行的。但是，你必须努力地考虑两个方向上的变化。

选择一个对你的团队和项目都能运行起来的流程……

……接着，调整其产出，使它符合你的客户的需要。

一些额外的资源……

就算所有的新工具都能为你所用,还是有更多的知识要学习。这里提供资源,
提供更多关于软件开发的有用信息和你一直在学习的技术与方法方面的资料。

重视大脑的PMP

如果你正在管理你的团队,除了大白板外,还有一个好的
用于项目管理的软件工具。PMP带领你超越一般的项目管
理的基础知识,直接进入已经被证实的项目管理流程,还
帮助你通过项目的实施过程获得相应的证书。

即便你从不认为自己是一个项目
管理经理,但如果你带领或者负
责管理一个团队,这本书应是有
益的。

雅虎的测试驱动开发团队

空前的测试驱动开发的最佳资源之一就是Yahoo网站上
的"测试驱动开发"社区。这个社区相当活跃,提供最新
的讨论、争论以及一些重要的历史资料供查询。你可以通
过访问网址http://tech.groups.yahoo.com/group/
testdrivendevelopment/来获取这个社区的在线资料。

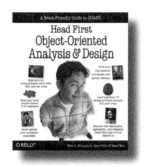

重视大脑的面向对象的分析与设计

想不想更深入地学习有关代码的一些知识?想不想学习更多
的有关面向对象的设计与实现原理方面的知识?如果你喜爱
绘制类图和实施策略模式,看看这本书,以便对代码有更深入
的了解。

Rational统一软件过程站点

反复式开发过程的始祖之一是Rational统一软件过程（RUP），它是一个相当重量级的即学即用的流程，但它的设计易于调整以满足你的需求，它也是针对大规模企业软件开发的一个常用方法。一定要阅读这方面的知识和学习敏捷式（Agile）、或者极限编程（Extreme Programming）网站，这样，你可以获得全面的知识。相关的知识请查看`http://www-306.ibm.com/software/awdtools/rup/`。

敏捷过程联盟

敏捷过程联盟是获得敏捷过程方面的信息的一个很好的起点，如极限编程、Scrum或者Crystal。敏捷式开发流程是非常轻量级的流程，你将会看到很多你已经学会的知识，这些内容有时是采用不同的观点的。请查看`http://www.agilealliance.org/`。

更多的知识 = 更好的流程

还有很多的其他资源存在。良好软件开发的一部分正是总是知道现在进行着什么事情，也就意味着你要持续阅读、利用Google进行搜索、咨询执行其他项目的同伴——任何你可以弄清楚其他人在做什么以及什么对它们有效的方法。

另外，不要为尝试新的事情而担心，即使只针对一轮开发循环。你决不可能事先知道哪些方法会有效，或你所选择的正好适合**你的**项目。

第12章

软件开发工具箱

软件开发的宗旨是开发和交付伟大的软件。在本章中，你已经获得了一些额外的资源，这些资源有助于你把知识用于实践。本书附录ii，有一份完整的工具清单。

本章要点

- 当你计划对流程作变更的时候，要考虑团队中**其他成员的意见**；他们也必须与流程变更休戚与共。

- 任何流程的变更应当出现**两次**，一次是**决定要进行变更**，另一次是**评估变更是否有效**。

- 避免在**多个地方保存需求**，那总是在维护工作中的噩梦。

- 对于**神奇、拿来即用的流程**持怀疑态度。每个项目都会有一些**独特之处**，但你的流程要有应变能力。

开发技巧

采用真实评测数据，批判性地评估你对流程所做的任何变更。

必要的话，把你的交付物正式化，但要知道它如何提供价值。

尽量让流程的变更发生在不同开发循环之间。

→ 这些是你在本章学会的一些关键技术……

……一些在这些技术背后的原则

开发原则

良好的开发人员开发软件——伟大的开发人员交付软件。

良好的开发人员通常能克服不良的流程。

一个好的流程帮助你的团队走向成功。

软件开发填字游戏

这是最后的填字游戏，本次填字游戏的答案来源于整本书。

横排提示

3. Project planning tools can help with projections and presentation of schedule, but do them in parallel with your.........

4. No more than 15 minutes, these keep the team functioning as a team toward a common goal.

7. Every iteration involves ....

8. This is an approach where you write your tests first and refactor like mad.

10. This is a process that checks out your code, builds it, and probably runs tests.

11. High stakes game of estimation.

13. Good Developers develop, Great developers ....

14. The team member you should estimate for.

15. No matter what process you pick, develop ....

17. Every iteration involves ....

竖排提示

1. This means to evaluate processes critically and demand results from each of the practices they promote.

2. Shows how you're progressing through an iteration.

5. What you should be estimating in.

6. Every iteration involves ....

9. How you rack and stack your user stories.

12. The greatest indicator of success or failure on a project.

16. This is a process that tracks changes to your code and distributes them among developers.

 软件开发填字游戏答案

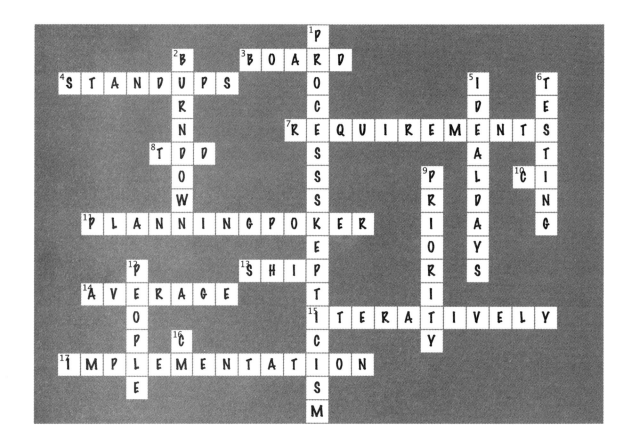

是该在这个世上留下痕迹的时候了！

我们去寻找新的高薪水的软件开发工作吧！这些天，世界上的美事都是我们的……

令人激动的时刻就在前方！ 用所有的软件开发知识武装起来的你，该是学以致用的时候了。因此，所到之处，世界得以改变。不要忘记软件开发王国里的真谛是变更永不止步。请务必不断地阅读和学习。如果在开发循环过程中能安排时间，那么就光顾一下重视大脑的实验室（*www.headfirstlabs.com*），并留言告诉我们这些工具是如何帮助你的。

当你完成任务后，务必将"浏览 Head First Labs"任务移到"已完成"区域。

i 本书之遗

前五个遗漏
(我们没有涉及部分)

是否感到若有所失？我们能明白你的意思……

就在你认为已完成本书的阅读……，还没有完呢。我们不可能没有额外的内容，这些额外的内容无法收录在本书之中。至少，你并不希望借助手推车来随身带着这本书。所以，快速地翻阅一下书本，看看你可能遗漏掉了些什么。

#1. UML和类图

你在第四章和第五章中开发iSwoon应用时，我们采用UML语言描述所做的设计，UML语言也即是**统一建模语言**（*Unified Modeling Language*），UML被用来将**代码**和**应用结构**的**重要细节**传达给其他开发人员和客户，而不会涉及到不需要的东西。

UML语言是设计iSwoon的好方法，而你无须陷入代码的泥潭中。毕竟审视200行代码和专注于全局是相当不容易的。

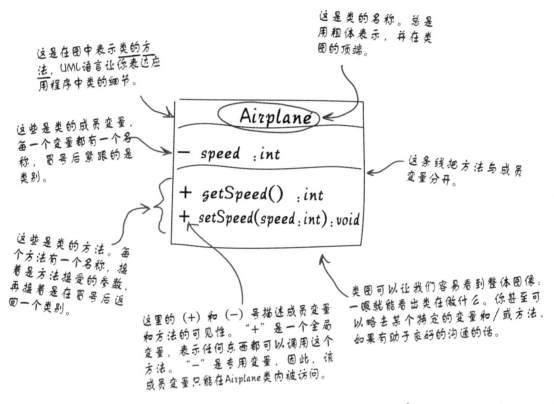

这是类的名称。总是用粗体表示，并在类图的顶端。

这是在图中表示类的方法，UML语言让你表达应用程序中类的细节。

这些是类的成员变量，每一个变量都有一个名称，冒号后紧跟的是类别。

这条线把方法与成员变量分开。

这些是类的方法。每个方法有一个名称，接着是方法接受的参数，再接着是在冒号后返回一个类别。

这里的（＋）和（一）号描述成员变量和方法的可见性。"＋"是一个全局变量，表示任何东西都可以调用这个方法。"一"是专用变量，因此，该成员变量只能在Airplane类内被访问。

类图可以让我们容易看到整体图像：一眼就能看出类在做什么。你甚至可以略去某个特定的变量和/或方法，如果有助于良好的沟通的话。

类图用于描述类的静态结构。

类图显示关系

在软件中，类不会独立存在，它们在运行时产生互动，并且彼此之间存在关系。在本书中，你已经看到了两种关系，分别是关联关系和继承关系。

关联关系

关联关系表示一个类是由另外一个类的对象组成的。例如，你可以说："一个Date类和Event集合有关联"。

继承关系

当一个类继承另外一个类时，继承关系是有用的。例如，你可以说："剑是由武器继承而来"。

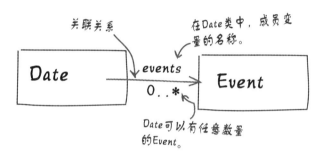

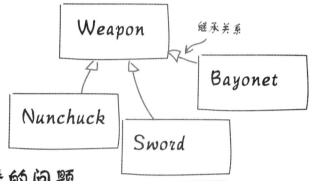

没有愚蠢的问题

问：我不需要一大堆昂贵的工具来创建UML图吗？

答：不，根本不需要。UML语言原本的设计就是你只需要纸和笔就可以草草地记录下相当复杂的设计。因此，如果你已经能使用重量级的UML模型工具，那很好，但你实际上并不需要通过它来使用UML。

问：这么说，类图并不是类的完全表示，是吗？

答：不错，但本意不是这样。类图仅仅是一种用于沟通类的变量和方法的基本细节的方式。让我们讨论代码时变得轻松，而不会迫使你面对数以百行计的Java或者C或者Perl语句。

问：我用自己的方式绘制类图，这有什么问题吗？

答：用你自己的表示法本身并没有什么问题，但会使其他人觉得更加难于理解。通过利用诸如UML的标准，我们全都可以使用相同的语言，并确保在类图中我们说的是相同的东西。

问：那么，到底是谁提出了UML语言？

答：UML规范是在Grady Boach，lvar Jacobson和Jim Rumbaugh（三个相当聪明的家伙）的带领下，由Rational Software公司开发而成的。目前，UML规范由OMG（Object Management Group）管理。

问：听起来好像我们对于那简单的小类图有太多的小题大做。

答：实际上，UML远不只是类图。UML还有对象的状态图、应用程序中的事件序列的图形，甚至还有表述客户需求并与你的系统相动的方式。而且，关于类图，我们还有很多需要学习。

#2. 序列图

一个静态的类图的表达能力有限，它能表示构成你的软件中的类，但它并不能表示这些类是如何协同工作的。为此，你需要一个UML**序列图**。所谓序列图，就像它的名字一样：它是一种直观地表示事件发生顺序的方法，就像在软件的不同部分之间调用类的方法一样。

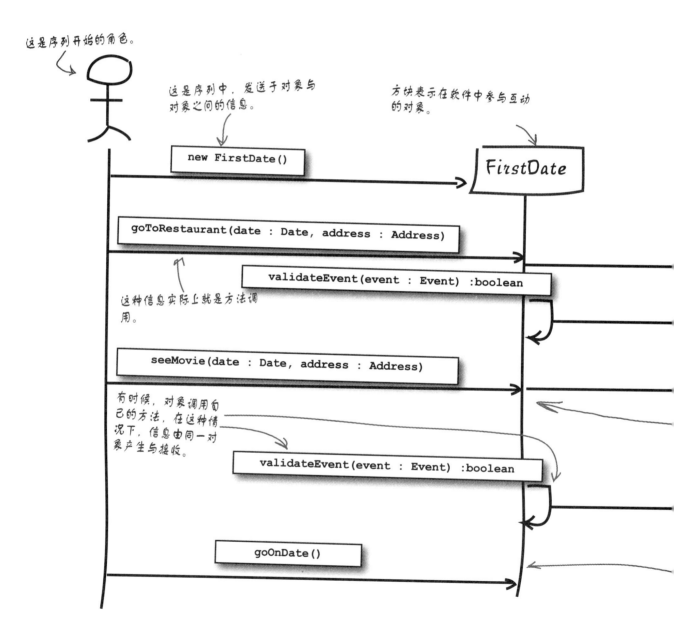

这是序列开始的角色。

这是序列中，发送于对象与对象之间的信息。

方块表示在软件中参与互动的对象。

new FirstDate()

FirstDate

goToRestaurant(date : Date, address : Address)

validateEvent(event : Event) :boolean

这种信息实际上就是方法调用。

seeMovie(date : Date, address : Address)

有时候，对象调用自己的方法，在这种情况下，信息由同一对象产生与接收。

validateEvent(event : Event) :boolean

goOnDate()

序列图显示你的对象在<u>运行</u>时是如何<u>相动</u>的，以实现软件的<u>功能性</u>。

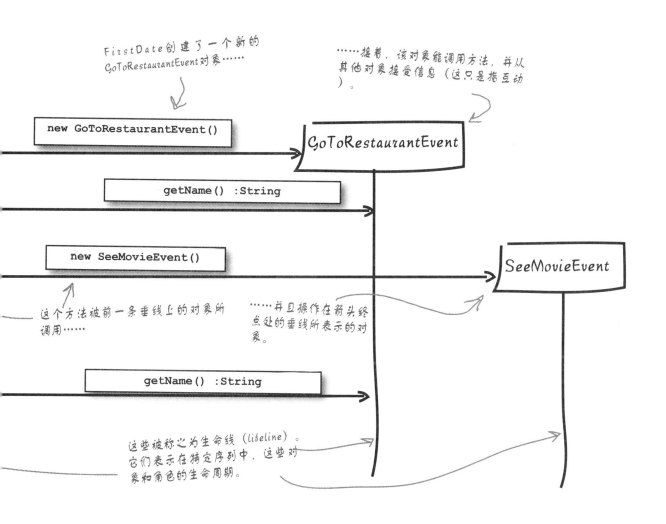

FirstDate创建了一个新的 GoToRestaurantEvent对象……

……接着，该对象能调用方法，并从其他对象接受信息（这只是指互动）。

new GoToRestaurantEvent()

GoToRestaurantEvent

getName() :String

new SeeMovieEvent()

SeeMovieEvent

这个方法被前一条垂线上的对象所调用……

……并且操作在箭头终点处的垂线所表示的对象。

getName() :String

这些被称之为生命线 (libeline)。它们表示在特定序列中，这些对象和角色的生命周期。

#3 使用情节和用户案例

在整本书中，你通过使用情节来捕捉客户的需求。使用情节在简明扼要地描述客户要求你的软件做什么方面是非常有用的。但是，有很多更为正式的流程建议使用所谓的**用户案例**。

幸运的是，使用情节和用户案例有很多重叠，两种技术都可以帮助你捕捉客户的需求。

这个使用情节描述利用
第6章的BeatBox软件来
发送图片。

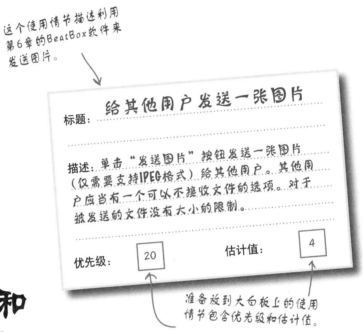

标题：**给其他用户发送一张图片**

描述：单击"发送图片"按钮发送一张图片（仅需要支持JPEG格式）给其他用户。其他用户应当有一个可以不接收文件的选项。对于被发送的文件没有大小的限制。

优先级：20   估计值：4

准备放到大白板上的使用
情节包含优先级和估计值。

使用情节和用户案例描述的是软件需要做的同一件事情。

……只有一件事情

描述同一要求"发送一张图片给用户",且与使用情节等效的使用案例。

观察是获得良好使用案例的关键要素。

你可以给使用情节增加更多的细节,或者修改使用案例使其少一点细节……这完全取决于你和你的客户。

与使用情节相比,使用案例的序列含有更多的步骤和细节。对于开发人员来说,更易于工作。但这同时意味着与需要与客户一起的额外工作量以便把细节确定下来。

有很多撰写使用案例的方式。这种方式是描述用户与其使用的软件之间一步一步的互动。

传送一张图片给其他用户

1. 单击"传送图片"按钮
2. 在联系人列表中显示图片可被发送给使用者。
   2a. 在查询框中输入接收人的名字
   2b. 单击查询以找到用户
3. 选择图片要发送给的用户
4. 单击发送
5. 接受人被询问是否想接受图片
   5a.1. 接收人接收图片
   5a.2. 接收人浏览图片
   5b.1. 接收人拒收图片
   5b.2. 图片被丢弃

那么,大的差别是什么呢?

其实,差别真不是太大。使用情节一般有三行左右的文字描述并伴有估计值和优先级,因此,所有的信息都一目了然。相对来讲,使用案例通常有对用户与软件的互动过程更详细的描述。使用案例通常也不包括优先级或者估计值——这些细节通常可从其他地方获得,在更详细的设计文档之中。

理想上,使用情节应由客户撰写,而传统的使用案例则不是这样。最终,这两种方法所做的工作是一样的,捕捉你的客户需要你的软件做什么。另外,一个使用案例,通过替代的途经(在特定的情形下,使用软件的不同方式),可能比使用情节能获取更多的细节。

#4.系统测试与单元测试的比较

在第7章和第8章中，你学到了如何将构建测试和连续集成到你的开发流程之中。测试是众多关键因素之一，通过测试，你能证明**代码是能正常工作的**，并且**能满足你的客户设定的需求**。这两个不同的目标被两种不同类型的测试所支持。

单元测试检验你的代码

单元测试用于验证你的代码在做它应该做的事情。这类测试被构建到连续构建和集成的循环中，以确认你对代码所做的任何修改不会让测试失败，破坏代码和代码库中的剩余部分。

单元测试处在很低级的阶段……源文件和XML描述符。

在理想情况下，软件中的每一个类都应该有一个相应的测试单元。实际上，采用测试驱动开发方式时，你的测试代码开发在编写任何代码之前，因此，没有代码是没有通过测试的，虽然，单元测试有它自身的局限性。例如，或许你确定调用Automobile类中的drive()时能正常运行……但当Automobile中的其他实例也被驱动，并且也使用相同的RaceTrack对象时，情况会怎样呢？

系统测试检验你的软件

系统测试弥补了单元测试的不足。系统测试当你的代码集成到完整的功能系统中时测试代码，系统测试有时是自动化的，但它经常会需要某人以最终用户的心情来操作整个系统。

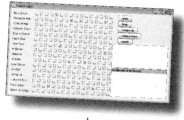

例如，你可以打开GUI来监视一场比赛，按下"Start Race"键，观看小车在轨道上绕行的动画版本，然后模拟一场车祸，一切都与客户所期待的一样吗？这就是系统测试。

系统测试把你的应用系统作为整体。

没有愚蠢的问题

问： 除了单元测试和系统测试之外，不是还有许多其他类型的测试吗？

答： 是的。测试是一个很大的领域，它有不同名称的测试，从源代码级别到企业软件集成级别。例如，你可能听说过**验收测试**（Acceptance tests），验收测试通常由客户进行主导，客户根据你的软件是否在做它应该做的事情，决定接收还是拒收。

单元测试证明代码能正常运行。系统测试证明你的软件符合客户需求。

#5.代码重构

代码**重构**（Refactoring）就是修改你的代码结构而不改变其行为的过程。代码重构是为了增强代码的清晰性、灵活性和可扩展性，它通常与系统**设计**中特定部分的改善有关。

大多数的代码重构相当简单，并且集中于代码特定设计的某一方面。例如：

```
public double getDisabilityAmount() {
  // Check for eligibility
  if (seniority < 2)
    return 0;
  if (monthsDisabled > 12)
    return 0;
  if (isPartTime)
    return 0;
  // Calculate disability amount and return it
}
```

重构改变了代码的内部结构，并没有影响代码的行为。

虽然这段代码并没有什么特别的错误，但它不具备应该有的可维护性。**getDisabilityAmount()**方法实际上做了两件事情：检查去功能（Disability）的资格（Eligibility）和计算总数。

至此，你应当知道这违背了单一责任原则。事实上，我们应该把处理"资格要求"代码和计算去功能的数量的代码分开。因此，我们把代码重构成以下这样：

```
public double getDisabilityAmount() {
  // Check for eligibility
  if (isEligibleForDisability()) {
    // Calculate disability amount and return it
  } else {
    return 0;
  }
}
```

我们采用了两个责任，并且把它们放在不同的方法中，符合SRP原则。

现在，如果去功能的资格要求发生变化，只有**isEligibleForDisability()**方法需要修改——而负责计算去功能数量的方法则不需要修改。

把代码重构看作是对代码的检查，它应该是一个持续不断的过程，因为遗留下来不管的代码倾向于越来越难再利用。回到已有的代码，利用你所学的新技术，对它进行代码重构。那么，那些必须维护和重用你的代码的编程人员会对你感激涕零。

给有经验的软件
开发人员的工具

开发技术

开发循环帮助你保...

当变更发生时，重...
衡开发循环

每次开发循环都...
行的软件，并且...

开发原则

诚实地对待你的客户，尤其当你要告诉他坏消息时。

可运行的软件高于一切。

紧随其后的是代码要具可读性和可理解性。

如果你没有测试某段代码，就假定它不能工作。

修正系统的功能性。

为你编写的代码感到骄傲。

软件中所有的代码，即使你一点都没有编写，也是你的责任。

是否曾经希望那些好用的工具和技术都放在一起？这里对我们所涉及到的所有软件**开发技术**和原则做一个摘要。把它们全部浏览一遍，看看你是否能**记得每则内容**的涵义。你甚至可能想把这些内容**页面裁剪**下来，把它贴到你的**大白板**的底部，以便你每天参加碰头会议的人都能看得到。

开发技术

第1章

开发循环有助于你把握开发方向。

当变更发生时，重新部署和权衡你的开发循环。

每轮开发循环将产生运行的软件，每个处理步骤都要收集客户的反馈意见。

第2章

通过共筑远景、观察和角色扮演，弄清楚系统该有怎样的行为。

利用使用情节，使开发以功能为中心。

利用计划扑克牌来进行估计。

第3章

理想的开发循环时间不应超过一个月，那意味着每轮开发循环你有20个工作日。

把时间效率值应用于你的开发计划，让你更有信心兑现你给客户的开发承诺。

使用墙上的大白板来计划和监测你当前的开发循环工作。

选择哪些使用情节可以在Milestone 1.0完成，以及哪些使用情节要安排在哪一轮开发循环时，要取得客户认可。

第4章

你认为练习区没有结束，对吗？针对第4章和第5章的内容，写下你自己体会到的开发技术。

第5章

第6章

采用版本管理工具对软件中的修改进行记录并把它分发给团队中的成员。

使用标签记录项目中的里程碑事件（开发循环结束、版本发布、错误修复等等）。

使用分支维护代码的独立副本，但只有在绝对必要时才做分支。

第6.5章

利用构建工具对脚本进行构建、打包、测试和配置应用系统。

大多数的JDE工具都已经在使用某种构建工具。要熟悉该工具，你可以靠JDE构建应用程序。

像对待代码那样对待你的构建脚本，把它调入到版本控制之中。

第7章

用不同的角度去看你的系统，你必须进行全面的测试。

测试既要考虑成功案例，也要考虑失败案例。

只要有可能，就采用自动化测试。

在每次提交时，采用连续集成工具对你的代码进行自动构建和测试。

第8章

先编写测试程序，再编写代码使测试通过。

开始时，你的测试可能会遭遇失败；等它们通过测试后，你可以进行代码重构。

使用模拟对象，提供测试所需对象的各种变形。

第9章

注意你的工作量完成比率——尤其在开发循环结束之后。

开发循环的步调是很重要的——如果要保持推进状态，你可以减少一些使用情节。

不要因为有人提前完成任务而责怪他们——如果他们完成的工作没有问题，让他们利用额外的时间继续向前或者学习一些新的知识。

第10章

你在第10章学到了什么？把它写到这里。

第11章

在你修改某行代码之前，要确认它是可控的和可构建的。

在错误出现在你不知道的代码中时，利用峰值测试来估计完成排错需要的时间。

估计排错所需的剩余工作量时，把团队的信心因素纳入考虑。

通过测试来告诉你何时错误被修正。

第12章

通过真实的数据，批判性地评估你的流程所作的任何变更。

必要时，使你的提交物正式化，但务必了解它所提供的价值如何。

尽可能只在两轮开发循环之间变更你的流程。

开发原则

交付客户需要的软件。

按时交付软件。

按预算交付软件。

第1章

客户知道他们想要的是什么，但有时你必须帮助他们确定下来。

坚持需求要面向客户。

反复地与客户挖掘和提炼系统需求。

第2章

坚持开发循环简短并且可管理。

最后，由客户决定Milestone 1.0中需要哪些内容和不需要哪些内容。

要承诺，就要兑现。

总是诚实地对待你的客户。

第3章

第4章

← 我们在第4章没有增加任何技术和原则……你想出几项技术和原则，并把它们写到这里吗？

第5章

↰ 像作者一样……基于你在第5章学习的内容，把你自己的开发原则写到这里。

始终要清楚哪里需要修改（和不需要修改）。

要知道什么代码应该放进特定的版本中，并能再次获取它。

控制代码的变更和分发。

第6章

构建项目应该是可重复和可控的。

构建脚本为其他自动化工具奠定基础。

构建脚本不只是一步一步的自动化，并且能捕获编译和部署的决策逻辑。

第6.5章

第 7 章

测试是一种工具，让你总能知道项目的进展情况。

连续集成让你确信，代码库中的代码是正确的并且得到合适的构建。

代码覆盖度比较像测试"有效性"的数据，而不是测试的数量。

第 8 章

TDD使你专注于系统的功能性。

自动化测试使得代码重构更加安全；如果破坏什么，你马上就会发现。

良好的代码覆盖率在TDD方法中比较有可能达成。

第 9 章

开发循环是一种设定中间期限的方法，一定要遵循。

总是以团队成员的平均能力作估计。

在计划开发循环时，心中要保持一个整体图像——那可能包括系统的外部测试。

通过开发循环回顾反复改善你的流程。

第 10 章

第10章的内容都是关于第三方的代码。你都学会了什么原则？

第 11 章

诚实地对待你的客户，尤其是有不好的消息通报时。

软件可运行高于一切。

紧随其后的是代码的可读性和易理解性。

如果某段代码没有被测试，那么就假定它不能运行。

修正功能。

为你编写的代码而自豪。

软件中所有的代码，哪怕有小量不是你写的，也都属于你的职责范围。

第 12 章

优秀的开发人员开发软件。伟大的开发人员交付软件。

优秀的开发人员通常能克服不良的流程。

良好的流程能引导你的团队走向成功。

索引